焊接工程师系列教程

焊接自动化技术及其应用

胡绳荪　主编

机械工业出版社

本书是为满足普通高等教育"材料成型及控制工程"专业毕业后从事焊接技术工作的学生、焊接方向的研究生了解和掌握焊接专业基础知识，以及企业开展焊接工程师培训和焊接工程技术人员自学焊接专业基础知识的需要而编写的"焊接工程师系列教程"之一。本书系统介绍了有关焊接自动化、自动控制系统的基本概念，焊接自动化中常用的传感器，焊接自动化中常用的电动机控制技术、单片机控制技术、PLC控制技术以及焊接机器人等知识。

　　本书可供大学相关专业、函授班和培训班作为教材，还可作为具有大专以上文化水平的技术人员、技师作为焊接工程师岗前教育和岗位培训之用，也可供焊接方向的研究生和从事焊接工作的工程师和技术人员参考。

图书在版编目（CIP）数据

焊接自动化技术及其应用/胡绳荪主编 .—北京：机械工业出版社，2007.2
（2017.6 重印）
（焊接工程师系列教程）
ISBN 978-7-111-20812-9

Ⅰ.焊... Ⅱ.胡... Ⅲ.焊接—自动化—教材 Ⅳ.TG409

中国版本图书馆 CIP 数据核字（2007）第 011454 号

机械工业出版社（北京市百万庄大街 22 号　邮政编码 100037）
责任编辑：何月秋　版式设计：霍永明　责任校对：陈延翔
封面设计：鞠　杨　责任印制：常天培
保定市中画美凯印刷有限公司印刷
2017 年 6 月第 1 版第 9 次印刷
184mm×260mm ·16.25 印张·399 千字
标准书号：ISBN 978-7-111-20812-9
定价：39.80 元

凡购本书，如有缺页、倒页、脱页，由本社发行部调换

电话服务　　　　　　　　　　网络服务
服务咨询热线：010-88379833　机工官网：www.cmpbook.com
读者购书热线：010-88379649　机工官博：weibo.com/cmp1952
　　　　　　　　　　　　　　教育服务网：www.cmpedu.com
封面无防伪标均为盗版　　　　金 书 网：www.golden-book.com

焊接工程师系列教程

编　委　会

主　　任　　王立君

委　　员　　（按姓氏笔画排序）

　　　　　　杜则裕　　何月秋

　　　　　　胡绳荪　　贾安东

　　　　　　韩国明

本书主编　　胡绳荪

本书参编　　路登平　　李亮玉

本书主审　　韦福水

序

　　时光荏苒，斗转星移。随着新世纪的到来，我国普通高等学校的专业设置格局亦发生了深刻的结构性变革。在机械工程学科覆盖的本科教育层面上，曾经独立设置了近半个世纪的"铸造、焊接、压力加工，以及金属热处理（部分）"专业整合成立了新的"材料成型及控制工程"专业；传统的机械热加工工艺学科的本科工程教育模式至此完成了从"专而窄"向"泛而宽"过渡的深刻变革。

　　毋庸置疑，在本科教育层面上实施"通才"教育有利于综合性、创新型人才的培养。而与之相应的，在市场经济环境下，社会和企业对焊接工程技术人才的需求则要再通过岗前或岗上培训，以及相应的"焊接工程师"职业资格认证、注册制度解决。就此意义而言，本套"焊接工程师系列教程"的出版可谓是恰逢其时，相信其定会为焊接界培养更多更好的焊接工程师作出贡献。

　　本套教材体系完整、知识系统、内容丰富，凝练了编审者们长期从事焊接专业教育教学的经验。它的出版无疑将促进我国焊接工程师培训和焊接事业的发展，同时使社会和企业受益。

中国机械工程学会焊接分会理事长

编 写 说 明

为适应普通高等教育专业目录调整的要求，我国普通高等院校原设的机械类热加工专业已合并更名为宽口径的"材料成型及控制工程"专业。在"材料成型及控制工程"专业的教学计划中，专业课学时约占总学时数的 9% ~ 10%，一般为 250 学时左右，教学内容涵盖原铸造、焊接、压力加工和热处理（一部分）专业的知识领域。这一旨在加强基础、拓宽专业的调整有利于综合性创新型人才的培养。但是，新专业课教学的总学时有限，相对于企业对焊接工程技术人才的需求而言，学生在校期间的学习只能是初知焊接基本理论。毕业后为了适应企业焊接工程师的岗位要求，还必须对焊接专业知识进行系统的岗前自学或岗位培训。显然，无论是焊接工程师的培训还是自学都需要有一套实用的、有别于宽口径大学本科的焊接专业教材，《焊接工程师系列教程》正是为满足焊接专业的这一需求而精心策划和编写的。

本套"焊接工程师系列教程"是在机械工业出版社 1993 年出版的一套 4 本"继续工程教育焊接教材"的基础上修订、完善、补充的。在第 1 版的编写过程中，张清桂、田景峰、王长聚、平桂香、张方中、郁东健、杨桂华和陈英等同志提出了许多宝贵意见，再次表示感谢。

新版教程共 6 本，包括《熔焊原理与金属材料焊接》、《焊接工艺理论与技术》、《焊接结构与生产》、《无损检测与焊接结构质量保证》、《现代弧焊电源及其控制》、《焊接自动化技术及其应用》，后两本是第 2 版新增加的。

本套教程的编写是基于天津大学焊接专业多年来教学实践的积淀。教程取材力求少而精，突出实用性，内容紧密结合焊接工程实践，注重从理论与实践结合的角度入手阐明焊接技术理论，并列举了较多的焊接工程实例。

本套教程适用于企业焊接工程师的岗前自学与岗位培训，同时可作为注册焊接工程师认证考试的培训教材或参考书，也可用作普通高等院校相关专业本科生、研究生的参考教材，还可供从事焊接技术工作的工程技术人员参考。

衷心希望"焊接工程师系列教程"能使业内读者受益，成为高等院校相关专业师生和广大焊接工程技术人员的良师益友。若见本套教程中存在瑕疵和谬误，恳请各界读者不吝赐教，予以斧正。

"焊接工程师系列教程"编委会

前　言

随着科学技术的发展，焊接已从简单的构件连接或毛坯制造，发展成为制造业中的精加工方法之一。随着制造业的高速发展，传统的手工焊接已不能满足现代高技术产品制造的质量、数量要求，现代焊接加工正在向着机械化、自动化的方向发展。近年来，焊接自动化在实际工程中的应用取得了迅速发展，已成为先进制造技术的重要组成部分。为了满足焊接工程技术人员的要求，特编写了这本《焊接自动化技术及其应用》。本书是《焊接工程师系列教程》丛书中的一册。

本书系统介绍了有关焊接自动化、自动控制系统的基本概念，焊接自动化中常用的传感器，焊接自动化中常用的电机控制技术、单片机控制技术、PLC控制技术以及焊接机器人等知识。

本书共分七章，其中第一、二、三、四、六章由天津大学胡绳荪教授编写；第五章由天津大学路登平副教授编写；第七章由天津工业大学李亮玉教授编写；胡绳荪教授任本书主编并负责全书的统稿工作。天津理工大学韦福水教授认真审阅了原稿，提出了许多宝贵的意见，作者在此表示衷心的感谢。

本书可以作为焊接工程师的培训教材，也可以作为"材料成型及控制工程"本科专业相关课程的参考教材，又可以作为"材料加工工程"专业硕士研究生相关课程的参考教材。

在编写过程中，天津电焊机厂齐绍荣高级工程师对本书提出了许多修改意见，天津大学赵家瑞教授对本书给予了很多的关心和帮助，牛虎理、尹玉环等研究生对本书的图表做了很多工作，作者在此表示衷心的感谢。

由于编者水平有限，本书难免有错误和不当之处，敬请读者批评指正。

编　者

目　　录

第1章 绪 论

焊接是制造业中传统的、重要的加工工艺方法之一,广泛地应用于机械制造、航空航天、能源交通、石油化工、建筑以及电子等行业。随着科学技术的发展,焊接已从简单的构件连接或毛坯制造,发展成为制造业中的精加工方法之一。随着制造业的高速发展,传统的手工焊接已不能满足现代高科技产品制造的质量、数量要求,现代焊接加工正在向着机械化、自动化的方向发展。电子技术、计算机技术以及机器人技术的发展,为焊接自动化提供了十分有利的基础。近年来,焊接自动化在实际工程中的应用取得了迅速发展,已成为先进制造技术的重要组成部分。

本章将重点介绍焊接自动化的基本概念。

1.1 焊接自动化的概念

焊接自动化主要是指焊接生产过程的自动化。它是一个综合性的设计与工艺问题,其主要任务就是:在采用先进的焊接、检验和装配工艺过程的基础上,建立不需要人直接参与焊接过程的焊接加工方法和工艺方案,以及焊接机械装备和焊接系统的结构与配置。焊接自动化的核心是实现没有人直接参与的自动焊接过程。

焊接自动化有两方面的含义:一是焊接工序的自动化,二是焊接生产的自动化。焊接生产自动化是指焊接产品的生产过程,包括从备料、切割、装配、焊接、检验等工序组成的焊接生产全过程的自动化。只有实现了焊接生产全过程的自动化,才能得到稳定的焊接质量和均衡的焊接生产节奏以及较高的焊接生产率。而单一焊接工序的自动化是焊接生产自动化的基础。本书主要介绍单一焊接工序的自动化技术。

仅就焊接工序的自动化来说,就要考虑到焊接过程及焊接装备的自动控制问题。关于焊接过程和焊接装备的自动控制又包含许多内容,如焊接程序的自动控制、焊接参数的自动控制、焊接胎夹具的自动控制、自动上下料等。然而,焊接工序自动化的最基本问题是应用自动焊机和焊接机械装备构成焊接自动化系统,通过焊接程序的自动控制,完成工件的自动焊接。因此,根据焊接工件的结构特点与焊接质量要求,构建合理的焊接自动化系统是实现焊接自动化的前提。本书介绍的焊接自动化系统主要是指能够实现焊接工件或焊枪机械运动自动控制的系统。

1.2 焊接自动化系统

从某种意义上来讲,焊接自动化就是用焊接机械装置来代替人进行焊接。图 1-1 所示是一个机器人焊接系统,它是一个典型的焊接自动化系统。该系统主要由如下部分构成:机器人、变位机、各种传感器、控制器、自动焊机(包括焊接电源、焊枪等)等。

图 1-2 所示是一个细长管体内环缝焊接专机,它也是一个焊接自动化系统。该系统主要

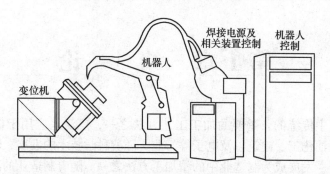

图 1-1　机器人焊接系统

由悬臂式焊接操作机、焊缝跟踪传感器、控制器、内环缝焊剂垫台车、焊接滚轮架及台车、自动焊机（包括焊接电源、焊枪等）等组成。

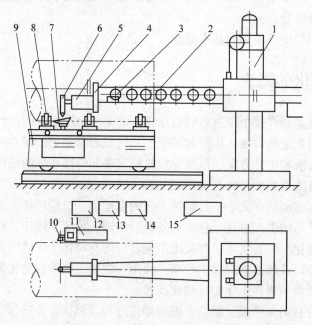

图 1-2　细长管体内环缝自动焊接系统

1—悬臂式焊接操作机　2—送丝机构　3—自动跟踪系统　4—三维机头调整机构　5—传感器　6—焊枪
7—内环缝焊剂垫台车　8—焊接滚轮架　9—焊接滚轮架台车　10—焊缝对正装置　11—操作盘　12—自动跟踪控制箱
13—主控制箱　14—弧焊电源　15—保护气

由此可见，无论是复杂的机器人还是简单的焊接专机，都可以构成焊接自动化系统，都可以进行自动焊接。其基本构成单元是：机械装置、执行装置、能源、传感器、控制器和自动焊机。

1. 机械装置

机械装置是能够实现某种运动的机构，配合自动焊机进行焊接加工装置，如机器人、变位机、悬臂操作机等。

2. 执行装置

执行装置是驱动机械装置运动的电动机或液压、气动装置等。

3. 能源

能源是驱动电动机的电源等。

4. 传感器

传感器是检测机械运动、焊接参数、焊接质量的传感器。这里主要是指检测机械运动的传感器。

5. 控制器

控制器主要是用于机械运动控制的计算机、单片机、可编程控制器（PLC）以及电子电路控制系统。

6. 自动焊机

自动焊机包括焊接电源、送丝机、焊枪等。它是一个独立的系统。

无论是人工焊接还是自动焊接，都需要焊机。而焊接自动化系统中的机械装置、执行装置、能源和传感器是用来取代人的作用，完成没有人直接参与的自动焊接过程，它们与人体之间的关系可以由图1-3来表示。

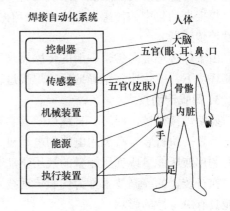

图1-3 焊接自动化系统与人体的关系

1.3 焊接自动化的关键技术

焊接自动化技术是将电子技术、计算机技术、传感技术、现代控制技术引入到焊接机械运动的控制中，也就是利用传感器检测焊接过程的机械运动，将检测信息输入控制器，通过信号处理，得到能够实现预期运动的控制信号，由此来控制执行装置，实现焊接自动化。

焊接自动化的关键技术主要包括：机械技术、传感技术、伺服传动技术、自动控制技术和系统技术等。

1. 机械技术

机械技术就是关于焊接机械的机构以及利用这些机构传递运动的技术。在焊接自动化中，焊接机械装置主要有焊接工装夹具、焊接变位机、焊接操作机、焊接工件输送装置以及焊接机器人等。这些装置是配合焊机进行自动焊接的，它具有以下作用：

1）使焊接工件装配快速、定位准确。

2）能够控制或消除工件的焊接变形。

3）使焊件尽量处于最有利的施焊位置——水平及船形位置焊接。

4）可以完成组合焊缝的焊接，减少焊接工位。

5）使焊枪运动，或者焊接工件运动，或者焊枪与工件同时协调运动，完成不同焊接位置、不同形状焊缝的自动焊接。

机械技术就是根据焊接工件结构特点、焊接工艺过程的要求，应用经典的机械理论与工艺，借助于计算机辅助技术，设计并制造出先进、合理的焊接机械装置，实现自动焊接过程中的机构运动。

同时，焊接机械装置在结构、重量、体积、刚性与耐用性方面对焊接自动化都有重要的影响。机械技术中还应考虑如何与焊接自动化相适应，利用其它高、新技术来更新观念，实现焊接机械结构、材料、性能以及功能上的变化，减少重量、缩小体积、提高精度和刚度、改善性能、增加功能，从而满足现代焊接自动化的要求。

2. 传感技术

传感器是焊接自动化系统的感受器官。传感与检测是实现闭环自动控制、自动调节的关键环节。传感器的功能越强，系统的自动化程度就越高。

焊接自动化中的传感器有许多种，有关机械运动量的传感器主要有位置、位移、速度、角度等传感器。

由于焊接环境恶劣，一般的传感器难以直接应用。焊接自动化中的传感技术就是要发展严酷环境下，能快速、精确地反映焊接过程特征信息的传感器。

3. 伺服传动技术

要使焊接机械作回转、直线以及其它各种复杂的运动，必须有动力源。这种动力源就是执行装置。执行装置有利用电能的电动机（包括直流电动机、交流电动机和步进电动机等），也有利用液压能量或气压能量的液压驱动装置或气动装置等。

执行装置的控制技术称为伺服传动技术。伺服传动技术对系统的动态性能、控制质量和功能具有决定性的影响。

随着电力电子技术的发展，驱动电动机的电力控制系统的体积越来越小，控制也越来越方便，随着交流变频技术的发展，交流电动机在焊接自动化系统中的应用越来越普遍。目前，直流电动机和交流电动机都能够实现高精度的控制。可实现高速高精度控制是电动机作为焊接自动化系统中执行装置的一个重要特点。

气动执行装置往往要利用工厂内的气源，是一种结构简单、使用方便的执行装置。但是，用气动执行装置实现高精度的控制比较困难。在焊接自动化系统中，主要应用于焊接工件的工装夹具。

液压执行装置在焊接工件工装夹具中的应用越来越普遍。在机器人的手臂驱动装置中也经常采用。虽然需要液压站系统，但可以由简单的结构实现大功率驱动。

4. 自动控制技术

在焊接自动化系统中，控制器是系统的核心。控制器的作用主要是焊接自动化中的信息处理与控制，包括信息的交换、存取、运算、判断和决策，最终给出控制信号，通过执行装置使焊接机械装置按照一定的规则运动，实现自动焊接。目前，计算机、单片机、PLC构成的控制器越来越普遍，从而为先进的控制技术在焊接自动化中的应用创造了条件。

焊接自动化中，机械装置运动的控制可以分为两大类：

1）顺序控制：通过开关或继电器触点的接通和断开来控制执行装置的起动或停止，从而对系统依次进行控制的方式。

2）反馈控制：被控制量为位移、速度等连续变化的物理量，在控制过程中不断调整被控制量使之达到设定值的控制方式。

焊接自动化中的自动控制技术主要是指：基本控制理论；在控制理论指导下，根据焊接工艺和质量的要求，对具体的控制装置或控制系统进行设计；设计后的系统仿真、现场调试；最终使研制的系统可靠地投入焊接工程应用。

自动控制技术包括硬件控制技术和软件控制技术。利用适当的软件进行控制，无论如何复杂的机械运动都可以实现。这里所说的软件控制技术不是软件语言及其管理方面的技术，而是考虑如何根据传感器检测信号使执行装置和机械装置按照焊接工艺过程的要求很好地运动，并编制出能够实现这种目标的软件程序的技术。

5. 系统技术

系统技术就是以整体的概念组织应用各种相关技术。从系统的目标出发，将整个焊接自动化系统分解成若干个相互关联的功能单元。以功能单元为子系统进一步分解，生成功能更为单一的子功能单元，逐层分解，直到最基本的功能单元。以基本功能单元为基础，实现系统需要的各个功能的设计。

接口技术是系统技术中的一个重要方面。它是实现系统各部分有机连接的保证。接口包括电气接口、机械接口、人—机接口。电气接口实现系统各个功能单元间的电信号连接；机械接口实现不同机械装置之间的连接，以及机械与电气装置之间的连接；人—机接口提供了人与系统之间交互作用的界面。

1.4 焊接自动化的发展趋势

信息技术、计算机技术、自动控制技术的发展和应用，正在彻底改变传统焊接的面貌，焊接生产过程的自动化已成为一种迫切的需求，它不仅可以大大提高焊接生产率，更重要的是可以确保焊接质量，改善操作环境。自动化焊接专机、机器人工作站、生产线和柔性制造系统在工程中的应用已成为一种不可阻挡的趋势。

在 20 世纪 80 年代初期，工业机器人的应用在先进工业国家开始普及，1996 年年底全世界服役的各类工业机器人超过 68 万台。其中，焊接机器人大约为一半以上。我国焊接机器人的数量到 2001 年已经达到 1040 台，其中弧焊机器人占 49%，点焊机器人占 47%。它作为主要装备，在机械化、自动化生产线上，焊接柔性加工单元中，得到了广泛应用。

除了焊接机器人以外，各种焊接专机的应用使焊接自动化技术更加普及。由于实际焊接工程结构中，大多数焊缝是具有一定规则的角焊缝和对接焊缝，其中直线形焊缝占 70%，圆环形焊缝占 17.5%，复杂的空间曲线焊缝相对比较少，因此可以采用价格较低、结构不太复杂而又有一定控制水平的机械装备实现焊接的机械化和自动化，例如装有焊接机头的焊接操作机与焊接滚轮架、焊接变位机等机械装备相配合，在一定范围内可实现焊接的自动化。因此，低成本自动化技术与设备的发展更适合发展中国家的焊接自动化。

目前，焊接结构制造业正向着多参数、高精度、重型化和大型化发展，例如 1000 MW以上火力、水力和核能发电设备，300 kt 以上远洋货轮，大型建筑结构，大跨度桥梁，跨省跨国输油输气管线，海洋采油平台，大型客车和高速铁路车辆等等。因此，各种高性能、高精度、高度自动化的焊接机械装备得到了迅速发展。目前国外生产的重型焊接滚轮架最大的承载能力达 1600t，自动防窜滚轮架的最大承载能力达 800t，采用 PLC 和高精度位移传感器控制，防窜精度为 ±0.5mm。变位机的最大承载能力达 400t，转矩可达 450000N·m。框架式焊接翻转机和头尾架翻转机的最大承载能力达 160t。焊接回转平台的最大承载能力达 500t。立柱横梁操作机和门架式操作机的最大行程达 12m。龙门架操作机的最大规格为 8m×8m。

值得注意的是，目前大多数焊接装备采用了最先进的自动控制系统、智能化控制系统和网络控制系统等。交流电动机变频调速技术、计算机控制技术、PLC控制技术、伺服驱动及数控系统在焊接机械装置中的应用非常普遍。某些焊接操作机还配备了焊缝自动跟踪系统和工业电视监控系统。自动化焊接装备的设备精度和制造质量已接近现代金属切削机床。

纵观当今国内外焊接自动化技术的现状，可以看到其发展的趋势：

1）高精度、高速度、高质量、高可靠性。由于焊接加工越来越向着"精细化"加工方向发展，因此，焊接自动化系统也向着高精度、高速度、高质量、高可靠性方向发展。这就要求系统的控制器（例如计算机）以及软件有很高的信息处理速度，而且要求系统各运动部件和驱动控制具有高速响应特性。同时，要求其电气机械装置具有很好的控制精度。如与焊接机器人配套的焊接变位机，最高的重复定位精度为±0.05mm；机器人和焊接操作机行走机构的定位精度为±0.1mm，移动速度的控制精度为±0.1%。

2）集成化。焊接自动化系统的集成化技术包括硬件系统的结构集成、功能集成和控制技术的集成。

现代焊接自动化系统的结构都采用模块化设计，根据不同用户对系统功能的要求，进行模块的组合。而且其控制功能也采用模块化设计，根据用户需要，可以提供不同的控制软件模块，提供不同的控制功能。

模块化、集成化使系统功能的扩充、更新和升级变得极为方便。

3）智能化。将先进的传感技术、计算机技术和智能控制技术应用于焊接自动化系统中，使其能够在各种复杂环境、变化的焊接工况下实现高质量、高效率的自动焊接。

智能化的焊接自动化系统，不仅可以根据指令完成自动焊接过程，而且可以根据焊接的实际情况，自动优化焊接工艺、焊接参数。例如，在焊接厚大工件时，可以根据连续实测的焊接工件坡口宽度，确定每层焊缝的焊道数、每道焊缝的熔敷量及相应的焊接参数、盖面层位置等，而且从坡口底部到盖面层的所有焊道均由焊机自动提升、变道，完成焊接。

4）柔性化。大型自动化焊接装备或生产线的一次投资相对较高，在设计这种焊接装备时必须考虑柔性化，形成柔性制造系统，以充分发挥装备的效能，满足同类产品不同规格工件的生产需要。

在焊接系统柔性化方面，广泛采用焊接机器人作为基本操作单元，组成焊接中心、焊接生产线、柔性制造系统和集成制造系统。

采用柔性化夹具，适用不同类型产品的焊接。

另外，焊接自动化系统的模块化、集成化也促进了系统的柔性化。

5）网络化。由于现代网络技术的发展，也促进了焊接自动化系统管控一体化技术的发展。通过网络，利用计算机技术、远程通信技术等，将生产管理和焊接过程自动控制一体化，实现脱机编程，远程监控、诊断和检修。

在焊接生产中，应用网络技术，可以进行多台焊机控制器的集中控制。包括焊接参数的修改、备份，焊接过程、焊接设备的实时监测，故障报警与监控等。

6）标准化、通用化。系统结构、硬件电路芯片、接口的标准化、通用化不仅有利于系统的扩展、外设（如焊机）的兼容，而且有利于系统的维修。

7）人性化。目前大多数的焊接自动化系统都具有人机交互功能，使焊接自动化系统的控制更具有人性化。数字显示技术在人机交互、控制参数实时检测中得到了普遍的应用。

1.5 学习本课程的目的和要求

焊接自动化技术是一门技术科学，也是一门交叉科学。它涉及材料、机械、电子、信息、控制等多学科交叉领域，它包含了自动控制理论、传感器技术、电动机及其控制技术、单片机控制技术、PLC控制技术等。

焊接自动化技术是焊接专业（专业方向）一门新的专业课程。本课程学习的目的，是使学生能够掌握焊接自动化技术的基本内容，使学生将所学习的基础课、专业基础课以及专业课程的相关内容建立有机的联系，掌握系统分析问题的方法，提高学生多学科融合、积极创新的思维能力，成为社会主义经济建设所需要的复合型高层次人才。

本课程的先修课程是电工电子学、弧焊电源、微机原理及应用、焊接方法及设备等。

通过本课程的学习，学生应该掌握焊接自动控制的基本原理；熟悉一般焊接自动化系统的控制要求，并具有一定的系统设计能力；了解焊接自动化中经常使用的位置、位移、速度传感器的工作原理，并可以结合工程实际选用各种类型的传感器；掌握电动机速度调节原理及在焊接自动化方面的应用；了解单片机在焊接自动化中的应用；对可编程控制器（PLC）应具有初步的运用能力，可以将其应用于焊接自动化的控制中。

综上所述，通过本课程的学习，学生应该掌握焊接自动化关键技术的基本内容，具有焊接自动化系统分析、设计和调试的初步能力。

复习思考题

1. 什么是焊接自动化？什么是焊接自动化系统？
2. 焊接自动化系统的基本构成包括哪几个部分？
3. 焊接自动化中的关键技术有哪些？
4. 焊接自动化技术的发展趋势是什么？

第 2 章　焊接自动化中的控制技术基础

控制技术是焊接自动化的关键技术之一。自动控制理论与控制策略是控制技术的基础。本章将介绍焊接自动化中有关自动控制理论的基本概念和原理。

2.1　焊接自动控制的概念

2.1.1　基本概念

1. 控制与控制系统

在现代焊接加工中，控制无处不在。图 2-1 是焊接转台转速控制示意图，表示了一台直流电动机及减速机构带动焊接转台旋转的模型。焊接转台旋转的速度决定于直流电动机的转速。如果转台上的负载发生较大变化时，电动机转速也会发生变化。负载增大，电动机转速降低；负载减小，电动机转速升高。要使焊接转台的转速保持为某一恒定值，则需要根据电动机实际转速与所需要转速的偏差来调节调压器输出电压的高低，从而使电动机的转速即焊接转台的转速能够维持在所需要的转速附近，这就是控制。

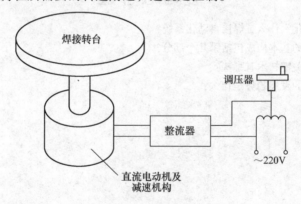

图 2-1　焊接转台转速控制示意图

从广义上讲，控制就是为了达到某种目的，对事物进行主动的干预、管理或操纵。

在工程领域，控制是指利用控制装置（机械装置、电气装置或计算机系统等）使生产过程或被控对象（机器或电气设备等）的某些物理量（温度、压力、速度、位移等）按照特定的规律运行。

为了实现某种控制要求，将相互关联的部分按一定的结构形式构成的系统称为控制系统。该系统能够提供预期的系统响应，以达到特定的控制要求。

2. 自动控制与自动控制系统

控制可以分为人工控制和自动控制。在焊接加工中，常用恒温箱烘烤焊条或加热被焊工件。恒温箱的温度控制可以采用人工控制，也可以采用自动控制。

图 2-2 是人工控制的恒温箱示意图。人工控制恒温箱温度的过程：操作者通过观察温度计获得恒温箱的温度，与所要求的温度值（给定值）进行比较，获得二者之间的差值，又称为偏差值；根据偏差值的大小与方向，旋转调压器的手轮，调节调压器的输出电压，进行温度控制，以保证恒温箱的温度恒定。如果恒温箱的温度低于所要求的温度值时，可增加调压器的输出电压，增大加热电阻丝的电流，使温度上升；反之，若恒温箱中温度高于所要求的温度值时，可降低调压器的输出电压，减小加热电阻丝的电流，使温度下降。

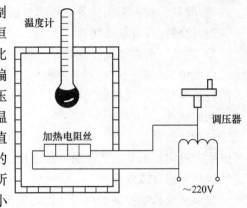

图 2-2　人工控制的恒温箱示意图

图 2-3 是恒温箱的自动控制系统示意图。该恒温箱中，温度的测量是通过热电偶进行的。温度调节时，采用了电气电路装置。

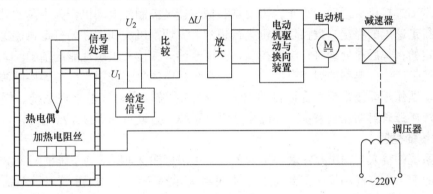

图 2-3　恒温箱的自动控制系统示意图

在自动控制的恒温箱中，采用热电偶进行实际温度的检测。热电偶输出电压与恒温箱的温度成一定的比例关系。

当实际温度与给定温度不同时，热电偶的输出信号经过信号处理，得到反映实际温度的电压信号 U_2。将 U_2 与温度控制给定信号 U_1 进行比较，得到偏差信号 $\Delta U = U_1 - U_2$。ΔU 经电压及功率放大后，送入电动机驱动与换向装置，控制电动机的旋转及旋转方向。通过电动机—减速器调节机构，调节调压器的输出电压，使加热电阻丝的电流增加或减小。当恒温箱的温度达到给定值时，偏差信号 $\Delta U \approx 0$，电动机停止转动，调压器输出电压稳定，此时恒温箱的加热与散热处于动态平衡状态，温度恒定。

可见，恒温箱自动控制的过程为：由测量元件（热电偶）检测出恒温箱的温度，其温度值是以电压值形式表示，与所要求的温度（给定值）的对应电压值进行比较，求出偏差，通过电压及功率放大，控制电动机—机械机构自动调节调压器的输出电压，进行恒温控制。

综上所述，人工控制与自动控制的控制过程是相同的，均由测量、比较、调整三个环节组成。测量就是检测输出（被控）量；比较就是根据给定值和实际输出值求出偏差；调整就是执行控制或者说纠正偏差。

将人工控制与自动控制对比，可以看出：

1）测量：前者靠操作者的眼睛，而后者靠热电偶（传感器）的检测。

2）比较：前者靠操作者的头脑，而后者靠自动控制器（比较电路）。

3）调整：前者靠操作者的手，而后者靠电动机—机械调节机构。

由此可见，其控制与调节过程可以认为是"求偏与纠偏"的过程。人工控制过程中需要人的直接参与；自动控制过程中不需要人的直接参与，控制过程的每一个环节都是由控制装置自动完成的。

自动控制是指：在没有人直接参与的情况下，利用控制装置，使被控对象（如机器、设备或生产过程）的某些物理量（如电压、电流、速度、位置、温度、流量等）自动地按照预定的规律运行（或变化）。

要求实现自动控制的机器、设备或生产过程称为被控对象；对被控对象起作用的装置称为控制装置。控制装置与被控对象构成了自动控制系统。

在现代焊接过程中要保证焊接质量、提高焊接生产率，焊接自动控制应用越来越普遍。例如钨极氩弧焊时，需要采用具有恒流特性控制的弧焊电源来保证焊接电流的稳定；自动埋弧焊时，带动焊接机头运动的小车，需要具有恒定速度控制的电动机作为小车的动力源，以保证小车行走速度的稳定；数控切割机进行切割时，切割机头和工件的行走轨迹是由计算机程序所决定的；焊后热处理时，温度控制是保证改善焊接接头组织性能的基础。

在焊接生产中，典型的焊接自动控制系统有焊接电源恒流控制系统、焊接电源恒压控制系统、自动埋弧焊焊接系统、管道自动 CO_2 焊焊接系统、自动气电立焊系统、焊缝自动跟踪系统、焊接弧长自动控制系统、环缝自动焊接系统、直缝自动焊接系统等等。

3. 系统的框图

控制系统的输入与输出存在着一定的关系，可以用图 2-4 所示的系统框图表示。

系统的框图由方框和箭头等组成。方框可以表示整个系统，也可以表示系统的一个环节。所谓环节，是指在系统内部，根据功能将系统分成若干个部分，每个部分称为系统的环节。系统由若干个环节组成，其系统框图也是由若干个方框组成。各个方框由带有箭头的信号线相连接，信号线箭头方向表示信号的传输方向，进入方框的箭头表示系统或环节的输入量，离开方框的箭头表示其输出量。具体的信号（如电流、电压、速度等）可标志在信号线上。一般地，整个系统的输入量置于系统框图的最左边，最终的输出量置于系统框图的最右边。

如果将图 2-1 所示的模型看做一个控制系统，调压器输出的交流电压作为系统的输入量，焊接转台转速作为系统的输出量，系统的框图如图 2-5 所示。该框图既表示了系统的组成，又表示了系统各部分之间的关系。所以，系统的框图又称为系统的结构图。

图 2-4　系统框图　　　　　　　　　　　　图 2-5　转台转速控制系统框图

系统框图是自动控制领域经常使用的图形，它是自动控制领域的工程语言。

如图 2-6 所示，系统框图中还有求和点（A 点）和分支点（B 点）。求和点（又称相加点或比较点）表示信号在该点进行加减或比较运算；分支点（又称分路点）表示信号由该点引出。应该指出的是，分支点只表示信号的引出，而不改变信号的大小。

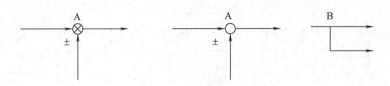

图 2-6　框图的求和点与分支点

图 2-3 所示恒温箱自动控制系统的框图如图 2-7 所示。图 2-7 中方框表示了系统的各个组成部分；比较点 ⊗ 代表比较电路环节；热电偶是置于反馈通道中的测量元件。

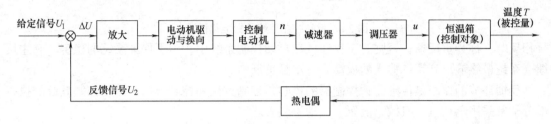

图 2-7　恒温箱自动控制系统框图

从图 2-7 中可以清楚地看出，系统的输入量是给定的电压信号 U_1；系统的输出量（即被控量）是恒温箱的温度 T。控制系统是按给定信号 U_1 与反馈信号 U_2 之间偏差 ΔU 的大小与方向进行控制的，从而保证输出量温度 T 按照预定的规律变化。

2.1.2　反馈控制原理

由恒温箱控制可以看出，不论是人工控制还是自动控制，它们有两个共同点：一是要检测偏差；二是要用检测到的偏差去纠正偏差。没有偏差就没有调节过程。在自动控制系统中，这一偏差通常是通过反馈建立的。给定量称为控制系统的输入量，被控制量称为系统的输出量。反馈是指输出量通过适当的测量装置将信号的全部或一部分返回到输入端，使之与输入量进行比较，比较的结果称为偏差。控制系统根据该偏差量进行控制，以使偏差减小或消除。这种基于反馈基础上的"检测偏差用以纠正偏差"的控制原理称为反馈控制原理，该原理是自动控制中普遍应用的控制理论之一。应用反馈控制原理构建的系统称为反馈控制系统。

反馈控制原理有两个主要的特点：一是反馈存在；二是根据偏差进行控制。

图 2-8 是反馈控制系统的标准化框图。

由图 2-8 可见，反馈控制系统由给定环节、比较环节、控制环节、反馈环节和被控对象组成。

控制环节包括调节部分和执行部分。目标值通过给定环节作为比较环节的输入信号，该信号称为基准输入信号、给定输入信号或参考输入信号。它与反馈量相比较，得到偏差信号。控制环节中的调节部分根据偏差信号产生控制信号，并传送至执行部分，执行部分作用于被控对象，使被控量得到调节。

反馈环节主要包括传感器及其检测信号处理电路。它不仅要完成被控量的检测，而且要将检测信号进行处理，并反馈到比较环节与给定量进行比较。当反馈信号与基准输入信号符

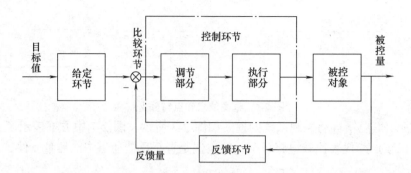

图 2-8　反馈控制系统的标准化框图

号相反时，称为负反馈，否则为正反馈。在自动控制系统中，为了保证系统的稳定，其主反馈（系统最终输出到系统输入的反馈）一定是负反馈。

反馈环节的核心是传感器；控制器的核心是控制方法和控制规律；自动控制系统的执行部分常常采用电动机—机械、液压、气动等装置。

控制系统中常常将给定环节、比较环节和控制环节中的调节部分合称为控制器。焊接自动化系统中的控制器采用计算机、单片机、PLC 系统越来越普遍。

2.1.3　焊接自动控制系统的分类

焊接自动控制系统的分类方法很多，常用的分类方法有以下几种。

1. 按给定量的变化规律分类

（1）恒值控制系统　系统的输入（给定）量为恒定值，对应的输出量也保持恒定，该系统为恒值控制系统。

恒温箱控制系统、焊接中的等速送丝控制系统及焊接小车等速行走控制系统等都是恒值控制系统。它们的特点是给定量是一个恒定值，被控量也保持为对应的恒定值。输入量的恒定值随控制的要求可以进行调整。输入量调整后，即是一个新的恒定值输入量，就能得到一个新的并与之对应的恒定输出量。

（2）程序控制系统　输入量和输出量按预定程序变化的系统称为程序控制系统。程序控制系统的输入量往往是预先已知的并随时间变化的给定量。

数控焊接、切割机中，焊接或切割机机头与工作台的移动控制一般采用程序控制系统。数控机床、机械手运动控制系统等一般也采用程序控制系统。

程序控制系统可以是开环的，也可以是闭环的。

（3）随动系统　输出量能够迅速而准确地跟随变化着的输入量的系统称为随动系统。随动系统的输入量是预先未知的并随时间变化的给定量。

国防工业的火炮跟踪系统、雷达导引系统、天文望远镜的跟踪系统等都属于随动系统。在导弹发射和制导系统中，给定信号是目标机的方位和速度，这些信号是随时间变化的预先未知的信号。焊接中的焊缝自动跟踪系统往往是随动系统。

2. 按组成系统的元件特性分类

（1）线性系统　构成系统的所有元件都是线性元件的系统称为线性系统。其动态性能可以用线性微分方程描述，可以应用叠加原理。

（2）非线性系统　构成系统的元件中含有非线性元件的系统称为非线性系统。其动态性能只能用非线性微分方程描述。

由于实际系统中总会含有一定非线性特性的元件，因此理想的线性系统是不存在的。如果系统的非线性特性在一定条件下，或在一定范围内呈现线性特性，则可以将它们看成线性系统，用线性系统的控制理论对其进行分析或控制。

3．按系统中的信号特征分类

（1）连续系统　系统内各处的信号都以连续的模拟量传递的系统称为连续系统，其运动方程可以用微分方程来描述。

（2）离散系统　系统内某处或数处信号是以脉冲序列或数码形式传递的系统称为离散系统，其运动方程只能用差分方程来描述。

脉冲序列可以由脉冲发生器产生，也可以用采样开关将连续信号变成脉冲序列，相应的系统又称为脉冲控制系统或采样控制系统。而用计算机或数字控制电路控制的系统又称为计算机控制系统或数字控制系统。

在焊接自动化程序控制系统中大多采用的是离散控制系统。

2.1.4　自动控制系统的基本特性

因为不同的控制系统具有不同的控制特性，不同的被控对象、不同的控制要求需要的控制系统特性也各不相同，所以评价或设计一个系统的控制性能首先需要考虑系统的基本特性。

1．稳定性

稳定性是指系统处于平衡状态下，受到扰动作用后，系统恢复原有平衡状态的能力。

稳定是系统正常工作的前提。为了使系统在环境或参数变化时还能保持稳定，在设计时应该留有一定的稳定裕量。

2．稳态精度

稳定的系统在调节过程（暂态）结束后所处的状态称为稳态。稳态精度常以稳态误差来衡量。稳态误差是指稳态时系统期望输出量和实际输出量之差。

在一般情况下，希望系统的稳态误差越小越好，例如在熔化极气体保护焊的等速送丝控制系统中，希望因各种扰动引起的送丝速度的变化要尽量小；在焊缝跟踪控制系统中，希望焊炬与焊缝之间的位置在焊接过程尽量保持一致等等。

3．动态品质

系统的动态品质直接反映了系统控制性能的优劣。控制系统的动态品质通常用动态响应指标来衡量，如调节时间、超调量、振荡次数等。系统的调节时间即系统动态响应时间也就是系统受到干扰时，对偏差进行控制调节的时间；超调量即系统动态响应最大值超出稳态值的部分相对于稳态值的百分数；振荡次数即系统动态调节过程中系统响应曲线波动的次数。调节时间反映了系统动态过程的快速性；超调量和振荡次数反映系统动态调节过程的平稳性。

2.2　开环控制与闭环控制

开环控制与闭环控制是自动控制中的基本形式，也是焊接自动化系统中常用的控制形式。

2.2.1　开环控制与开环控制系统

控制系统的输出端与输入端之间无反馈通道，即系统的输出量不影响系统的控制作用时，该系统称为开环控制系统。

图 2-9 所示的直流电动机速度控制系统（如焊接小车行走速度自动控制系统）是开环控制的一个实例。在此系统中，被控量即输出量是电动机 M 的转速 n。由于控制系统的输出电压 U_m 仅由输入电压 U_g 所决定，而不受输出量转速 n 的影响，因此给定输入电压 U_g，就确定了对输出量 n 的期望值。系统的框图如图 2-10 所示。

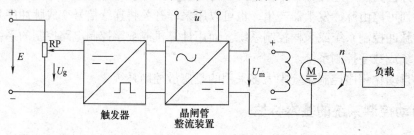

图 2-9　直流电动机速度控制系统

图 2-10　直流电动机速度控制系统框图

当给定输入信号 U_g 一定时，输出量 n 的期望值一定。当系统受到干扰信号的影响，如供电网络电压的波动，使电动机转速偏离了原来的设定值时，该系统不具有使转速恢复的能力。

典型的开环控制系统的框图如图 2-11 所示。在开环控制系统中，只有从输入端到输出端的信号作用路径，而没有信号的反馈路径。

图 2-11　典型的开环控制系统框图

开环控制在工程实际中非常普遍，例如弧焊变压器是开环控制系统。采用弧焊变压器进行焊条电弧焊焊接时，由于手工操作引起焊接电弧弧长发生变化，则焊接电流、电弧电压随之发生变化。但是这种变化不会使弧焊变压器的给定值发生变化，也不会使弧焊变压器的外特性发生变化，也就不可能对弧焊变压器的输出参数进行恒值控制。

某些数控焊接或切割设备的进给系统也是开环控制系统。在事先编制的软件程序所确定的指令下，由进给系统带动行走机构及焊枪或割炬进行焊接或切割。由于某种干扰使行走轨迹发生偏差，其偏差值不能反馈到输入端，改变行走的程序指令，因此不会对焊枪或割炬的行走轨迹产生影响。

开环控制系统的特点是控制系统结构简单，调整方便，系统稳定性好，成本低，但是当控制过程受到扰动作用，使系统输出量受到影响时，系统不能自动进行调节。在输出量和输入量之间的关系固定，且内部参数或外部负载等扰动因素影响不大，或这些扰动因素产生的影响可以预计并能进行补偿时，应尽量采用开环控制系统。

开环控制系统的精度取决于系统校准的精度和系统中元件特性的稳定程度。高精度开环控制系统必须采用高精度和稳定性的元件。

2.2.2 闭环控制与闭环控制系统

控制系统的输出与输入间存在着反馈通道，即系统的输出对控制作用有直接影响的系统，称为闭环控制系统。

图2-12为直流电动机速度调节闭环控制系统原理图。

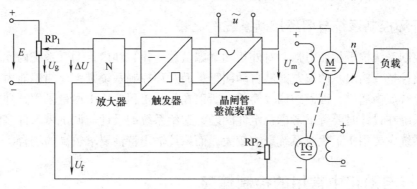

图 2-12 直流电动机速度调节闭环控制系统

图 2-12 中 TG 为测速发电机，它将电动机 M 的转速 n 变换成与其成正比的反馈电压 U_f，通过反馈电路反馈到系统的输入端，与给定电压 U_g 相比较，得到偏差信号 $\Delta U = U_g - U_f$。ΔU 经过放大器和触发器处理后，产生触发脉冲，控制晶闸管的导通角。晶闸管整流装置输出电压 U_m 取决于偏差 ΔU 的大小。运行时，如果因负载增加使电动机转速 n 下降，测速发电机 TG 输出的电压减小，通过并联在测速发电机 TG 两端的电位器 RP_2 分压，得到的反馈电压 U_f 随之减小。在给定电压 U_g 不变的情况下，由于反馈电压 U_f 减小，故偏差 ΔU 将增大。触发脉冲的相位前移，使晶闸管的导通角增大，整流输出电压 U_m 增大，电动机电枢两端电压提高，使电动机转速 n 恢复或接近扰动作用前的数值。该系统的框图如图 2-13 所示。

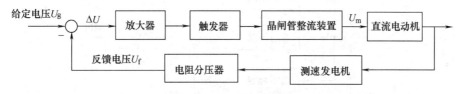

图 2-13 直流电动机速度闭环控制系统框图

闭环控制在工程实际中应用更加普遍。例如，晶闸管整流弧焊电源系统是闭环控制系统。在电弧焊接时，焊接电弧弧长发生变化，致使焊接电流发生变化，电流的变化通过电流反馈环节反馈到系统的输入端，使焊接电流的控制信号发生变化，导致弧焊电源整流器中的晶闸管的导通角发生变化，从而调节了电源的输出电流值，使焊接电流保证恒定不变。

闭环系统的主要特点是存在反馈。若有干扰使输出的实际值偏离给定值时，由于反馈控制作用将减少这一偏差，因而闭环系统控制精度较高。其缺点是一般的闭环控制系统总存在有惯性元件，当系统内部元件特性参数匹配不当时，将引起系统振荡，不能稳定工作。由此可见，引入反馈的代价之一是给系统可能带来的不稳定性；由于闭环控制有检测、反馈比较、调节器等部件，因而使系统复杂、成本提高，这是系统引入反馈的另一个代价；而引入反馈的第三个代价是系统增益的损失，但是损失一定的开环增益换取对系统响应的控制能力也是值得的。

闭环控制系统的精度不仅取决于系统校准的精度和系统中元器件特性的稳定程度，更取决于系统的反馈控制精度和系统内部参数的匹配。实践表明，一般精度的元器件组成的闭环控制系统可以具有高精度的控制特性。

2.2.3　开环控制系统与闭环控制系统的比较

闭环控制系统抗干扰能力强，对外扰动（如负载变化）和内扰动（系统内元件性能的变动）引起被控量（输出）的偏差能够自动纠正；而开环控制系统则无此纠偏能力。由于开环控制系统没有反馈通道，因而结构较简单，所以在实际工程应用中尽量采用开环控制。因为闭环控制系统在设计时要着重考虑稳定性问题，这给系统的设计与调试带来许多困难，所以闭环控制系统主要用于干扰对系统影响较大，而系统输出特性要求较高的场合。

2.3　焊接自动化中常用的控制策略

控制策略（控制算法）是焊接自动化系统中控制技术的核心问题。不同的控制策略具有不同的控制器结构（硬件结构或软件结构）。焊接自动化中常用的控制策略有 PID 控制、串级控制、自适应控制、变结构控制、模糊控制、神经网络控制以及复合控制等。

2.3.1　PID 控制

1. 控制原理

在焊接自动控制系统中最常用的控制策略是传统的 PID 控制策略，其原理如图 2-14 所示。

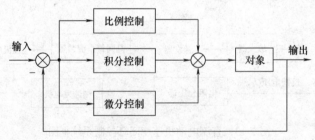

图 2-14　PID 控制框图

PID 控制是指：比例（P）控制、积分（I）控制和微分（D）控制。其控制的数学模型见式（2-1），即

$$u(t) = K_P\left[e(t) + \frac{1}{T_I}\int_0^t e(t)\mathrm{d}t + T_D \frac{\mathrm{d}e(t)}{\mathrm{d}t} \right] + u_0(t) \qquad (2\text{-}1)$$

式中　K_P——比例增益；

T_I——积分时间常数；

T_D——微分时间常数；

t——时间；

u_0——控制量 u_t 初始值；

e——偏差。

式（2-1）表明，系统控制量 $u(t)$ 是偏差 $e(t)$ 的比例、积分、微分控制的组合。

PID 控制蕴藏了自动控制系统动态控制过程中过去、现在和将来的主要信息。其中比例（P）控制代表当前的信息，起纠正偏差的作用，使过程的动态响应迅速，是对于偏差 e 的即时反应。微分（D）控制是按偏差变化的趋势进行控制，有超前控制的作用，代表将来的信息，在动态调节过程开始时强迫系统进行动态调节，在动态调节过程结束时减小超调，克服振荡，提高系统的稳定性。积分（I）控制代表过去积累的信息，能消除系统的静态偏差，改善系统的静态特性。PID 三种作用配合得当，可以使系统的动态调节过程快速、准确、平稳。

PID 控制是传统的控制策略，无论在模拟控制或数字控制中都得到了广泛的应用，即模拟 PID 控制与数字 PID 控制。在焊接自动化系统中要根据具体情况和要求，来选用 PID 的控制策略，可以单独采用 P 控制、I 控制、D 控制，也可以采用 PI、PD 以及 PID 控制。

在 PID 控制中，K_P、T_I、T_D 等参数值直接影响着系统的动态性能。在确定 PID 参数时，可以采用理论方法，也可以采用实验方法。采用理论方法确定 PID 的参数往往需要有被控对象的精确数学模型。因为焊接过程的精确模型很难得到，所以在焊接过程中，PID 控制的参数常常采用实验经验法或试凑法获得。在确定 PID 控制参数时，应注意以下几点：

1）增大比例增益 K_P，往往使整个系统的开环增益增大，有利于加快系统的响应，减小系统的稳态误差，但 K_P 过大，会使系统有较大的超调，并产生振荡，使系统稳定性变坏。

2）增大积分时间常数 T_I，将减小超调，减小振荡，系统动态过程的平稳性得到改善，但会使系统的快速性变差，并将减慢系统静态误差的消除。

3）增大微分时间常数 T_D，将减小超调，加快系统的动态响应，提高系统的快速性，提高系统的稳定性，但减弱系统抑制扰动的能力，使系统的稳态误差增大。

在确定 PID 参数时，应参考上述参数的特点，先比例、后积分、再微分，其步骤为：

1）首先加入比例部分，将 K_P 由小变大，并观察相应的系统响应，直至性能指标满足要求为止。

2）若静态误差不能满足要求，需要加入积分环节。首先取较大的 T_I 值，并略降低 K_P（比如为原来值的 0.8 倍）；然后，逐步减小 T_I，反复调整 T_I 和 K_P，直至系统得到所需要的动态性能，且静态误差得到消除为止。

3）若经反复调整，系统动态过程仍不满意，可加入微分环节。T_D 从零开始，随后逐步增大。同时反复改变 K_P 和 T_I，反复调整三个参数，最后得到一组合适的参数。

因为比例、积分、微分三个环节的控制作用，相互可以调节，相互可以补偿，不同的 PID 控制参数组合可以获得相同的动态响应特性，所以 PID 控制的参数并不是唯一的。

2. 控制器应用电路

（1）比例（P）控制器　比例控制器如图 2-15 所示。比例控制器的输出信号以一定比例复现输入信号。当输入信号 u_i 为阶跃函数时，输出信号 u_o（称为阶跃响应）也是阶跃函数，其幅值是 u_i 的 K_P 倍。即

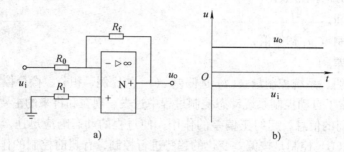

图 2-15　P 控制器

a) 原理图　b) 响应曲线

$$u_o = K_P u_i \tag{2-2}$$

式中，$K_P = - R_f / R_0$，为比例系数。

由式（2-2）可见，比例控制器的输出与输入成比例的变化而与时间无关。显然，比例控制反应迅速，调节及时，它的输出完全由输入的当前值所决定。

无论是哪一种实际结构，也无论操作功率是什么形式，比例控制器实质大都是具有可调增益的放大器。

（2）积分（I）控制器　图 2-16 为积分控制器原理图，输出与输入的关系为

$$u_o = - \frac{1}{T_I} \int u_i dt \tag{2-3}$$

式中，$T_I = R_0 C_1$ 为积分时间常数。

系统的阶跃响应为一条随时间线性增长的斜线，增长的速度与积分时间常数 T_I 成反比，与输入信号 u_i 的大小成正比，即 $u_o = t / T_I u_i$。积分控制器的输出量不可能无限制地增长，它要受到电源电压或输出限幅电路的限制，其阶跃响应曲线如图 2-16b 所示。

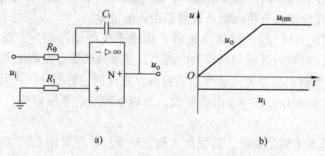

图 2-16　I 控制器

a) 原理图　b) 响应曲线

积分控制器的输出特性有三个特点：

1）只要 $u_i \neq 0$，u_o 总要逐渐增长（达到饱和时为止）。

2）只有 $u_i = 0$ 时，u_o 才不增长，并保持为某一固定值。

3）只要输出达到饱和值，那么必须等输入信号 u_i 变极性后，输出 u_o 才能减小，控制器才能退饱和。

综上所述，积分器具有延缓作用、积累作用和记忆作用，积分器的输出并不取决于输入

量的现状，它取决于输入量的全部历史状态。

（3）比例积分（PI）控制器　比例积分控制器原理如图 2-17a 所示。比例积分控制器输出与输入的关系为

$$u_o = K_P u_i - \frac{1}{T_I} \int u_i \mathrm{d}t \tag{2-4}$$

式中，$T_I = R_0 C_1$，PI 控制器积分时间常数；

　　　$K_P = -R_1/R_0$，PI 控制器比例放大系数。

系统的阶跃响应曲线如图 2-17b 所示，即 $u_o = (K_P - t/T_I) u_i$。比例积分控制器的输出由比例和积分两部分组成。当突加输入信号时，由于 C_1 两端电压不能突变，C_1 相当于短路，此时整个控制器相当于比例控制器，其输出先跳变到 $K_P u_i$，实现快速控制。随着 C_1 被充电，控制器又相当于积分器，输出按积分作用随时间线性增长。同样，当控制器深饱和后，必须等输入信号改变极性，才能使控制器退饱和。

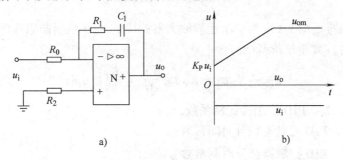

图 2-17　PI 控制器

a）原理图　b）响应曲线

PI 控制器在频率较低时主要起积分器的作用，而在高频时主要起线性比例放大器的作用。

由于 PI 控制器综合了 P 控制器和 I 控制器的优点，比例部分能迅速响应控制作用，积分部分则可以最终消除稳态误差，因此在控制系统中得到广泛的应用。

（4）PD 控制器　图 2-18a 是 PD 控制器电路原理图。如果输入信号为单位阶跃信号时，其系统响应为

$$u_o = K_P u_i + K_P T_D \frac{\mathrm{d}u_i}{\mathrm{d}t} \tag{2-5}$$

式中，$K_P = -(R_1 + R_2)/R_0$，PD 控制器比例系数；

　　　$T_D = (R_1 R_2) C_1/(R_1 + R_2)$，PD 控制器微分时间常数。

当控制器的输入端突加一个阶跃信号 u_i 的瞬间，反馈电压被 C_1 旁路，反馈到输入端的电压很小，故输出电压突然增至很大。随着 C_1 充电，输出电压逐渐降低，C_1 充电结束后，C_1 相当于开路，控制器相当于 P 控制器，输出电压与输入电压成比例变化。系统的阶跃响应曲线如图 2-18b 所示。

由此可见，PD 控制器具有超前控制的作用，即当控制信号有变化趋势时，PD 控制器立即输出一个幅值很大的控制信号，用来加快响应过程或补偿系统的惯性。但是微分控制作用也使噪声信号得到放大，有可能使系统的执行机构达到饱和状态，而且微分控制作用只能

在瞬态过程中发挥作用，因此微分控制一般不单独应用。

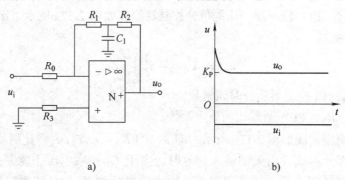

a)

b)

图 2-18　PD 控制器

a）原理图　b）响应曲线

（5）PID 控制器　图 2-19a 为单个运算放大器构成的 PID 控制器原理图。如果输入信号为单位阶跃信号时，其单位阶跃响应为

$$u_c = K_P u_i + K_P T_D \frac{\mathrm{d}u_r}{\mathrm{d}t} + \frac{K_P}{T_I} \int_0^t u_i \mathrm{d}t \qquad (2-6)$$

式中，$K_P = -R_1/R_0$，PID 控制器比例系数；

$T_I = R_1 C_1$，PID 控制器积分时间常数；

$T_D = R_2 C_2$，PID 控制器微分时间常数。

$C_2 \gg C_1$，$R_1 \gg R_2$。

在控制器输入端突加一个阶跃信号 u_i 的瞬间，反馈电压被 C_2 旁路，反馈到输入端的电压很小，近于零，输出电压突然增至很大，起微分控制作用。随着 C_2 充电，反馈到输入端的电压逐渐增大，控制器输出电压逐渐降低。C_2 充电结束时，输出下降到某一数值，该数值与输入成比例。由于 $T_D = R_2 C_2$ 比较小，故微分作用时间很短。随着 C_1 充电，反馈到输入端的电压又逐渐减小，输出逐渐增加，实现积分作用。系统的单位阶跃响应曲线如图 2-19b所示。

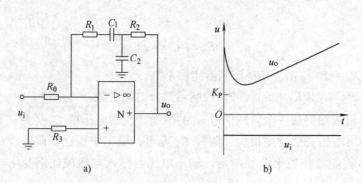

a)

b)

图 2-19　PID 控制器

a）原理图　b）响应曲线

由此可见，三种控制作用的组合作用具有三个独立控制作用各自的优点。

在焊接自动化系统中，有时还使用比例—微分—惯性（PDT）控制器等。

2.3.2　串级控制

在焊接自动化系统中，大多采用单回路闭环控制。对于高质量焊接的要求，由于焊接过程的复杂性，采用单回路闭环控制已经不能满足要求，因此需要在单回路闭环控制的基础上，采取多回路闭环控制策略。多回路闭环控制系统一般由多个传感器、多个调节器，或者由多个传感器、一个调节器、一个补偿器等组成多个回路的控制系统。这种多回路闭环控制称为串级控制，其控制系统如图 2-20 所示。

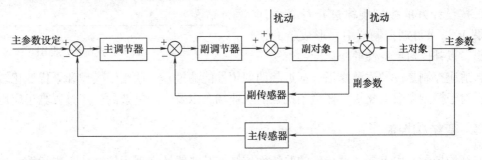

图 2-20　串级控制系统框图

与单回路闭环控制系统相比，串级控制系统中至少有两个闭环，一个闭环在里面，被称为副环或副回路，在控制调节过程中起"粗调"的作用；一个闭环在外面，被称为主环或主回路，用来完成"细调"的任务，最终满足系统的控制要求。主环和副环有各自的控制对象、传感器和调节器。

串级控制系统的优点有：对干扰有很强的克服能力；改善了对象的动态特性，提高了系统的工作频率；对负载或操作条件的变化有一定的自适应能力。

2.3.3　自适应控制

自适应控制是针对对象特性的变化、漂移和环境干扰对系统的影响而提出来的。它的基本思想是通过在线辨识使这种影响逐渐降低以至消除。

自适应控制系统可以归纳成两类：模型参考自适应控制和自校正控制。

模型参考自适应控制是在控制器—控制对象组成的闭环控制回路的基础上，再增加一个由参考模型和自适应调节器机构组成的附加调节回路，如图 2-21 所示。

该控制策略的特点是：对系统性能指标的要求完全通过参考模型来表达，即参考模型的输出（状态）就是系统的理想输出（状态）。当系统运行过程中控制对象的参数或特性变化时，误差进入自适应调节机构，经过由自适应规律所决定的运

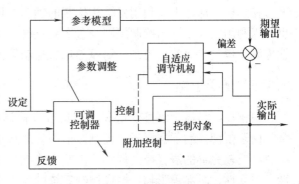

图 2-21　模型参考自适应控制系统框图

算，产生适当的调整作用，调节控制器的参数，或者对控制对象产生等效的附加控制作用，

从而使被控过程的动态特性（输出）与参考模型的一致。

自校正控制的附加调节回路由辨识器和控制器设计调节机构组成，如图 2-22 所示。

由图 2-22 可见，辨识器根据控制对象的控制信号与输出信号，在线估计控制对象的参数。以对象参数的估计值 $\hat{\theta}$ 作为对象参数的真值 θ，送入控制器设计调节机构，按设计好的控制规律进行计算，计算结果 V 送入可调控制器中，形成新的控制输出，以补偿对象特性的变化。

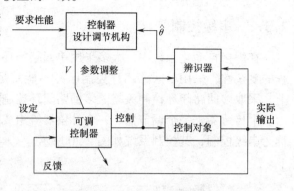

图 2-22　自校正控制系统框图

自适应控制是一种逐渐修正、渐近趋向期望性能的过程，适用于模型和干扰变化缓慢的情况；对于模型参数变化快、环境干扰强的工业场合以及比较复杂的生产过程难于应用。

2.3.4　变结构控制

变结构控制本质上是一类特殊的非线性控制，其非线性表现为控制的不连续性。这种控制策略与其它控制的不同之处在于系统的"结构"并不固定，而是可以在动态过程中，根据系统当时的状态（如偏差及各阶导数等），以跃变的方式，有目的地不断变化，迫使系统按预定的控制规律运行。其系统框图如图 2-23 所示。

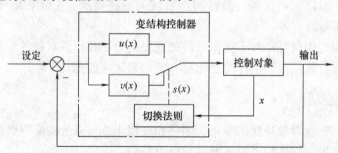

图 2-23　变结构控制系统框图

在焊接自动化中，利用变结构控制的理念，可以设计出物理结构变化的变结构控制器，也可以利用软件设计出控制规则与参数变化的变结构控制器。目前变结构控制在弧焊电源特性控制、焊接电流波形控制、引弧与熄弧控制等方面得到了广泛的应用。

2.3.5　模糊控制

模糊控制是运用语言变量和模糊集合理论形成控制算法的一种控制，属于智能控制策略。由于模糊控制不需要建立控制对象精确的数学模型，只要求把现场操作人员的经验和数据总结成较完善的语言控制规则，因此它能绕过对象的不确定性、不精确性、噪声以及非线性、时变性、时滞等影响。模糊控制系统的鲁棒性（鲁棒性是指系统的某种性能或某个指标保持不变的程度或者说系统对扰动不敏感的程度。）强，尤其适用于非线性、时变、滞后系统的控制。模糊控制的基本结构如图 2-24 所示。

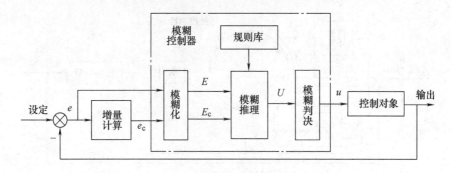

图 2-24　基本模糊控制器框图

由图 2-24 可见，可以将系统的偏差 e 及偏差变化率 e_c 作为模糊控制器的输入信号。在模糊控制时，首先将 e、e_c 模糊化，即将 e、e_c 离散化，并将其精确量转变为模糊量 E、E_c，根据模糊控制规则结合 E、E_c 进行模糊推理，得到模糊控制量 U，再通过模糊判决，将模糊控制量 U 转化为精确控制量 u，以控制被控对象。

模糊控制在焊接自动化领域已经得到了广泛的应用，从逆变弧焊电源的模糊控制到焊缝成形的模糊控制以及焊缝跟踪的模糊控制都取得了良好的控制效果。

许多公司和生产厂家都能生产定型的模糊控制器，提供各种型号和功能的模糊控制芯片，从而大大地促进了模糊控制技术的广泛应用。

2.3.6　神经网络控制

从微观上模拟人脑神经的结构和思维、判断等功能以及传递、处理和控制信息的机理出发而设计的控制系统，称为基于神经元网络的控制系统，采用的控制策略就是神经网络控制。20 世纪 80 年代以来，神经网络理论取得了突破性进展，使其迅速成为智能控制领域重要的分支。

神经网络在过程建模与控制、模式识别等方面具有广阔的应用前景，国内外的科技工作者正在为神经网络控制在工程实践中的应用而努力工作着。在焊接领域，已经在 GTAW、GMAW 以及变极性等离子弧焊接过程的建模、控制等方面进行了神经网络理论的应用研究，取得了许多研究成果。

神经网络组成的系统比较复杂，而由单个神经元构成的控制器结构简单。结合图 2-25 对单个神经元控制的基本思想做一简介。

神经控制器有多个输入 $x_i(k)$，$i = 1, 2, \cdots, n$ 和一个输出 $u(k)$。每个输入有相应的权值 $w_i(k)$，$i = 1, 2, \cdots, n$。输出为输入的加权求和

$$u(k + 1) = K \sum_{i=1}^{n} w_i(k) x_i(k) \tag{2-7}$$

式中，K 为比例环节的比例系数，$K > 0$。现取 $x_1(k) = r(k)$ 为系统设定信号，$x_2(k) = e(k) = r(k) - y(k)$ 为误差信号，$x_3(k) = e(k)$ 为误差的增量。学习过程就是调整权值 $w_i(k)$ 的过程，其值通过学习策略 $p_i(k)$ 来决定。学习策略有多种，例如，可以和神经元的输出以及控制对象的状态、输出、环境变量等建立联系，以实现在线自学习。图 2-25 中取学习策略与误差有关，反映了神经元的自学习；如取学习策略与设定值有关，则反映了学习过程为神经元在外界信号作用下的监督学习（被动学习）。

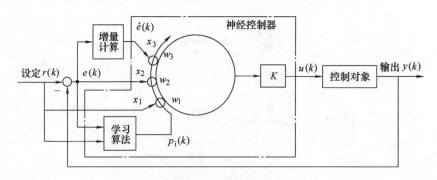

图 2-25　神经控制器框图

2.3.7　复合控制

无论是传统的控制策略，或是现代控制策略，还是智能控制策略，各种控制策略都具有其特长，也都具有一定的局限性或者说具有某些问题。各种控制策略相互渗透和相互结合形成复合控制策略已成为一种趋势。目前应用较多的复合控制策略有：模糊 PID 复合控制、模糊变结构复合控制、自适应模糊控制、模糊神经网络控制等等。

复 习 思 考 题

1．什么是控制、自动控制？

2．人工控制与自动控制的相同点与不同点是哪些？

3．什么是方框图？方框图的作用是什么？如何画系统的方框图？

4．什么是自动控制的系统？什么是系统的观点？如何应用系统的观点去分析问题和解决问题？

5．常用的控制系统分类的哪些？举例说明焊接自动控制系统有哪些类型？

6．什么是开环控制、闭环控制？

7．开环控制与闭环控制的特点和区别是什么？试述开环、闭环控制系统的基本组成及各个环节的功能。

8．闭环控制的基本原理是什么？

9．举例说明日常生活中有哪些开环控制？有哪些是闭环控制？并画出它们的方块图。

10．焊接自动控制中有哪些是开环控制？有哪些是闭环控制？并画出它们的方块图，简述其控制原理。

11．控制策略的作用是什么？常用的控制策略有哪些？

12．什么 PID 控制？PID 控制中比例、积分、微分控制的作用是什么？

13．比例-积分调节器的阶跃响应有什么特点？

14．根据所学过的知识，举例说明比例、比例积分调节器的应用和选用原则与依据。

15．焊接自动控制的含义是什么？

第3章 焊接自动化中的传感技术

通常将能把被测物理量或化学量转换为与之有确定对应关系的电量输出的测量部件或装置称为传感器。

随着自动化技术的飞速发展，传感技术在焊接生产领域得到了广泛应用。如焊接过程中焊接质量的监控、焊接生产过程的自动化等都需要测量焊接过程中的有关参数，并以此为依据进行自动控制。没有传感器，就不可能实现自动检测和控制。

本章重点介绍焊接自动化中常用的传感器及其应用技术。

3.1 概述

3.1.1 传感器的概念

传感器是一种以一定的精确度将被测量转换为与之有确定对应关系的、易于精确处理和测量的某种物理量（通常为电量）的测量部件或装置。

焊接自动化系统中有许多物理量需要进行检测和控制，如位移、速度（包括线速度和角速度）、位置等。而一般的控制系统只能识别电量，因此必须通过传感器将各种非电量转换成电量才能进行控制。所以传感器又称变换器、换能器、转换器、变送器、发送器或探测器等。

传感器一般由敏感元件、转换元件和基本转换电路组成，如图3-1所示。

敏感元件是能直接感受被测量，并以确定关系输出某一物理量的元件。如弹性敏感元件，它将力转换为位移或应变输出。

转换元件将敏感元件输出的非电物理

图3-1 传感器的构成

量（如位移、应变、光强等）转换成电路参数量（如电阻、电感、电容等）。

基本转换电路将转换元件输出的电信号转换为便于显示、记录、处理和控制的有用电信号，如电压、电流、频率、脉冲等。

实际的传感器，有的很简单，有的较复杂。有些传感器（如热电偶）只有敏感元件，在测量时直接输出电压信号。有些传感器由敏感元件和转换元件组成，无需基本转换电路，如压电式加速度传感器。还有些传感器由敏感元件和基本转换电路组成，如电容式位移传感器。有些传感器，转换元件不只一个，要经过若干次转换才能输出电量。

3.1.2 传感器的特性

传感器的特性是指传感器输出与输入的关系。当传感器检测静态信号时，即传感器的输入量为常量或随时间作缓慢变化时，其输出与输入之间的关系为传感器的静态特性；当传感器检测动态信号时，传感器输出对输入的响应特性为传感器的动态特性。

1. 传感器的静态特性

（1）线性度　通常希望传感器的输出与输入静态特性曲线是线性（比例特性）的，从而有利于传感器的标定和数据处理。实际的传感器静态特性曲线往往是非线性的，与理论的线性特性直线有一定的偏差。其偏差越小，则其线性度越好。

传感器一般都有一定的线性范围。在线性范围之内，传感器的静态特性曲线成线性或近似线性关系。传感器的线性区域越大越好。线性度一般以满量程的百分数表示。

（2）灵敏度　传感器输出量的变化量对输入量的变化量的比值称灵敏度。它表示了传感器对测量参数变化的适应能力。

（3）量程　传感器的输入、输出保持线性关系的最大量程称为传感器的量程。一般用传感器允许测量的上下极限值之差来表示。超范围使用，传感器的检测性能变差。

（4）迟滞　传感器在输入量增加的过程中（正行程）和减少的过程中（反行程），输出—输入关系曲线的不重合程度称为传感器的迟滞。

（5）重复性　传感器在同一条件下，被测输入量按同一方向作全量程连续多次重复测量时，所得输出—输入曲线不一致的程度。

（6）分辨率　传感器能检测到的最小输入增量称分辨率。

（7）精确度　表示传感器的测量结果与被测量"真值"的接近程度。二者之差称为绝对误差，绝对误差与被测量（约定）真值之比称为相对误差。精确度一般用极限误差来表示，或者利用极限误差与满量程之比的百分数给出，例如，0.1、0.5、1.0 等级的传感器，意味着它们的精确度分别是 0.1%、0.5% 和 1.0%。

（8）稳定性　表示传感器长期使用以后，其特性不发生变化的性能。影响传感器稳定性的因素包括时间和环境。

（9）零漂　传感器在零输入状态下，输出值的变化称零漂。

2. 传感器的动态特性

传感器的动态特性取决于传感器本身的性能和输入信号的形式。在传感器的动态特性分析中，常应用正弦信号或阶跃信号的动态响应曲线，即输入信号为正弦变化的信号或阶跃变化的信号，其相应输出信号随时间的变化关系。

传感器的动态特性分析与控制系统的动态特性分析方法相同，可以通过时域、频域以及试验分析的方法确定。有关系统分析的性能指标都可以作为传感器的动态特性参数。例如：最大超调量、调节时间、稳态误差、频率响应范围、临界频率等。

动态特性好的传感器，其输出量随时间的变化规律将再现输入量随时间的变化规律，即它们具有同一个时间函数。实际传感器的输出信号与输入信号一般不会具有相同的时间函数，由此引起动态误差。

3.1.3　传感器的分类

传感器的种类很多，可以按不同的方式进行分类，例如：按被测定量分类、按传感器工作原理分类、按传感器的转换原理分类、按传感器的用途分类、按传感器输出量形式（模拟信号或数字信号）分类等等。

焊接自动化中常用的传感器有位置传感器、位移传感器、角度传感器、速度传感器等。

3.2　传感器信息处理的基本电路

　　传感器输出的电信号形式是多种多样的，而且一般都比较微弱，就需要一些电子电路加以处理和放大，以满足检测显示和控制的需要。另外，传感器信号检测电路根据需要还要进行阻抗匹配、微积分运算、信号转换、线性化补偿等。一般情况下，不同的传感器根据自身的特点与检测和控制的目的，需要配备不同的信号检测和处理电路。本节重点介绍常用的传感器信号放大电路、信号运算电路、信号分离电路和信号转换电路。

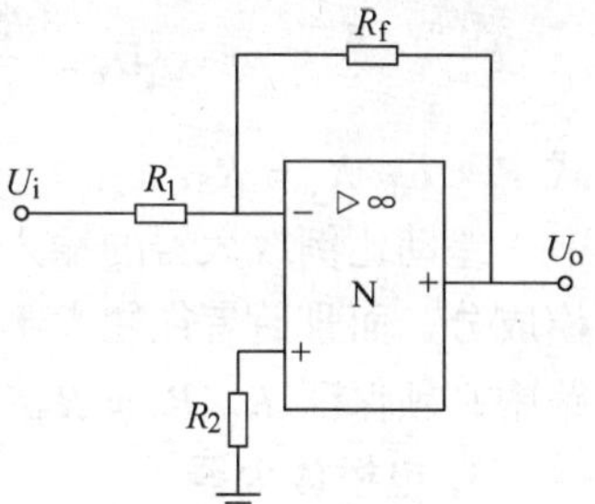

3.2.1　信号放大电路

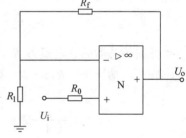

图 3-2　反相比例放大器

　　传感器输出的信号通常是比较微弱的，那么就必须对这样的信号放大处理。通常应用运算放大器电路进行信号的放大。

1. 反相比例放大器

　　图 3-2 所示为反相比例放大器电路，其增益 K 为

$$K = \frac{U_o}{U_i} = -\frac{R_f}{R_1} \tag{3-1}$$

平衡电阻 $R_2 = R_f /\!/ R_1$

反相比例放大器主要特点：

　　1）集成运算放大器的反相输入端为虚地点，因为它的共模输入电压可视为零，所以对运算放大器的共模抑制比要求低。

　　2）输出电阻小，负载能力强。

　　3）输入电阻小，对输入电流有一定要求。

2. 同相比例放大器

　　图 3-3 所示为同相比例放大器电路，其增益 K 为

$$K = \frac{U_o}{U_i} = 1 + \frac{R_f}{R_1} \tag{3-2}$$

平衡电阻 $R_0 = R_f /\!/ R_1$

同相比例放大器主要特点：

　　1）由于串联电压负反馈的作用，输入电阻增大，可高达 1000MΩ。

　　2）输出电阻小，负载能力强。

　　3）在同相比例放大电路中，集成运算放大器的共模输入电压等于输入电压，因此对运算放大器的共模抑制比要求较高，这是它的缺点。

3. 电压跟随器

　　图 3-4 所示为电压跟随器电路，它是同相放大器的特殊情况，即 $R_f = 0$。其增益 K 为

图 3-3　同相比例放大器

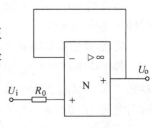

图 3-4　电压跟随器

$$K = \frac{U_o}{U_i} = 1 \qquad (3-3)$$

电压跟随器的反馈系数等于 1，为深度负反馈。

4. 差动比例放大器

差动比例放大器又称减法器，其电路原理如图 3-5 所示。其输出电压 U_o 为

$$U_o = \frac{R_f}{R_1}\ (U_2 - U_1) \qquad (3-4)$$

式中 $R_f / R_1 = R_3 / R_2$。

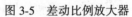

图 3-5   差动比例放大器

差动比例放大器的输入信号既含有差模成分，也含有共模成分，而且后者往往大于前者。因此，差动比例放大电路的共模抑制比必须足够大。在电路中必须保证 $R_f / R_1 = R_3 / R_2$，否则，差模放大器的共模抑制比会急剧下降。

5. 电桥放大器

许多传感器都是通过电桥连接方式，将被测量转换成电压或电流信号，并用运算放大器进行进一步的放大处理。

图 3-6 是一种电桥放大器电路，电阻传感器接入电桥的一臂。如果传感器电阻 R 的变化量为 ΔR，则传感器电阻的相对变化率 δ 为

$$\delta = \frac{\Delta R}{R} \qquad (3-5)$$

此时传感器的总电阻为 $R + \Delta R = R\ (1 + \delta)$；

在一般情况下，$R_f >> R$，则

$$U_o = \frac{E}{4} \times \delta \times \frac{1 + \frac{2R_f}{R}}{1 + \frac{\delta}{2}} \qquad (3-6)$$

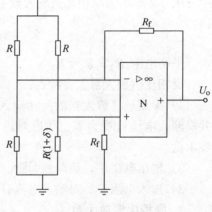

图 3-6   电桥放大器电路

式中，E 为电桥电源。

如果 $\delta << 2$，则

$$U_o \approx \frac{E}{2} \times \frac{R_f}{R} \times \delta \qquad (3-7)$$

3.2.2　信号运算电路

运算电路在测控系统中是非常重要的，广泛应用于焊接自动化系统中。

1. 加减法运算电路

若干个电压信号的相加可以采用一个反相运算放大器来实现，如图 3-7 所示。反相输入多路电压信号，其输出电压 U_o 为

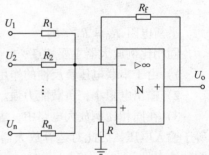

图 3-7   反相运算放大器电路

$$U_o = - R_f \left(\frac{U_1}{R_1} + \frac{U_2}{R_2} + \cdots + \frac{U_n}{R_n} \right) \qquad (3-8)$$

调节反相加法器某一路的输入电阻的阻值不影响其它输入电压的比例关系。如果输入电压信号中有正、负之分，则该电路将进行代数和运算，即进行加减法运算。

2. 积分运算电路

图 3-8 所示为积分运算电路。该电路能够对运算放大器反相输入端输入的时变电压信号 U_i 进行积分运算。其输出电压 U_o 为

$$U_o = -\frac{1}{R_1 C_f}\int U_i \mathrm{d}t \tag{3-9}$$

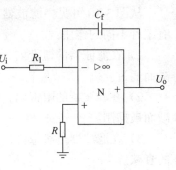

积分电路不仅可以用于积分运算，而且可以利用积分器中电容的充放电过程实现延迟或定时，也可以产生各种波形。例如，当输入电压产生跃变时，输出电压将随时间变化线性升高，从而实现了延迟或定时作用。

图 3-8　积分运算电路

3. 微分运算电路

图 3-9 所示为微分运算电路。该电路能够对由运算放大器反相输入端输入的时变电压信号 U_i 进行微分运算。其输出电压 U_o 为

$$U_o = -R_f C_1 \frac{\mathrm{d}U_i}{\mathrm{d}t} \tag{3-10}$$

图 3-9a 所示的微分电路，其反馈回路对高频产生接近 90° 的相位滞后，它与运算放大器的滞后结合在一起，很容易产生电路的自激振荡。在实际应用中一般采用图 3-9b 所示电路，其中 $R_1 C_f = R_f C_1$。该电路不仅可以限制噪声和输入电压信号突变的影响，并且可以进行相位补偿。

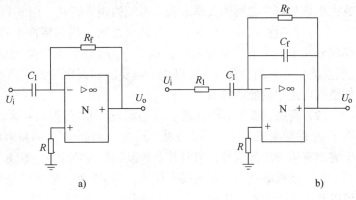

a)　　　　　　　　　　　　　　　b)

图 3-9　微分器

a) 基本微分电路　b) 实用微分电路

3.2.3　信号分离电路

在应用传感器进行有关信号检测时，往往包含一些噪声或者与被测量无关的信号；而且传感器检测的原始信号在传输、变换、放大等信号处理过程中也会混入各种不同形式的噪声，从而影响信号的检测和系统的自动控制。一般的噪声信号随机性很强，但很多噪声信号是按一定规律分布于频率域中的某一特定的频带中，因此可以采用滤波器对其进行抑制，并将有用的信号分离出来。

滤波器是一种选频装置，它的功能是让指定频段的信号能够比较顺利地通过，而对其它频段的信号起衰减作用。例如低通滤波器使低频信号容易通过，而使高频信号受到抑制。使信号能够顺利通过的频带为滤波器的通带；使信号受到抑制而不能顺利通过的频带称为滤波器的阻带；通带与阻带之间的频带称为过渡带。在过渡带，信号得到不同程度的衰减。理想的滤波器没有过渡带，而实际应用的滤波器存在着过渡带，过渡带越窄说明滤波器电路越好。图 3-10 是低通滤波器的幅频特性示意图。图 3-10 中 K_p 是通带电压信号的放大倍数。

当滤波器的信号放大倍数 K 下降到 K_p 的70％时，其对应的频率称为通带的截止频率，记为 f_c。

从图3-10可见，滤波器对不同频率的信号有三种不同的作用：

1）在滤波器的通带内，信号受到很小的衰减而通过。

2）在滤波器的阻带内，信号受到很大的衰减而被抑制。

3）在滤波器过渡带内，信号得到不同程度的衰减。

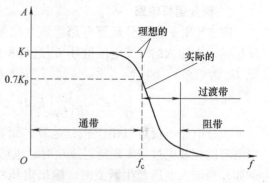

图 3-10 低通滤波器频率特性

1. 滤波器的分类

根据滤波器的选频作用，一般将滤波器分为四类：低通滤波器、高通滤波器、带通滤波器和带阻滤波器。

在控制系统中，对于不同频率的输入信号，系统输出信号与输入信号的频率相同，而幅值不同，幅频特性即是系统输出幅值随频率变化的特性。在滤波器电路中可以采用滤波器的放大倍数与频率之间的关系来表示系统的幅频特性。图3-11表示了四种滤波器的幅频特性。

（1）低通滤波器 在从 $0 \sim f_c$ 频率之间，幅频特性平直。它可以使信号中低于 f_c 的频率成分几乎不受衰减地通过，而高于 f_c 的频率成分受到极大地衰减。主要用于低频信号（或直流信号）的检测，也可以用于需要削弱高次谐波或频率较高的干扰和噪声等场合。例如整流电路中的滤波环节。

（2）高通滤波器 与低通滤波器相反，从频率 $f_c \sim \infty$，其幅频特性平直。它使信号中高于 f_c 的频率成分几乎不受衰减地通过，而低于 f_c 的频率成分将受到极大地衰减。主要用于突出有用频段的信号，削弱其余频段的信号或干扰。例如载波通信、超声波检测等方面。

（3）带通滤波器 其通频带在 $f_{c1} \sim f_{c2}$ 之间。它使信号中高于 f_{c1} 而低于 f_{c2} 的频率成分可以几乎不受衰减地通过，而其它成分受到极大地衰减。

（4）带阻滤波器 与带通滤波器相反，阻带在频率 $f_{c1} \sim f_{c2}$ 之间。它使信号中高于 f_{c1}、而低于 f_{c2} 的频率成分受到极大地衰减，其余频率成分几乎不受衰减地通过。

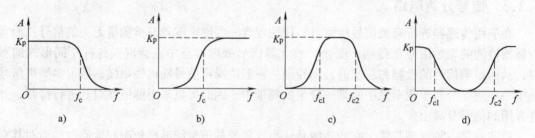

图 3-11 四种滤波器的幅频特性

a）低通滤波器的幅频特性 b）高通滤波器的幅频特性 c）带通滤波器的幅频特性 d）带阻滤波器的幅频特性

滤波器还有其它分类方法，例如根据构成滤波器的元件类型，可分为 RC、LC 或晶体谐振滤波器；根据构成滤波器的电路性质，可分为有源滤波器和无源滤波器；也可根据滤波器所处理的信号性质，分为模拟滤波器与数字滤波器等等。

2. 无源 *RC* 滤波器

（1）一阶 *RC* 低通滤波器　典型电路如图 3-12 所示。

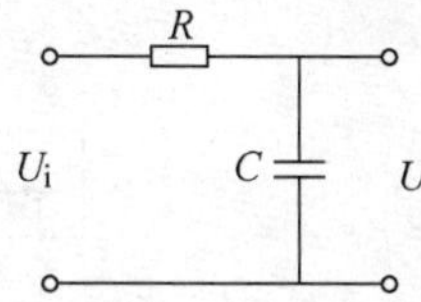

设输入为 U_i，输出为 U_o，则电路的微分方程为

$$RC \frac{\mathrm{d}U_o}{\mathrm{d}t} + U_o = U_i \qquad (3-11)$$

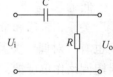

图 3-12　*RC* 低通滤波器

该系统的截止频率为 f_c，即当 $f \ll f_c$ 时，信号几乎不受衰减而通过。*RC* 低通滤波器是一个不失真传输系统。

当 $f \gg f_c$ 时，$u_o = \frac{1}{RC} \int u_i(t) \mathrm{d}t$。*RC* 低通滤波器起积分作用，对高频成分信号衰减，所以称其为低通滤波器。该滤波器的截止频率为

$$f_c = \frac{1}{2\pi RC} \qquad (3-12)$$

式中，*RC* 为低通滤波器的时间常数。

式（3-12）表明，*RC* 值决定着上截止频率。改变 *RC* 值，就可以改变滤波器的截止频率 f_c。

（2）一阶 *RC* 高通滤波器　典型电路如图 3-13 所示。

设输入为 U_i，输出为 U_o，则电路的微分方程为

$$U_o + \frac{1}{RC} \int U_o(t) \mathrm{d}t = U_i \qquad (3-13)$$

图 3-13　*RC* 高通滤波器

该系统的截止频率为 f_c。即当 $f \gg f_c$ 时，信号几乎不受衰减而通过，*RC* 高通滤波器也是不失真传输系统。

当 $f \ll f_c$ 时，此时 *RC* 高通滤波器的输出与输入的微分成正比，起微分器的作用，所以称其为高通滤波器。

截止频率 $f_c = 1/(2\pi RC)$，$T = RC$ 为高通滤波器的时间常数，决定着截止频率 f_c。

3. 有源 *RC* 滤波器

无源 *RC* 滤波器电路简单，但是负载能力差。虽然通过减小电阻、增大电容可以改善 *RC* 滤波器的负载能力，但是电容能量不能太大，否则电容的漏电和电容的体积过大将成为另外的问题。采用有源 *RC* 滤波器可以解决此类问题。

有源 *RC* 滤波器由 *RC* 网络和运算放大器组成。运算放大器既具有级间隔离的作用，又可以起到信号幅值的放大作用。*RC* 网络则通常作为运算放大器的负反馈网络。

（1）一阶有源 *RC* 滤波器　典型电路如图 3-14 所示。

图 3-14a 是将 *RC* 网络与输出电阻 R_L 之间接入一个电压跟随器，从而大大提高了滤波电路的负载能力。

图 3-14b 是将简单的一阶 *RC* 低通滤波网络接到运算放大器的输入端。运算放大器不仅起到隔离负载影响和提高负载能力的作用，而且还提高了系统的增益。由此可见，该电路不仅具有滤波功能，而且还有放大作用。

其截止频率为：$f_c = 1/(2\pi RC)$；放大倍数为：$K_p = K = 1 + R_f/R_1$。

图 3-14c 是把 *RC* 高通滤波网络作为运算放大器的负反馈（代替负反馈电阻），结果获得低通滤波的作用，其截止频率为：$f_c = 1/(2\pi R_f C)$；放大倍数为：$K = -R_f/R_1$。

由图 3-14 可以看出，若在运算放大器的负反馈电路中接入 *RC* 高通滤波网络，可以得

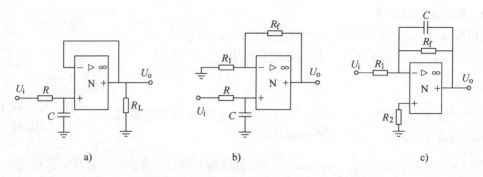

图 3-14　一阶有源低通滤波器

a) 带电压跟随器的低通滤波器　b) 具有放大作用的低通滤波器　c) 反相输入的低通滤波器

到低通滤波器，这种现象被称为"对偶"关系。图 3-15 为低通滤波器与高通滤波器的对偶关系示意图。

低通和高通滤波器有"对偶"关系，带通和带阻滤波器之间也有"对偶"关系，若将 RC 带阻网络作负反馈，则得到带通滤波器。

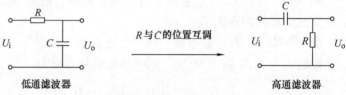

图 3-15　低通滤波器与高通滤波器的对偶关系示意图

通过低通滤波器的分析，再根据低通滤波器与高通滤波器的对偶关系，不难得出有关一阶的高通滤波器的电路。

（2）二阶有源 RC 滤波器　为了使通带外的频率信号衰减更快，应提高滤波器的阶次。图 3-16 所示是二阶有源滤波器。

图 3-16a 所示是低通滤波器，其上截止频率 $f_c \approx 0.37/(2\pi RC)$，放大倍数 $K_p = K = 1 + R_f/R_1$。

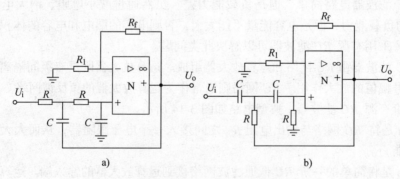

图 3-16　二阶有源 RC 滤波器

a) 二阶低通滤波器　b) 二阶高通滤波器

图 3-16b 所示是高通滤波器，其下截止频率 $f_c \approx 0.37/(2\pi RC)$，放大倍数 $K_p = K = 1 + R_f/R_1$。

滤波器中的两个 RC 网络中的电阻电容不一定取相同的值，其截止频率 f_c 的计算将比较复杂。

（3）有源带通滤波器　图 3-17 是一个有源带通滤波器的电路原理图。

如图 3-17a 所示，有源带通滤波器是一个由低、高通 RC 网络和运算放大器构成的带通滤波器。这里，运算放大器起级间隔离和提高负载能力的作用。

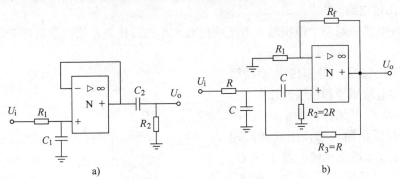

图 3-17　带通滤波器

a）串联式带通滤波器　b）压控电压源带通滤波器

该电路的高通截止频率 $f_{c1} = 1/(2\pi R_2 C_2)$，低通截止频率 $f_{c2} = 1/(2\pi R_1 C_1)$。

当 $f_{c1} < f < f_{c2}$ 时，信号无衰减。

图 3-17b 所示是一个具有放大作用的带通滤波器，它由 RC 低通、高通滤波器及同相比例放大电路组成。

令 $f_0 = 1/(2\pi RC)$ 为带通滤波器的中心频率，并将 $f = f_0$ 时的电压放大倍数称为带通滤波器的通带电压放大倍数 K_p。

因为该滤波器中的同相比例放大电路的电压放大倍数 $K = 1 + R_f/R_1$，而带通滤波器的通带电压放大倍数 $K_p = K/(3 - K)$，所以 $K < 3$。

通带截止频率

$$f_{c1} = \frac{f_0}{2}\left[\sqrt{(3-K)^2 + 4} - (3-K)\right] \quad (3\text{-}14)$$

$$f_{c2} = \frac{f_0}{2}\left[\sqrt{(3-K)^2 + 4} + (3-K)\right] \quad (3\text{-}15)$$

（4）有源带阻滤波器　同其它有源滤波器一样，有源带阻滤波器往往是由无源带阻 RC 滤波器和运算放大器组成。图 3-18 所示是一种典型有源带阻滤波器。

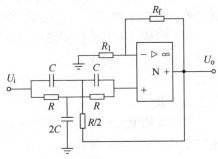

图 3-18　典型的带阻滤波器

该滤波器的通带电压放大倍数 $K_p = K = 1 + R_f/R_1$。

令 $f_0 = 1/(2\pi RC)$ 为该带阻滤波器的中心频率。其通带截止频率为

$$f_{c1} = \left[\sqrt{(2-K)^2 + 1} - (2-K)\right]f_0 \quad (3\text{-}16)$$

$$f_{c2} = \left[\sqrt{(2-K)^2 + 1} + (2-K)\right]f_0 \quad (3\text{-}17)$$

3.2.4　信号转换电路

传感器输出的电量的形式有电阻、电感、电容、电流、电压、频率以及相位等多种形

式。在焊接自动化系统中，往往需要对传感器输出的信号进行转换，以达到系统控制所要求的信号，这就需要采用信号转换电路。

本书主要介绍电压比较电路、电压/频率转换电路以及模拟开关电路等。

1. 电压比较电路

电压比较电路是对两个模拟输入电压的相对大小进行比较并给出逻辑判断的电路，简称比较器。

（1）电平比较器　图 3-19 为差动型电平比较器的电路原理和传输特性图。

从图 3-19a 中可见，将输入电压 U_i 接至比较器的反相输入端，用来和同相端的参考电压 U_R 进行比较。当 $U_i < U_R$ 时，比较器输出逻辑"1"电平，即 $U_o = U_{oH}$；当 $U_i > U_R$ 时，比较器输出逻辑"0"电平，即 $U_o = U_{oL}$；$U_i = U_R$ 是输出发生变化的临界点。其传输特性如图 3-19b 所示。若将 U_i、U_R 对调，则传输特性相反。

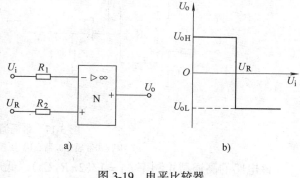

图 3-19　电平比较器
a) 电路原理　b) 传输特性

比较器的输出电压从一个电平跳变到另一个电平时，对应的输入电压值称为阈值电压或门槛电平，简称为阈值，用 U_{TH} 表示。图 3-19 中，阈值电压 U_{TH} 等于参考电压 U_R，即 $U_{TH} = U_R$。

由此可见，由于比较器的输入量是模拟量，输出量是数字量，因而可以将比较器视为模拟信号与数字信号之间的转换电路。

若将比较器的门槛电平信号 U_R 设定为零，则称其为过零比较器。如图 3-19 所示，将比较器的同相输入端接"地"，即 $U_R = 0$，则该比较器为反相输入过零比较器。输入信号 U_i 高于零电平，比较器输出 $U_o = U_{oL}$；U_i 低于零电平，即 $U_i < 0$，比较器输出 $U_o = U_{oH}$。利用过零比较器可以将正弦波输入信号变为方波信号。

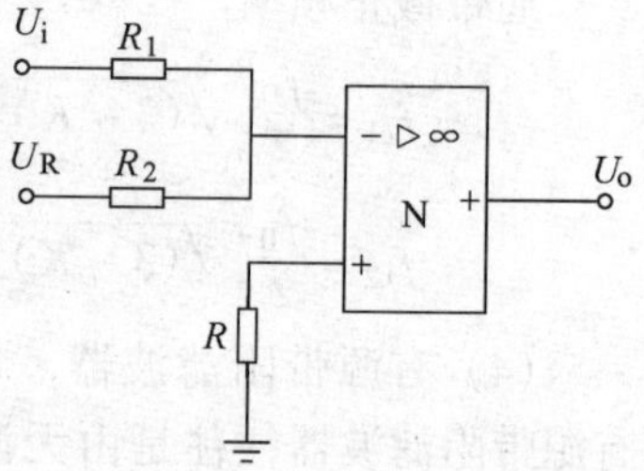

若需要阈值电压不等于参考电压时，可以采用图 3-20 所示的求和型比较器。被测电压 U_i 和参考电压 U_R 均由比较器的反相端输入，而将同相端接"地"，该比较器的阈值电压（又称比较电平）为

图 3-20　求和型比较器

$$U_{TH} = -\frac{R_1}{R_2} \times U_R \tag{3-18}$$

该比较器的阈值可以通过改变 R_1 和 R_2 的比值来调节。

虽然普通开环工作的运算放大器可以用做比较器，但是为了解决普通运算放大器响应时间长和输出逻辑电平不兼容的问题，实际电路中应尽量采用专用的集成电压比较器。

（2）滞后比较器　一般的电平比较器在输入信号达到比较器的阈值时就会立即翻转，灵敏度高，但是它的抗干扰能力差。如果输入信号因受干扰，在阈值附近不断地变化，那么会使比较器产生不停地误翻转，出现振荡现象。此现象又称为比较器的"振铃"现象。

为了克服"振铃"现象，可以采用滞后比较器。滞后比较器又称施密特触发器。滞后比较器就是在一般的电平比较器基础上，在同相端加入少量的正反馈即可。

图 3-21 表示了一种电平滞后比较器电路原理及相应的传输特性曲线。电平滞后比较器有两个数值不同的阈值 U_{TH1}、U_{TH2}，假设 $U_{\mathrm{TH1}} > U_{\mathrm{TH2}}$。输入信号 $U_{\mathrm{i}} > 0$，比较器输出 U_{o} 为高电平。当 U_{i} 高于阈值电压 U_{TH1} 时，比较器翻转，U_{o} 为低电平，此时，如果 U_{i} 减小，$U_{\mathrm{i}} < U_{\mathrm{TH1}}$，且 $U_{\mathrm{i}} > U_{\mathrm{TH2}}$，$U_{\mathrm{o}}$ 不变，仍然为低电平；只有当 U_{i} 低于阈值 U_{TH2} 时，输出 U_{o} 才会由低电平跳到高电

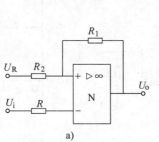
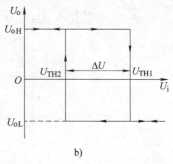

图 3-21　反相滞后比较器
a）电路原理　b）传输特性

平；而此时，如果 U_{i} 增大，$U_{\mathrm{i}} > U_{\mathrm{TH2}}$，且 $U_{\mathrm{i}} < U_{\mathrm{TH1}}$，$U_{\mathrm{o}}$ 不变，仍然为高电平；即当输入电压信号 U_{i} 介于 U_{TH1}、U_{TH2} 之间变化时，比较器的输出 U_{o} 保持原有的输出状态。由于检测输入信号 U_{i} 由比较器的反相端输入，因此，称该比较器为反相滞后比较器，又称为下行特性比较器。

根据图 3-21 所示电路，可得出 U_{TH1}、U_{TH2} 及滞后电平 ΔU，分别为

$$U_{\mathrm{TH1}} = \frac{1}{R_1 + R_2} \left(R_2 U_{\mathrm{oH}} + R_1 U_{\mathrm{R}} \right) \tag{3-19}$$

$$U_{\mathrm{TH2}} = \frac{1}{R_1 + R_2} \left(R_2 U_{\mathrm{oL}} + R_1 U_{\mathrm{R}} \right) \tag{3-20}$$

$$\Delta U = \frac{R_2}{R_1 + R_2} \left(U_{\mathrm{oH}} - U_{\mathrm{oL}} \right) \tag{3-21}$$

式中，U_{oH}、U_{oL} 分别是比较器输出的高电平和低电平值。

图 3-22 表示了同相输入滞后比较器电路原理及相应的传输特性曲线。同相滞后比较器又称为上行特性比较器。同理，可得出该比较器的 U_{TH1}、U_{TH2} 及滞后电平 ΔU，分别为

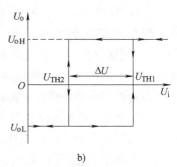

图 3-22　同相滞后比较器及其传输特性
a）电路原理　b）传输特性

$$U_{\mathrm{TH1}} = \left(1 + \frac{R_2}{R_1} \right) U_{\mathrm{R}} - \frac{R_2}{R_1} U_{\mathrm{oL}} \tag{3-22}$$

$$U_{\mathrm{TH2}} = \left(1 + \frac{R_2}{R_1} \right) U_{\mathrm{R}} - \frac{R_2}{R_1} U_{\mathrm{oH}} \tag{3-23}$$

$$\Delta U = \frac{R_2}{R_1} \left(U_{\mathrm{oH}} - U_{\mathrm{oL}} \right) \tag{3-24}$$

（3）窗口比较器　一般的电平比较器与滞后比较器有一个共同的特点，就是检测信号单方向变化时，输出只能跃变一次，因而只能检测一个电平。如果需要判断检测信号是否在某两个电平之间，则需要采用窗口比较器。图 3-23 所示是窗口比较器的电路原理及其传输特性。

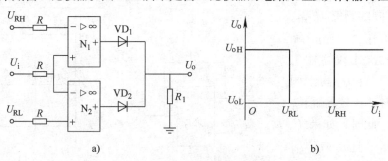

图 3-23　窗口比较器
a）电路原理　b）传输特性

从图 3-23 中可见，U_{RH}、U_{RL} 是两个不同的参考电压，假设 $U_{RH} > U_{RL}$。U_i 是输入信号即被检测的电压信号。若 $U_i < U_{RL} < U_{RH}$，运算放大器 N_1 输出低电平，运算放大器 N_2 输出高电平，二极管 VD_1 截止，VD_2 导通，输出 U_o 为高电平；当 $U_{RL} < U_i < U_{RH}$ 时，N_1、N_2 均输出低电平，二极管 VD_1、VD_2 均截止，输出 U_o 为低电平；当 $U_{RL} < U_{RH} < U_i$ 时，N_1 输出高电平，N_2 输出低电平，二极管 VD_1 导通，VD_2 截止，输出 U_o 为高电平。

窗口比较器的特点：当被检测信号单方向变化时，可以使输出电压跃变两次。

值得注意的是，如果将 N_1、N_2 输出直接相连，当 N_1、N_2 输出的极性相反时，将互为对方提供低阻通路而导致运算放大器烧毁，因此 N_1、N_2 输出不能直接相连。

2．电压/频率转换电路

电压/频率（U/f）转换电路能够把输入电压信号转换为频率信号；频率/电压（f/U）转换电路是将输入频率信号转换为电压信号。这两种电路在焊接参数显示或焊接自动控制中得到较多的应用。

（1）电压/频率转换电路　图 3-24a 所示是由运算放大器为核心组成的 U/f 转换电路。电路中包括积分器 N_1、比较器 N_2、积分复原开关 VT 等。由图 3-21b、式（3-19）、式（3-20）可以得到，N_2、$R_5 \sim R_8$ 等组成的反相滞后比较器的两个门限电平 U_{TH1}、U_{TH2} 分别为

$$U_{TH1} = -U \frac{R_7}{R_6 + R_7} + U_Z \frac{R_6}{R_6 + R_7}$$

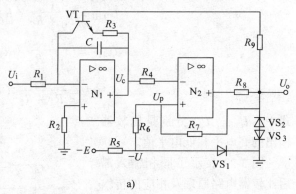

a）

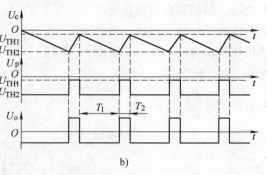

b）

图 3-24　U/f 转换电路原理及波形图
a）转换电路　b）波形

$$U_{\text{TH2}} = - U\frac{R_7}{R_6 + R_7} - U_{\text{Z}}\frac{R_6}{R_6 + R_7}$$

式中，U_{Z} 为输出限幅电压，其大小由稳压管 VS_2 和 VS_3 的稳压值所决定。

当输入信号 $U_i = 0$ 时，运算放大器 N_1 组成的积分器输出 U_c 为零。此时，反相滞后比较器 N_2 输出的 U_o 为负向限幅电压 $-U_{\text{Z}}$，起积分复原开关作用的晶体管 V 截止，比较器 N_2 同相输入端电压 U_p 为负向门限电平 U_{TH2}。

当输入信号 $U_i > 0$ 时，积分器 N_1 输出电压 U_c 负向增加。当 $|U_c| > |U_{\text{TH2}}|$ 时，比较器 N_2 输出 U_o 由负向限幅电压 $-U_{\text{Z}}$ 突变为正向限幅电压 $+U_{\text{Z}}$，驱动积分复原开关 V 由截止变为导通，致使积分电容 C 通过 V、R_3 放电，积分器 N_1 输出 U_c 迅速回升。同时，U_o 通过正反馈电路使比较器 N_2 同相端电压 U_p 突变为 U_{TH1}，从而锁住比较器的输出状态不随积分器输出回升而立即翻转。当积分器 N_1 输出回升到 $U_c \geqslant U_{\text{TH1}}$ 时，比较器输出 U_o 又由正向限幅电压突变为负向限幅电压，积分复原开关 V 又处于截止状态，U_p 恢复为 U_{TH2}，积分器重新开始积分。如此循环往复，积分器 N_1 输出一串负向锯齿波电压，比较器输出相应频率的矩形脉冲序列。其输出波形如图 3-24b 所示。显然，输入电压越大，积分电容 C 充电电流及锯齿波电压的斜率就越大，因而每次达到负向门限电压 U_{TH2} 的时间也越短，输出脉冲的频率就越高。这样就实现了电压与频率信号的转换。

由图 3-24 所示电路可知，积分器在充电过程的输出电压为

$$U_o(t) = -\frac{1}{R_1 C}\int_0^t U_i \mathrm{d}t$$

令充电持续时间为 T_1，则有

$$\frac{U_i}{R_1 C}T_1 = U_{\text{TH1}} - U_{\text{TH2}}$$

$$T_1 = \frac{R_1 C\,(U_{\text{TH1}} - U_{\text{TH2}})}{U_i}$$

对于放电过程，放电电流是个变数，其平均值为

$$I \approx \left|\frac{U_{\text{TH1}} + U_{\text{TH2}}}{2\,(R_3 + r_{\text{ce}})}\right|$$

式中，r_{ce} 为晶体管 V 的集电结 ce 结电阻。

放电持续时间 T_2 为

$$T_2 = \left|\frac{U_{\text{TH2}} - U_{\text{TH1}}}{I}\right|C = 2(R_3 + r_{\text{ec}})C\left|\frac{U_{\text{TH1}} - U_{\text{TH2}}}{U_{\text{TH1}} + U_{\text{TH2}}}\right|$$

充放电周期为

$$T = T_1 + T_2 = (U_{\text{TH1}} - U_{\text{TH2}})C\left[\frac{R_1}{U_i} + \left|\frac{2(R_3 + r_{\text{ce}})}{U_{\text{TH1}} + U_{\text{TH2}}}\right|\right]$$

由此可见，周期 T 包括两项：第一项由输入电压对电容 C 的充电过程决定，$U-f$ 关系是线性的；第二项为一常数，它的大小由 C 的放电过程决定，是给 $U-f$ 关系带来非线性的因素。为提高 U/f 转换的线性度，要求

$$\frac{R_1}{U_i} >> \left|\frac{2\,(R_3 + r_{\text{ce}})}{U_{\text{TH1}} + U_{\text{TH2}}}\right|$$

在上述条件下，放电时间可以忽略，输出脉冲的频率为

$$f = \frac{1}{T} \approx \frac{1}{R_1 C \ (U_{TH1} - U_{TH2})} U_i \tag{3-25}$$

随着电子技术的发展，模拟集成 U/f 转换器已广泛应用于焊接自动化系统中。模拟集成 U/f 转换器具有精度高、线性度高、温度系数低、功耗低及动态范围宽等一系列优点。模拟集成 U/f 转换器有许多种，比较典型的有 LM31 系列转换器。

LM31（LMX31）系列 U/f 转换器包括 LM131、LM231、LM331，适用于 U/f、f/U 以及 A/D 转换。LM31（LMX31）系列 U/f 转换器结构框图如图 3-25 所示。

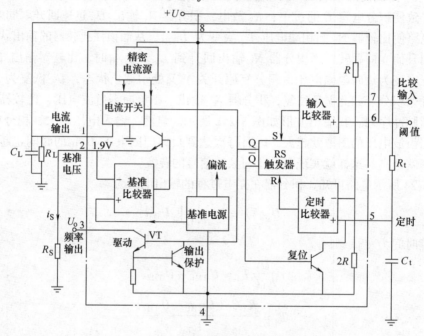

图 3-25　LM31 系列转换器结构框图

由图 3-25 可知，LM31 转换器电路由输入比较器、定时比较器和 RS 触发器构成的单稳定时器、基准电源电路、精密电流源、电流开关及集电极开路输出管等部分组成。两个 RC 定时电路，一个由 R_1、C_t 组成，它与单稳定时器相连；另一个由 R_L、C_L 组成，由精密电流源充电，电流源输出电流 i_s 由内部基准电压源供给的 1.9V 参考电压和外接电阻 R_s 决定（$I_s = 1.9V/R_s$）。

LM31 用作 U/f 转换器的简化电路及振荡波形如图 3-26 所示。当正输入电压 $U_i > U_6$ 时，输入比较器输出高电平，使单稳态定时器输出端 Q 为高电平，输出晶体管 VT 饱和导通，U/f 转换器输出端输出低电平，即 $U_o = U_{oL} \approx 0V$。与此同时，电流开关 S 闭合，精密电流源输出电流 i_s 对 C_L 充电，C_L 上电压 U_6 逐渐上升。此时与引脚 5 相连的芯片内复位管截止，电源 U 经 R_t 对 C_t 充电（见图 3-25），当 C_t 电压上电压 U_5 上升，且 $U_5 = U_{Ct} \geqslant 2U/3$ 时，单稳态定时器改变状态，Q 端输出为低电平，使晶体管 VT 截止，$U_o = U_{off} = +E$，电流开关 S 断开，C_L 通过 R_L 放电，使 U_6 下降。与此同时，C_t 通过芯片内复位管快速放电到零。当 $U_6 \leqslant U_i$ 时，又开始第二个脉冲周期，如此循环往复，输出端输出脉冲信号。

设输出脉冲信号周期为 T，输出为低电平（$U_o = U_{oL} \approx 0V$）的持续时间为 t_0，经过推

导，可以得出 U/f 信号转换的关系

$$f = \frac{1}{T} \approx \frac{R_\mathrm{s}}{2.09 R_\mathrm{t} C_\mathrm{t} R_\mathrm{L}} U_\mathrm{i} \quad (3\text{-}26)$$

由式（3-26）可知，输出脉冲的频率 f 与输入信号的电压值 U_i 成正比例关系。

（2）频率/电压转换电路　把频率信号线性地转换成电压信号的转换器称为 f/U 转换器。

f/U 转换器中主要包括电平比较器、单稳态触发器和低通滤波器三部分。如果输入信号 u_i 为正弦波信号，通过比较器，将 u_i 转换成快速上升/下降的方波信号，该信号去触发单稳态触发器，产生定宽（T_w）、定幅度（U_m）的输出脉冲列。将此脉冲列经低通滤波器平滑，可得到比例于输入信号 u_i 频率 f 的输出电压 $U_\mathrm{o} = T_\mathrm{w} U_\mathrm{m} f$。

图 3-27a 所示是由运算放大器组成的 f/U 转换电路。N_1 构成滞后比较器，二极管 VD_1、VD_2 为输入的限幅保护。滞后比较器 N_1 将正弦波输入信号 u_i 转换成频

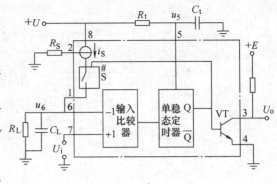

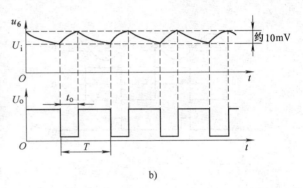

图 3-26　LM31 系列 U/f 转换器简化电路及波形图
a) 简化电路　b) 波形

率相同的方波信号，再经微分电容 C_1 和二极管 VD_3，把方波上升沿产生的窄脉冲信号送至 N_2。N_2 构成单稳态电路，常态下其反相输入 u_N 为负电位，N_2 输出为高电平，使晶体管 V_1、V_2 导通，V_1 集电极电位 u_2 为低电平。当微分电容 C_1 和二极管 VD_3 产生正触发窄脉冲信号送至 N_2 时，N_2 迅速翻转，其输出低电平，使 V_1 截止，u_2 上升为高电平，它等于稳压管 VS 的稳压值 U_m，u_N 保持高电平 U_H，如图 3-27b 所示。与此同时，晶体管 V_2 截止，电源 E 通过电阻 R 向电容 C 充电。经过 T_w 时间，电容上电位 U_P 上升到 U_H 以上，使 N_2 再次翻转"复位"，输出高电平，单稳过程结束，晶体管 V_1、V_2 导通，u_2 为低电平。循环往复，使 u_2 为定宽（T_w）、定幅度（U_m）的脉冲列，其脉冲的占空比随输入信号 u_i 的频率的升高而增大。

由图 3-27a 电路可知，晶体管 V_2 截止时，N_2 反相输入端保持高电平 U_H 为

$$U_\mathrm{H} = \frac{R_1}{R_1 + R_2} U_\mathrm{m} + \frac{R_2}{R_1 + R_2} (-E)$$

根据 RC 电路瞬态过程的基本公式

$$U_\mathrm{P}(t) = U_\mathrm{P}(\infty) + [U_\mathrm{P}(0^+) - U_\mathrm{P}(\infty)] \mathrm{e}^{-\frac{t}{\tau}}$$

充电前 $U_\mathrm{P}(0^+) = ER_6/(R + R_6)$；充电时间无穷大时，$U_\mathrm{P}(\infty) = E$；充电结束时，$U_\mathrm{P}(T_\mathrm{w}) = U_\mathrm{H}$。因此，可以计算出 RC 充电至 U_H 所用的充电时间

$$T_\mathrm{w} = RC\ln\left[\frac{E - U_\mathrm{o}(0^+)}{E - U_\mathrm{H}}\right] = RC\ln\left[\frac{(R_1 + R_2)E}{(R_1 + R_2)E - (R_1 U_\mathrm{m} - R_2 E)}\right]\frac{R}{R + R_6}$$

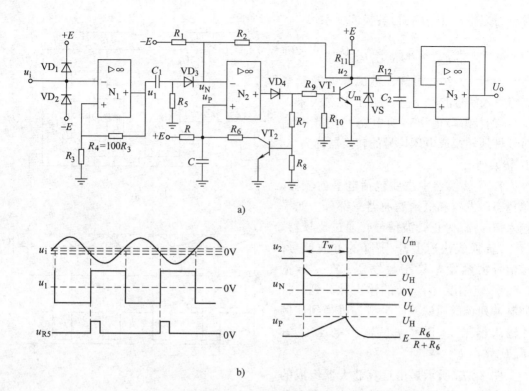

a)

b)

图 3-27　f/U 转换电路及波形

a) 转换电路　b) 波形

由 R_{12}、C_2 以及 N_3 构成的低通滤波器，将脉冲信号 u_2 平滑滤波，其输出电压 U_o 为

$$U_o = T_w U_m f \tag{3-27}$$

由式（3-27）可知，输出电压 U_o 与输入信号 U_i 的频率 f 成比例，从而就完成了 f/U 转换。如果 U_i 为方波信号，同样可以完成 f/U 的转换。

LM31 系列芯片也可用作 f/U 转换器，它的外接电路如图 3-28 所示。输入比较器的同相输入端由电源电压 U 经 R_1、R_2 分压得到比较电平 U_7（取 $U_7 = 0.9\text{V}$），定时比较器的反相输入端由内电路加以固定的比较电平 $U_- = 2U/3$。

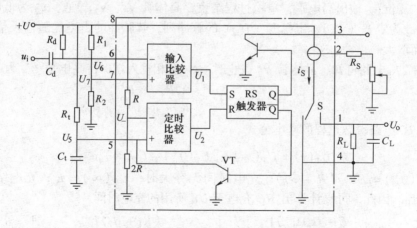

图 3-28　LM31 系列用作 f/U 转换器电路原理图

当输入端没有负脉冲信号 U_i 输入时，$U_6 = U > U_7$，$U_{TH1} =$ "0"。RS 触发器保持复位状态，$\overline{Q} =$ "1"。电流开关 S 与地端接通，晶体管 VT 导通，引脚 5 的电压 $U_5 = U_{Ct} = 0$。当输入端有负脉冲信号 U_i 输入时，其脉冲前沿和后沿经微分电路微分后，分别产生负向和正向尖峰脉冲。负向尖峰脉冲使 $U_6 < U_7$，$U_1 =$ "1"。此时 $U_2 =$ "0"，故 RS 触发器翻转为置位状态，$\overline{Q} =$ "0"。电流开关 S 与 1 脚相接，精密电流源 I_s 对外接滤波电容 C_L 充电，并为负载 R_L 提供电流，晶体管 VT 截止，U 通过 R_t 对 C_t 充电，其电压 U_{Ct} 从零开始上升，当 $U_5 = U_{Ct} \geqslant U_-$ 时，$U_2 =$ "1"，此时 U_6 已回升，当 $U_6 > U_7$ 时，$U_1 =$ "0"，因而 RS 触发器翻转为复位状态，$\overline{Q} =$ "1"。S 与 "地" 接通，I_s 流向 "地"，停止对 C_L 充电，VT 导通，C_t 经 VT 快速放电至 $U_{Ct} = 0$，U_2 又变为 "0"。触发器保持复位状态，等待 U_i 下一次负脉冲触发。

综上所述，每输入一个负脉冲，RS 触发器便置位一次，i_s 对 C_L 充电一次，充电时间等于 C_t 电压 U_{Ct} 从零上升到 $U_- = 2U/3$ 所需时间 t_1。RS 触发器复位期间，停止对 C_L 充电，而 C_L 对负载 R_L 放电。根据 C_t 充电规律，可求得 t_1 为

$$t_1 = R_t C_t \ln 3 \approx 1.1 R_t C_t$$

提供的总电荷量 Q_s 为

$$Q_s = I_s t_1 = \frac{1.9V}{R_s} t_1$$

u_i 的一个周期 $T = 1/f$ 内，R_L 消耗的总电荷量 Q_R 为

$$Q_R = I_L T = \frac{U_o}{R_L} T$$

根据电荷平衡原理，$Q_s = Q_R$，可求得输出端平均电压为

$$U_o = 1.9V \frac{t_1}{T} \frac{R_L}{R_s} R_t C_t f \tag{3-28}$$

由此可见，输出电压 U_o 与输入信号 u_i 的频率 f 成正比例，实现 f/U 的转换。

3. 模拟开关

模拟开关是一种数字信号控制下将模拟信号接通或断开的元件或电路。它可以用于多路传感器信号的处理，也可以用于变参数、变结构控制的系统中。模拟开关由开关元件和控制（驱动）电路两部分组成，其原理如图 3-29 所示。

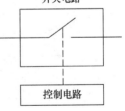

模拟开关可以分为机械触点式和电子式两类。机械触点式包括干簧继电器、水银继电器等；电子式包括二极管、双极结型晶体管、场效应晶体管、光耦合器以及集成模拟开关等。与机械触点式模拟开关相比，电子式模拟开关的导通电阻较大，断开电阻较小，但是其响应速度快，控制功耗小，因此在电子控制系统得到广泛的应用。

图 3-29 模拟开关组成

集成模拟开关是目前电子电路控制系统中常用的器件。CD4066 是单片集成 CMOS 四模拟开关电路，即在同一芯片上集成了四个独立的电路结构完全相同的 CMOS 双向模拟开关单元，其管脚图如图 3-30 所示。

如图 3-30 所示，4066 中的每个模拟开关单元包括 1 个输入/输出端、1 个输出/输入端

和一个控制端。如集成电路芯片的 1 脚为模拟开关 A 的输入/输出端、2 为模拟开关 A 的输出/输入端，而 13 脚为其控制端。当 13 脚为高电平时，模拟开关 A 接通，即 1、2 脚接通；当 13 脚为低电平时，模拟开关 A 关断，即 1、2 脚不通。各模拟开关单元共用一个正、负电源端 V_{DD}、V_{SS} 端。若采用的正、负电源分别是 $+E$、$-E$，则要求控制端信号的高低电平分别为 $+E$、$-E$，每个开关电源输入模拟信号幅度范围在 $-E \sim +E$ 之间。

CD4051 是多路模拟开关集成电路。多路模拟开关又称多路模拟信号转换器，它由地址译码器和多路双向模拟开关组成。CD4051 是 8 选 1 多路模拟开关，其管脚如图 3-31 所示。

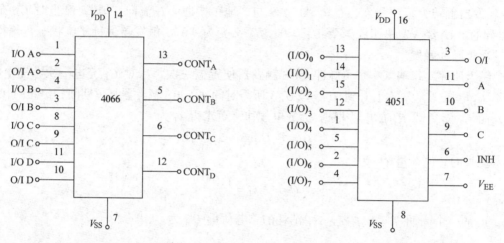

图 3-30　CD4066 管脚图　　　　　　　图 3-31　CD4051 管脚图

如图 3-31 所示，CD4051 有 8 个输入/输出端，一个输出/输入端；A、B、C 为 3 位二进制地址输入端；INH 为地址输入禁止端，INH 为高电平时，地址输入无效；一个正电源输入端 V_{DD}，两个负电源输入端 V_{SS}、V_{EE}。CD4051 的真值表如表 3-1 所示。

表 3-1　CD4051 的真值表

INH	地址输入端			导通通道
	C	B	A	
0	0	0	0	$(I/O)_0$
0	0	0	1	$(I/O)_1$
0	0	1	0	$(I/O)_2$
0	0	1	1	$(I/O)_3$
0	1	0	0	$(I/O)_4$
0	1	0	1	$(I/O)_5$
0	1	1	0	$(I/O)_6$
0	1	1	1	$(I/O)_7$
1	Φ	Φ	Φ	无

当 INH 为"0"电平时，如果 A、B、C 端均为"0"电平，则 8 个输入/输出端的 0 通道导通，即集成电路的 3 脚与 13 脚接通。控制 A、B、C 端电平的变化将使导通通道发生变化，从而实现模拟通道的选择。

图 3-32 所示是一个电阻切换电路。该电路中采用集成模拟开关器件 CD4066。利用键盘开关对模拟开关的控制端进行控制，从而实现电阻的切换。

图 3-33 所示是一个增益可调的比例放大电路。通过改变 CD4051 的地址输入端 A、B、C 的电平，可以改变运算放大器反馈网络的电阻值，从而实现比例放大增益的调节。如果将电路中 $R_1 \sim R_7$ 的某个电阻改为电容，从而将比例放大电路改为比例积分电路。采用该控制思想及模拟开关器件可以实现不同控制方法、不同调节器的转换。

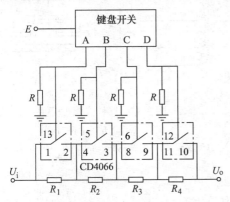

图 3-32　电阻切换电路

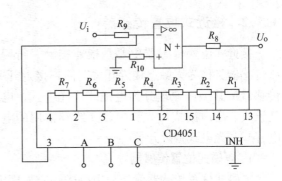

图 3-33　比例增益调节电路

3.3　位置传感器及其在焊接自动化中的应用

位置传感器是通过信息检测来确定焊接工件或者焊枪是否已达到某一位置的传感器。位置传感器不需要产生连续变化的模拟量，只需要产生能反映某种状态的开关量就可以了。

位置传感器分为接触式和接近式两种。接触式传感器是通过物体与传感器接触与否，来获取物体的位置信息；接近式传感器是通过检测传感器附近有无物体，来获取物体位置信息。

3.3.1　接触式位置传感器

限位开关（行程开关）、微动开关都属于接触式位置传感器。这些开关的内部通常都具有可以检测是否有物体与其发生接触的机械机构。当移动的物体接触到开关的机械机构时，其机械机构产生运动，接通或切断电信号，从而检测出移动物体的位置。

限位开关的机械机构有撞针式、滚轮撞针式、摆杆式、滚轮摆杆式、铰链杠杆式、滚轮铰链杠杆式等结构。滚轮式中又有单轮、双轮等，还有摆杆可调、滚轮可调等结构。图 3-34 表示了几种形式的限位开关。

图 3-35 是撞针（直动）式

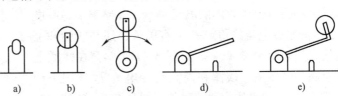

图 3-34　限位开关
a）撞针式　b）滚轮撞针式　c）滚轮摆杆式
d）铰链杠杆式　e）滚轮铰链杠杆式

限位开关结构示意图；图 3-36 是摆杆式限位开关内部结构及工作原理示意图。

　　从图 3-35 和图 3-36 可见，一般的限位开关大多都具有一个以上的常开或常闭触点，也称动合触点和动断触点。当物体与开关接触，机械式的触点开关便会动作。当物体与限位开关接触，压下开关时，限位开关的动断触点断开，动合触点闭合。当物体脱离限位开关时，触点恢复常态。

3.3.2　接近式位置传感器

　　接近式位置传感器主要是指非接触式行程开关。该传感器又称为无触点接近开关，简称接近开关。该传感器按其工作原理分为电磁式、光电式、电容式、气压式、超声波式。本节主要介绍较常用的电磁式、电容式和光电式接近开关。

1. 电磁式位置传感器

　　电磁式位置传感器就是利用电磁感应来确定物体的位置。当一个永久磁铁或者一个通有交流电流（往往是高频电流）的线圈接近一个铁磁物体时，它们的磁力线将会发生变化，即磁场发生变化，可以采用另一个检测线圈来检测磁场的变化。由于磁场的变化会引起检测线圈电感量的变化，而且传感器与被检测的铁磁物体之间的距离越近，磁场变化越大，检测线圈的电感量变化也越大，因此通过检测线圈电感量的变化，可以确定被检测物体的位置。

　　电磁式位置传感器根据其工作原理又分为自感式、互感式、涡流式。

　　图 3-37 是由于涡流引起磁场变化的工作原理图。众所周知，金属导体置于变化的磁场中或在磁场中运动时，金属导体就会产生感应电流，该电流的流线呈闭合回线，故称之为"涡流"。理论及实践证明，涡流的大小除与金属导体的电阻率 ρ、磁导率 μ、厚度 h、线圈励磁电流的角频率 ω 有关外，还与线圈和金属块之间的距离 δ 有关。如图 3-37 所示，在线圈上加上高频电压后，线圈在高频交变电流 i_0 作用下产生磁场 Φ_0。如果作为测定对象的导体接近该线圈时，则在线圈所产生磁场 Φ_0 的作用下，导体中会产生涡流 i_1。该电涡流将形成一个方向相反的磁场 Φ_1，造成交变磁场 Φ_0 的能量损失。由于这种涡流与磁场的相互作用，线圈中的阻抗将发生变化。被测磁性物体与线圈的距离越近，线圈中的阻抗将变化越大。当这种变化以输出电量的形式取出，根据输出电量的变化，就可以检

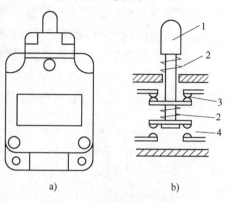

图 3-35　撞针式限位开关

a) 外观图　b) 内部结构图

1—顶杆　2—弹簧　3—动断触点　4—动合触点

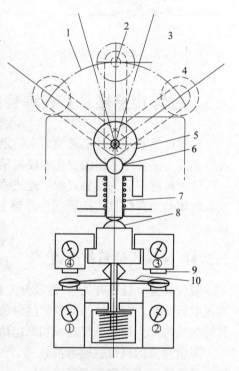

图 3-36　滚轮摆杆式限位开关

1—工作位置　2—自由位置　3—滚轮
4—机构执行　5—凸轮　6—弹子
7—复位弹簧　8—微动开关
9—触点　10—可动式簧片

测被测导体与接近开关之间的位置。

图 3-38 是采用电磁式接近开关进行物体位置检测的工作原理图。

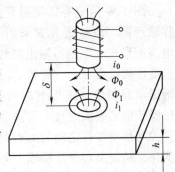

在图 3-38a 中，振荡器在接近开关的作用表面产生一个交变磁场。当被测物体接近此表面时，由于涡流的作用，接近开关附近磁场发生变化，导致传感器的检测线圈的电感量发生变化，使振动减弱以至停振，因而根据接近开关输出信号的"有""无"，即可以确定传感器附近有无被检测的物体，从而确定被检测物体的位置。

图 3-38b 中，传感器线圈接入 LC 振荡回路。当被测物体运动到传感器附近时，将引起传感器周围磁场的变化。从而使

图 3-37　涡流引起的磁场变化

传感器线圈中的电感量发生变化，导致振荡回路中的振荡频率发生变化，根据频率与电压的变换（f/U 变换），使输出的电压发生变化，由此来判别物体的位置。

由于电磁式接近开关具有操作频率高、寿命长、耐冲击振动、耐潮湿、能适应恶劣工作环境等优点，因此在工业生产中得到广泛的应用。

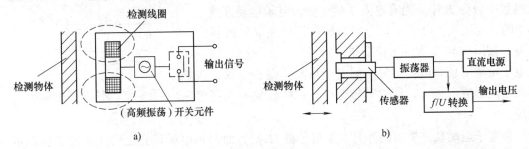

图 3-38　电磁式接近开关工作原理图
a) 脉冲信号输出方式　b) f/U 变换输出方式

2. 电容式接近开关

电容式接近开关工作原理基于式（3-29）

$$C = \frac{\varepsilon A}{d} \tag{3-29}$$

式中　ε——电容极板间介质的介电常数；

　　　A——两平行板的面积（m^2）；

　　　d——两平行板之间距离（m）；

　　　C——电容（F）。

式（3-29）表明，只要 ε、A 和 d 三个参数中任意一个发生变化，均会引起电容的变化。

采用电容式接近开关进行物体位置的检测原理与选用电磁式接近开关进行检测的原理相似。当被测物体接近于电容式接近开关表面时，会改变其电容值（电容极板间介质的变化、间距 d 的改变或电容平行板间面积的变化等），导致检测回路中阻抗值的变化，从而检测到物体的位置。

根据电容的变化检测物体接近程度的方法有多种，但最简单的方法是将电容器作为振荡电路的一部分，并设计成只有在传感器的电容值超过预定阈值时才产生振荡，然后再经过变

换，使其成为输出电压，用以确定被检测物体的位置。

图 3-39 是电容式接近开关的工作原理图。该接近开关采用了振荡电路的形式。振荡器输出高频电压，经变压器给由 L_2、C_2 和 C_3 构成的谐振电路供电。谐振电路的振荡电

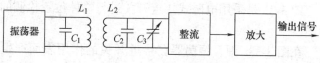

图 3-39　电容式传感器工作原理

压经整流器整流、放大后输出。C_3 是电容式接近开关与被测工件之间形成的电容。当接近开关与被测工件之间的距离发生变化时，则 C_3 的电容值发生变化，谐振回路的阻抗也随之变化，从而引起整流器输出电压的变化。

电磁式传感器只能检测电磁材料，对非电磁材料则无能为力。电容传感器却能克服以上缺点，它几乎能检测所有的固体和液体材料。由于目前的工程结构中金属材料仍然是主体，因此，在焊接自动化中，电磁式接近开关应用是非常普遍的。

3. 霍尔式接近开关

霍尔式接近开关是利用霍尔效应而制成的一种磁敏传感器。图 3-40 是霍尔效应的原理图，图中有一片状半导体材料置于磁场 B 中。当有电流 I 流过时，电子运动速度 v 与 I 的方向相反，电子运动受到磁场作用使运动轨迹横向偏移，按图 3-40 中虚线方向前进。这导致了半导体片的一侧电子密集出现负电荷，另一侧电子稀疏呈现正电荷，两侧面之间形成电场 E，称为霍尔电场。这种现象就叫霍尔效应。

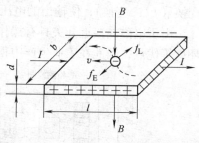

图 3-40　霍尔效应原理图

使电子运动轨迹横向偏移的力是洛伦兹力 f_L，而霍尔电场建立之后又对电子施加电场力 f_E，两者方向相反，最终会达到动态平衡，这时 $f_L = f_E$。

洛伦兹力为

$$f_L = evB \qquad (3-30)$$

电场力为

$$f_E = eE_H = e\frac{U_H}{b} \qquad (3-31)$$

以上两式中的 e 为电子电荷；U_H 为霍尔效应产生的电压；b 为半导体片的宽度。当两力大小相等而方向相反时，可得

$$evB = -e\frac{U_H}{b}$$

若以 n 代表半导体内单位体积中的载流子数，则可得

$$I = -nevbd$$

式中，d 为半导体片的厚度，负号表示电流方向与电子运动方向相反。

由此可推出

$$U_H = \frac{IB}{ned} = \frac{K_H}{d}IB = S_H IB \qquad (3-32)$$

式中，K_H 为霍尔系数，$K_H = 1/(ne)$；S_H 为元件乘积灵敏度，$S_H = 1/(ned)$。

当半导体的材料和尺寸确定后，K_H 或 S_H 保持常数，这样霍尔电压 U_H 与 IB 的乘积成正比。根据这一特性，在恒定电流下可用来测磁感应强度 B；反之，在恒定的磁场之下，也可以测量电流 I。而霍尔式接近开关则是利用检测磁感应强度 B 的有无来检测物体的位置。

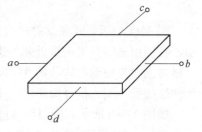

图 3-41　霍尔元件示意图

霍尔元件是霍尔传感器的核心，采用的材料有锑化铟（InSb）、砷化铟（InAs）、砷化镓（GsAs）等。霍尔元件制造工艺为在单晶薄片两端焊上两根控制电流引线（图 3-41 所示 a、b），在另两端焊上两根霍尔电压输出引线（图 3-41 所示 c、d）。

目前经常采用霍尔开关集成传感器。这种传感器是利用霍尔效应与集成电路技术结合而制成的一种磁敏传感器。它能感知与磁信息有关的物理量，并以开关信号形式输出。图 3-42 是霍尔开关集成传感器的内部结构图。由图 3-42 可见，它主要由稳压电路、霍尔元件、放大器、整形电路、开路输出五部分组成。稳压电路可使传感器在较宽的电源电压范围内工作。开路输出便于传感器与各种逻辑电路接口。

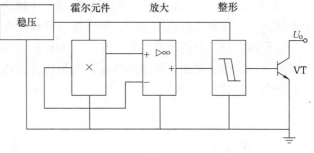

图 3-42　霍尔开关集成传感器内部结构图

采用霍尔式接近开关进行位置检测时，往往将一磁铁安置在被检测的物体上，而将传感器安置在固定位置处。当被检测的物体运动到传感器附近时，磁铁产生的磁场作用在传感器上。根据霍尔效应原理，霍尔元件输出霍尔电压。该电压经放大器放大后，送至施密特整形电路。当放大后的霍尔电压大于"开启"阈值时，施密特整形电路翻转，输出高电平，使晶体管 VT 导通，这种状态称为开状态。当被检测的物体远离传感器时，磁铁产生的磁场对传感器影响很小，霍尔元件输出的电压很小，经放大器放大后其值小于施密特整形电路的"关闭"阈值，施密特整形电路再次翻转，输出低电平，使晶体管 VT 截止，这种状态称为关状态。根据磁场强度对传感器的作用，使传感器输出高、低电平，从而可以确定物体的位置。

霍尔式接近开关目前在焊接自动化系统中的应用越来越多。

4. 光电式传感器

光电式接近开关是由光源与受光器件组合而成的，它利用被检测物体对光的透射或反射，进行物体位置的检测。LED（发光二极管）、激光二极管等都可以作为光源。各种光敏二极管、光敏晶体管、位置传感器 PSD（Position Sensitive Detector）等都可以作为受光器件。

根据工作原理不同，光电式接近开关可以分为反射型光电式接近开关和透射型光电式接近开关。图 3-43 所示为反射型光电

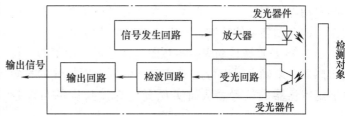

图 3-43　反射型光电式接近开关的工作原理

式接近开关的内部结构及其工作原理。透射型光电式接近开关的结构及其工作原理是类似的。

图 3-44 是透射式和反射式的光电接近开关用来进行检测时的工作原理图。如图 3-44a 所示，在应用透射型光电接近开关进行物体位置检测时，发光器件和受光器件相对安放，轴线严格对准。当被测物体从两者中间通过时，由于发光器件发射的光被遮住，受光器件（光敏元件）接受不到光信号而产生一个电脉冲信号。

如图 3-44b 所示，应用反射型光电接近开关进行物体位置检测时，由发光器件和受光器件组成的光电接近开关单侧安装。传感器中光源发出的光，经被测物体反射后到达受光器件上。当被检测物体接近于光电接近开关时，由于传感器发出的光经被测物体反射，使传感器中的受光器件接受到光信号而产生一个电脉冲信号，表明被检测的物体已经到达检测的位置。

与透射式接近开关相比，反射式接近开关检测的是反射光，其输出电流较小。由于不同的物体表面，光的反射程度不同，传感器的信噪比不一样，因此在反射式接近开关检测电路中设定限幅电平就显得非常重要。在图 3-44b 表示的电路中，采用了输出可调电阻来调节光电流的大小。为了增加反射光的强度，在采用反射式光电接近开关时，往往需要在被检测物体上安置专用的反光片。

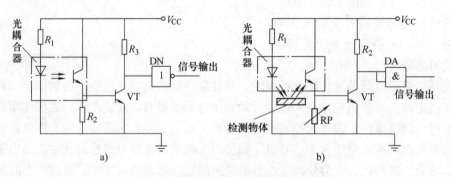

图 3-44　光电传感器应用原理图

a）透光型光电传感器　b）反射型光电传感器

光电式接近开关具有体积小、可靠性高、检测位置精度高、响应速度快、易与 TTL 及 CMOS 电路兼容等优点。因此，在焊接自动化系统中得到广泛的应用。

3.3.3　位置传感器在焊接自动化中的应用

位置控制在自动焊接中应用非常广泛。在直缝、环形焊缝自动焊接和焊接生产自动流水线的工件传输，以及焊接工位的自动转换的控制，都需要采用位置传感器。

图 3-45 是直缝自动焊接示意图。在这里采用了两个位置传感器，来确定焊炬行走的位置。可以根据焊缝的长短来确定传感器的位置，从而实现直缝焊接长度的自动控制。

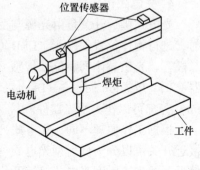

图 3-45　直缝自动焊

图 3-46 是焊接工位自动转换示意图。该装置是将位置传感器固定在焊接机头上。焊接工件在装卸工件工位安装固定后，转盘带动工件旋转。当传感器检测到定位块时，转盘停转，工件到达焊接位置。工件焊接时，在装卸工件工位进行工件的更换；焊接完成后，再进行工位的转换。同理，可以根据需要进行多个工位的转换控制。

在上述自动控制中，传感器可以采用接触式位置传感器即限位开关，也可以采用非接触式的接近开关。如果采用电磁传感器，图 3-46 所示焊炬移动机构的定位块可以采用一般的钢铁材料；如果采用霍尔传感器，定位块则需要采用磁铁或磁钢材料；如果采用反射式光电传感器则需要在定位块上安置反射片。应该指出的是，无论采用哪种传感器，都需要注意传感器的检测距离。

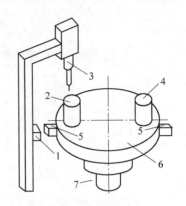

图 3-46　焊接工位自动转换
1—传感器　2—焊接工位　3—焊炬
4—装卸工件工位　5—定位块
6—转盘　7—电动机

3.4　位移与速度传感器及其在焊接自动化中的应用

位移和速度传感器在焊接自动化中的应用非常普遍。位移与速度传感器有很多种，本节主要介绍常用的差动变压器、光栅尺和直流测速发电机。

3.4.1　差动变压器

差动变压器传感器是利用了电磁互感的变化来反映被测量的变化。这种传感器实质是一个带活动铁心的输出电压变压器。变压器一次线圈输入稳定交流电压，二次线圈便产生感应电压输出。当活动铁心与被测物体相连接，被测物体运动时将会引起活动铁心位置的变化，导致二次侧输出电压发生变化。通过检测二次侧输出电压的变化可以检测运动物体的位移和速度。

差动变压器式传感器是常用的互感型传感器，其结构形式有多种，以螺旋管形应用较为普遍，其结构示意图如图 3-47 所示。在绕线管上绕三个线圈，两个二次侧线圈反极性串联，即将 d'、d'' 连接，c'、c'' 为输出端，这种连接称差动连接。

图 3-48 是差动变压器的工作原理图。当一次线圈输入交流电压时，两个二次线圈分别产生二次电压 u_2' 和 u_2''。由于两个二次线圈极性反接，因此传感器的输出电压为 $u_2 = u_2' - u_2''$，称为差动输出电压。图 3-49 所示是差动输出电压与活动铁心位移之间的关系曲线。当活动铁心处于中心位置时，$u_2 = u_2' - u_2'' = 0$；当铁心上移时，$u_2' > u_2''$；当铁心下移时，$u_2' < u_2''$。根据差动输出电压 u_2 的极性和大小可以测定从数微米到数十厘米左右的位移范围和位移方向。

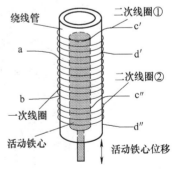

图 3-47　差动变压器结构

差动变压器传感器精度高达 $0.1\mu m$ 量级，线圈变化范围大（可扩大到 $\pm 100mm$，视结构而定），结构简单，稳定性好，因此被广泛应用于直线位移、压力、振动等参数的测量。

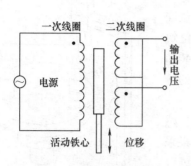

图 3-48　差动变压器工作原理

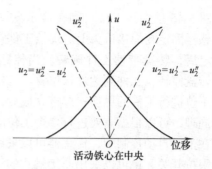

图 3-49　差动输出电压与
活动铁心位移之间的关系

3.4.2 光栅尺

光栅尺是一种用于检测直线运动物体位移和速度的传感器。它的结构如图 3-50a 所示。光栅尺是由移动光栅、固定光栅、光源和受光元件组成。一般采用发光二极管为光源，光敏二极管为受光器件。在检测时，光源通过在光栅尺上按固定间隔排列的栅缝，断续地将光照射到对面的光敏二极管上，光敏二极管上将产生相应的脉冲信号 ϕ。通过对光敏二极管产生的脉冲信号进行计数，可以检测物体移动的距离。

用光栅尺也可以检测物体移动的速度。测量速度时，一般采用增量方式，即通过固定时间内对光敏二极管产生的脉冲信号进行计数来测量物体移动的速度。

在图 3-50a 所示的光栅尺中，通过在固定光栅板上配置两个能产生四分之一间距相位差的栅缝，可以得到两相脉冲输出信号（见图 3-50b）。通过对其相位差的检测，可以检测物体的移动方向。

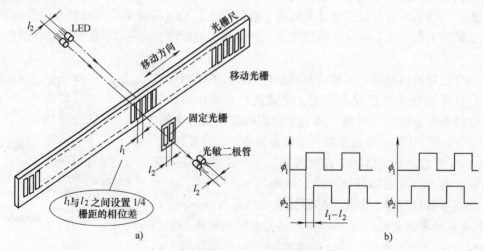

图 3-50　光栅尺
a）位移量检测　b）位移方向检测

光栅尺是一种新型的光电传感器，它一般适用于直线焊接位移、速度的测量。如果在环缝焊接时，对旋转运动物体的位移和速度进行测量应采取光电旋转编码器，其工作原理在后面章节中进行介绍。

3.4.3　测速发电机

测速发电机是一种将机械转速变换为与转速成正比的电压信号的传感器。测速发电机实际上是一台微型的发电机。目前常用的测速发电机有交流、直流两大类。交流测速发电机又有同步和异步之分。根据定子磁极励磁方式的不同，直流测速发电机可分为电磁式和永磁式两种。在焊接自动化系统中常用的是交流异步测速发电机和永磁式直流测速发电机。

图 3-51a 为永磁式直流测速发电机电路原理图。定子产生恒定磁场，当转子在磁场中旋转时，电枢绕组中产生交变的电动势，经换向器和电刷转换成与转子速度成正比的直流电动势。

直流测速发电机的输出特性曲线如图 3-51b 所示。从图中可以看出，当负载电阻 $R_L \to \infty$ 时，其输出电压 U_o 与转速 n 成正比。随着负载电阻 R_L 变小，其输出电压下降，而且输出电压与转速之间并不能严格保持线性关系。由此可见，对于要求精度比较高的直流测速发电机，除采取其它措施外，负载电阻 R_L 应尽量大。

图 3-52 是交流测速发电机工作原理图。在定子上安装两套相差 90° 的绕组，其中 N_1 为励磁绕组，接单相交流电源；N_2 为输出绕组，接测量仪器作为负载，其输出为感应电动势，感应电动势的幅值与转子转速成正比，频率与电源频率相同。当 N_1 上的励磁电压一定，N_2 的负载很小时，N_2 的输出电压与转速成正比。

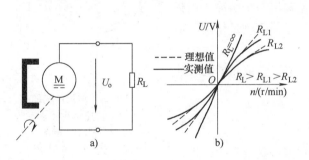

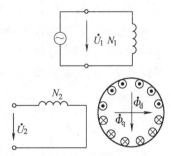

图 3-51　永磁式直流测速发电机工作原理图
a) 电路原理图　b) 输出特性曲线

图 3-52　交流测速发电机
工作原理图

测速发电机的特点是输出电动势斜率大，输出电压与转速成线性关系。但是在直流测速发电机中由于有电刷和换向器，制造和维护比较复杂，摩擦转矩较大。

测速发电机在焊接自动化系统中，主要用于焊接变位机的调速系统，检测与控制电动机的转速。在使用中，为了提高检测灵敏度，尽可能把它直接连接到焊接变位机的电机轴上。对于直流测速发电机，需要注意最大线性工作转速和最小负载电阻两个指标。在精度要求高的场合，负载电阻要取大一些，转速范围不要超过最大线性工作转速。对于交流测速发电机，必须保证励磁电压与频率的恒定，同时需要注意负载阻抗的影响。

3.4.4　光电式转速传感器

光电式转速传感器由带缝隙或圆孔的圆盘、光源、光电器件和指示缝隙盘组成，如图 3-53 所示。将传感器安装在被测轴上，当缝隙圆盘随被测轴转动，圆盘上的缝隙与指示缝隙重叠时，光源发出的光通过缝隙圆盘和指示缝隙照射到光电器件上；当缝隙圆盘上的缝隙与指示缝隙不重叠时，光电器件接受不到光源发出的光。也就是说，缝隙圆盘与被测轴旋转一周，光电器件输出与圆盘缝隙数相等的电脉冲。根据测量时间 t 内的脉冲数 N 可以测量转速，其转速 n 为

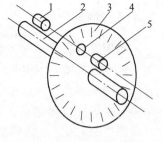

$$n = \frac{60N}{Zt} \qquad (3-33)$$

式中　Z——圆盘上的缝隙数，通常取 $Z = 10^m (m = 0, 1, 2, \cdots)$；

　　　n——转速($\mathrm{r \cdot min^{-1}}$)；

　　　t——测量时间(s)。

图 3-53　光电式转速传感器
1—光源　2—旋转轴　3—圆盘
4—指示缝隙盘　5—光电器件

采用光电转速传感器检测转速，应将其安装在被检测物体的旋转轴上，从而可以直接检测旋转物体的转速。

3.4.5　位置传感器检测位移和转速

利用位置传感器也可以进行焊接自动化系统中焊接速度或位移的测量。采用霍尔传感器测量转速装置如图 3-54 所示。在一个非磁材料的圆盘边缘处固定一块磁铁，将该圆盘固定在被测轴上，开关型霍尔传感器固定在圆盘外缘附近。圆盘上的磁铁随被测轴每旋转一周，霍尔传感器便输出一个脉冲，用频率计测量这些脉冲，便可以得到转速。为了提高测量精度，也可以在圆盘上固定多个磁铁。

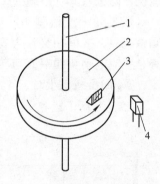

设频率计测量的频率为 f，磁铁数为 Z，则被测轴的转速 n ($\mathrm{r \cdot min^{-1}}$)为

$$n = \frac{60f}{Z} \qquad (3-34)$$

图 3-54　霍尔传感器测
转速示意图
1—轴　2—圆盘
3—磁铁　4—霍尔传感器

根据此原理，可以应用许多类型的非接触接近开关，进行速度或位移的测量。

3.5　光电编码器及其在焊接自动化中的应用

随着数字化技术的发展，数字传感器的应用越来越普遍。所谓数字传感器就是一种能够把被测模拟量直接转换成数字量输出的装置。

与模拟式传感器相比，数字传感器具有以下特点：测量的精度和分辨率高，抗干扰能力强，稳定性好，便于信号处理与自动检测和控制。

在检测物体旋转角度（位移）、转速或转数的数字传感器中，目前应用较多的是光电旋转编码器。

光电旋转编码器同光栅尺的检测原理相同，都是通过检测传感器输出的脉冲数来检测物体的位移与移动速度的。不同的是，光电编码器既可以直接检测旋转物体旋转的角度和转速，也可以检测直线平移物体的位移和运动速度；而光栅尺一般只能检测直线平移物体的位移和运动速度。

光电编码器是通过转动圆形光栅盘来检测旋转轴的旋转角度。根据旋转编码器结构，可分为绝对型编码器和增量型编码器。

3.5.1　绝对编码器

绝对编码器的结构如图 3-55 所示。编码器由光源、光电器件、固定光栅和活动光栅盘组成。光源和光电器件往往采用发光二极管和光敏二极管。光栅盘是圆形的，又称码盘。码盘有若干个同心圆环区间。这些圆环被称为码道，有几个圆环称为有几个码道。此类传感器一般都会配有与码道数相等的发光二极管和光敏二极管。在对应一个光电元件和一个码道上，有数个黑白扇区。白扇区为透光区，黑扇区为不透光区。光源（发光元件）射出一束平行光投射在码盘上。当光

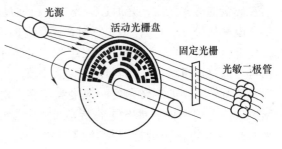

图 3-55　绝对编码器

束照射到码盘的透光区时，光通过透光区，再通过固定光栅照射到光电元件上，相应的光电元件输出高电平信号（"1"）；当光照射到码盘上的不透光区时，光被隔离，光电元件上不受光，相应的光电元件输出低电平（"0"），从而形成了光电脉冲信号。

每个码盘都是按照一定规律制成的光学圆盘，图 3-56a 是一个 8421 码制编码器的码盘示意图。四个光电元件沿径向安装，每一个光电元件对应一条码道。当码盘转过某一角度后，四个光电元件的输出就确定了一个数码。码盘转动一周，编码器就输出 16种不同的四位二进制数码。综上所述，无论编码器是否转动或者

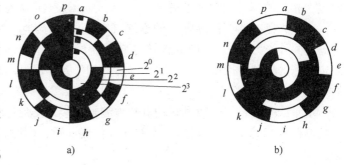

图 3-56　码盘

a）8421 码制的码盘　b）四位循环码的码盘

编码器转到任一位置，编码器均可输出动光栅盘当前角度对应的绝对位置的数字码信号，所以该种编码器称为绝对编码器。

绝对编码器的码盘形式不同，有二进制码盘，十进制码盘，以及格雷码码盘等。通常采用循环码作为最佳码形，如图 3-56b 所示。

绝对编码器是将角位移信号转换为数字编码，从而可以将输出信号直接输入到数字系统（如微机系统）中，实现旋转角度的检测与控制。编码器中码道数就是绝对编码器的位数，位数越大，则能够分辨的旋转位移角度越小，测量精度越高，目前我国已有 16 位光电编码器。

绝对编码器往往需要联轴器与被测轴连接。在焊接自动化中，通常用于焊接位置的检测与控制，实现坐标的点到点的准确定位控制，例如在机器人焊接中，用于焊接起始与结束位置的定位控制。

3.5.2 增量编码器

增量编码器又称为脉冲盘式数字传感器或脉冲盘式编码器，其结构如图 3-57 所示。

该编码器的动光栅盘与光栅尺相类似，只是变为圆形和旋转运动。动光栅盘又称为脉冲盘，即只有一条黑白扇区相间的码道。同绝对编码器工作原理相同，当光源射出的平行光照射在码盘的透光区时，光通过透光区，再通过固定光栅照射到光敏二极管上，光敏二极管输出高电平信号（"1"）；当光照射在码盘上的不透光区时，光被隔离，光敏二极管上不受光，输出低电平（"0"），从而形成一组光、电脉冲信号。通过计量增量编码器输出的脉冲数，可以检测旋转物体的旋转角度、速度和位移。对增量编码器输出的脉冲数进行无限制的计数，来检测物体的旋转量是此类传感器的一大特点。该类传感器的检测原理与光电式转速传感器的检测原理相类似。

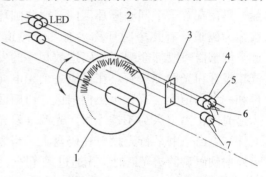

图 3-57　增量编码器
1—圆形光栅盘　2—动光栅　3—固定光栅
4—光敏二极管　5—检测旋转方向的光敏二极管
6—检测光脉冲的光敏二极管　7—检测零点的光敏二极管

为了使编码器动光栅盘转动一周时能够发出一个信号，动光栅盘上往往刻有一个零点栅缝（见图 3-57），通过它可以检测旋转物体的原点，相应的信号称为归零信号。

固定光栅有两个检测脉冲的栅缝（归零检测栅缝除外），这是为了检测旋转方向判断设置的。当动光栅与固定光栅之间有光透过时，固定光栅的栅缝可以产生 1/4 间距的脉冲相位差，通过两相输出的脉冲相位，可以判断旋转的正反方向。

增量编码器也需要通过联轴器与被测轴连接，将角位移转换成 A、B 两脉冲信号（两个固定栅缝对应的光敏二极管），供双向计数器计数，同时还输出一路零脉冲信号，作为零标记。

图 3-58 是辨别旋转方向的检测电路原理图。光敏二极管 A 和 B 输出信号经放大整形后，产生 A 和 B 脉冲，将它们分别接到 D 型触发器的 D 端和 CP 端。由于 A 和 B 脉冲存在 1/4 间距的相位差，D 触发器在 CP 脉冲 B 的上升沿触发。当正转时，A 脉冲超前 B 脉冲，D 触发器的 Q = "1"，表示正转；当反转时，B 脉冲超前 A 脉冲，D 触发器的 Q = "0"，表示反转。分别用 Q = "1" 和 Q = "0" 控制可逆计数器是正向还是反向计数。零位脉冲接至计数器的复位端，实现每转动一圈复位一次计数的目的。

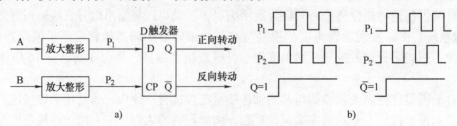

图 3-58　辨向电路
a）电路原理图　b）波形图

增量编码器最多有三个码道，它不能直接产生几位编码输出，故它不具有绝对编码器的含义，这是增量编码器与绝对编码器的不同之处。

最简单的增量编码器无正、反转辨别及清零功能，也就是其码盘只有一条码道。

焊接自动化系统中常用的增量编码器有输出 100 个脉冲/转、200 个脉冲/转、360 个脉冲/转、500 个脉冲/转以及 1024 个脉冲/转等。

3.5.3　编码器在焊接自动化中的应用

1. 转速控制

在焊接自动化系统中，焊接速度控制是非常重要的。无论是直缝焊接还是环缝焊接，速度控制就是电动机转速控制。在采用编码器进行转速控制时，可以将编码器安装在电动机的旋转轴上，当电动机旋转时，取出表示转速的编码器的输出脉冲，通过 f/U 转换电路，将电压值与电动机转速设定电压值进行比较，用其偏差值信号，经伺服驱动系统，控制电动机转速。这样可以保证电动机转速的稳定。其控制原理图如图 3-59 所示。

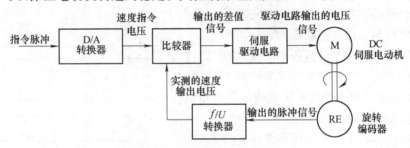

图 3-59　电动机转速控制原理框图

2. 旋转角度控制

环缝焊接或转盘式焊接工位转换都可以利用编码器进行旋转角度和位移的控制。图3-60 为焊接工位转换控制示意图。如图 3-60 所示，转盘上有两个焊接工位，两个工件装卸工位，每个工位相隔 90°。当工件焊接完成后，转盘转动 90°，实现工位转换。此种工位转换控制，可以选用增量编码器，也可以选用绝对编码器进行定位检测和控制。编码器通过联轴器与转盘轴连接。

在图 3-61 的环形焊缝焊接自动控制中，利用编码器可以控制环缝焊接的起止位置。如

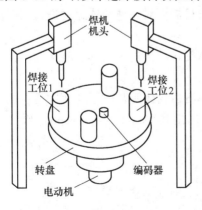

图 3-60　焊接工位转换

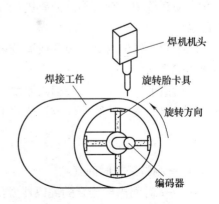

图 3-61　环形焊缝焊接控制

果选用增量编码器，将其通过联轴器安装在焊接转胎的旋转轴上。假设编码器每转输出 720 个脉冲，则每测到一个脉冲，工件转过 0.5°；当检测到 720 个脉冲时，表明工件已旋转 360°，即完成了一圈环缝的焊接。若需要环缝搭接一段，假设需要搭接 15°，则在焊接开始后，测得脉冲 750 个时停止焊接。该焊接定位控制也可以选用绝对编码器进行位置检测和控制。

3. 直线位移控制

编码器一般是通过联轴器与旋转轴连接使用，可以进行转数或转速的测量与控制。通过一定的机械机构，也可以将旋转运动参数的控制变为直线运动参数的控制。

图 3-62 是用编码器测量线位移的示意图。

图 3-62a 所示为通过丝杠将直线运动量的检测与控制转换成旋转运动量的检测与控制。

用每转 1500 脉冲数的增量编码器和导程为 6mm 的丝杠，可以达到直线位移 4μm 的分辨力。通过检测增量编码器输出脉冲数，可以测量丝母带动的直线焊接平移台移动的直线位移。为了提高检测精度，可采用滚珠丝杠与双螺母消隙机构。

图 3-62b 所示是用齿轮齿条来实现直线/旋转运动转换的一种方法。这种系统的精度较低。

图 3-62c 所示是用带传动来实现线位移与角位移之间变换的方法。该系统结构简单，特别适用于需要进行长距离位移测量及某些环境条件恶劣的场所。

无论用哪一种方法来实现角位移/线位移的转换，增量编码器的码盘都要旋转多圈，因而编码器的零位基准已失去作用。计数系统所必须的基准零位，可由附加的装置来提供，如采用机械、光电位置传感器等方法来实现。

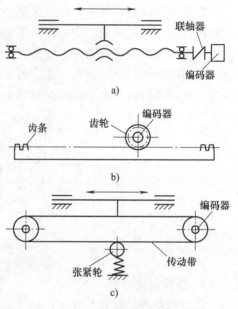

图 3-62　编码器的应用
a) 丝杠传动　b) 齿轮传动　c) 带传动

因为采用编码器可以实现直线位移的控制，所以图 3-45 所示的直缝自动焊控制，可以通过联轴器将编码器与丝杠连接在一起，代替限位开关或接近开关进行焊缝长度控制。

4. 测量线速度和角速度

在自动焊接中，有时不仅需要进行转速控制，而且需要对转速或线速度进行实时测量显示或记录。

利用编码器发出的脉冲频率或周期可以测量物体旋转的平均速度和瞬时速度。其检测原理如图 3-63 所示。

（1）测量平均转速　利用编码器发出的脉冲频率测量物体旋转的平均速度是在给定的时间内对编码器的发出的脉冲计数。然后由式（3-35）求出其平均转速 n（$r \cdot min^{-1}$）

$$n = \frac{60 N_1}{Nt} \tag{3-35}$$

式中　t——测量采样时间（s）；

N_1——t 时间内检测到的编码器发出的脉冲数；

N——编码器每转发出的脉冲数。

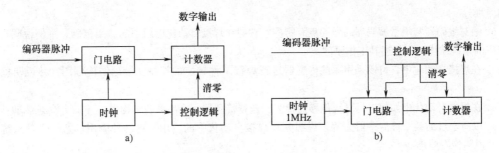

图 3-63　测量速度原理框图

a) 平均速度测量原理框图　b) 瞬时速度测量原理框图

例如，一个每转有 360 个脉冲输出的增量编码器，采用计数间隔为 2s，若测出编码器输出 120 个脉冲，则其平均转速为 10 r·min⁻¹。

即　　$n = \dfrac{60 \times 120}{360 \times 2} \text{r·min}^{-1} = 10 \ \text{r·min}^{-1}$

该种方法的分辨率由被测速度而定，其测量精度取决于计数时间的间隔，故采样时间应由被测速度范围和所需分辨率而定。

（2）测量瞬时转速　利用编码器发出的脉冲周期测量物体旋转的瞬时速度就是通过计数编码器一个输出脉冲峰值时间间隔（1/2 脉冲周期）内，有多少个标准脉冲（时钟脉冲）个数来计算物体旋转的转速。被测物体旋转的转速 $n(\text{r·min}^{-1})$ 可以由式（3-36）求出

$$n = \frac{60f}{2N_2 N} \tag{3-36}$$

式中　f——标准时钟脉冲频率（Hz）；

　　　N_2——编码器一个脉冲间隔内标准时钟脉冲个数；

　　　N——编码器每转发出的脉冲数。

例如，对于每转输出 100 个脉冲的编码器，选择时钟脉冲频率为 1MHz，如果在一个编码器输出脉冲峰值时间内，测得 6000 个时钟脉冲，则其转速 $n(\text{r·min}^{-1})$ 为

$$n = \frac{60 \times 1 \times 10^6}{2 \times 6000 \times 100} \text{r·min}^{-1} = 50 \text{r·min}^{-1}$$

该种方法测量的是每一个编码器脉冲时间间隔内的平均速度，由于编码器的输出脉冲间隔很小，可以认为此时的平均速度即为瞬时速度。

根据机械机构旋转角度与直线位移的变换关系，通过计算，也可以测量直线运动的平均速度和瞬时速度。

复习思考题

1. 什么是传感器？传感器在自动控制系统中的作用是什么？

2. 滤波器的用途、分类和各种滤波器的应用原理是什么？

3. 掌握传感器应用的基本电路，并能举出在焊接自动控制中应用的例子，画出电路原理图（例如比例放大电路、比较器电路等）。

4. 焊接过程中有哪些地方需要采用位置、速度、位移传感器。各举一例，绘出系统框图，叙述其控制原理。

5. 试述光电编码器的工作原理及特点。结合焊接工程实际举例说明其应用（绘出系统的框图，叙述其

控制原理)。

6. 绝对编码器与增量编码器的异同点有哪些？它们在焊接自动化应用中的适用范围？举例说明，并绘出相应的系统结构图，叙述其工作原理。

7. 在焊接自动化中，可以采用哪些传感器进行焊接工件转速的控制？绘出结构框图，并说明检测原理。

8. 在焊接自动化中如何进行直线位移的检测？选择传感器，绘出系统结构图，并说明检测原理。

9. 以所学过的某一种传感器为例，说明其在焊接自动化中的应用。每一种应用都能绘出其系统结构图，并说明检测原理。

10. 熟悉每一种传感器的特点，在焊接自动化中能够正确选择传感器，并说明其选择依据。

第4章 焊接自动化中的电动机控制技术

在焊接自动化系统中，焊枪或工件的运动，焊接工位的转换等等，都需要电动机的驱动。如果把以微机为代表的"微电子技术"比作动物的神经，那么电动机及其控制技术就相当于动物的肌肉和手脚，通过它们的密切配合可以完成多种多样的控制。

焊接自动化系统中常用的电动机有直流电动机、交流电动机和步进电动机。本章重点介绍焊接自动化系统中常用的直流电动机、交流电动机和步进电动机控制技术。

4.1 概述

焊接自动化系统中的电动机不仅要把电能换成机械能，带动机构运动，而且还要求电动机必须具有可控性，从而保证焊接过程的稳定性，实现高质量、高精度的焊接。由此可见，电动机及其控制技术是自动焊接系统中的关键技术之一。

在电动机控制系统中，其控制技术的三要素是：

1) 电动机。

2) 电动机驱动的机械机构。

3) 电动机控制与驱动电路。

性能良好的电动机控制系统就是要使其三要素得到良好的结合。

由电动机带动生产机械运行的系统称为电力拖动系统。它由电动机、传动机械、生产机械、控制装置等部分组成，如图 4-1 所示。

电动机的控制可以采用开环控制，也可以采用闭环控制。图 4-2 是典型闭环控制的电力拖动系统原理示意图。该系统是基本的电动机—机械控制系统，是一个轴的闭环控制系统，控制装置对电动机输出轴的转速和转角位移量进行控制。该系统在焊接自动化中得到了非常广泛的应用。图 4-2 表示的是工件固定，焊炬行走的焊接自动化系统。自动焊接中也经常采用焊炬固定，工件行走的控制方式，其控制原理是相同的。

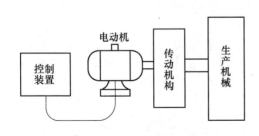

图 4-1 电力拖动系统的构成

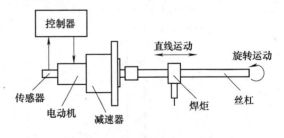

图 4-2 闭环控制电力拖动系统

焊接自动化系统中常用的电动机有直流电动机、交流电动机和步进电动机。由于交流电动机的调速控制问题长期未能得到满意的解决，因此直流电动机以其良好的控制特性得到了广泛的应用。随着变频调速控制技术的出现和发展，交流电动机的使用将会越来越普遍。步进电动机是一种将脉冲输入信号转换成相应角位移旋转运动的电动机，可以实现高精度的角度控制。由于步进电动机可以用数字信号直接控制，因此它很容易与微机相连接。步进电动机是焊枪位置控制系统中不可缺少的执行装置。

4.2　继电接触器控制系统

继电接触器控制系统是由各种继电器、接触器、熔断器、按钮、行程开关等元件组成，实现对电动机的起动、调速、制动、反向等的控制与保护，以满足焊接工艺对电动机控制的要求。这些元件一般只有两种工作状态：电磁线圈的通电与断电；连接触点的通与断，相当于数字控制技术中的"1"与"0"状态。

继电接触器控制是焊接自动化中电动机控制的基本控制模式，在实际工程中得到普遍的应用，即使在电动机数字控制系统中，其控制的基本要求与继电接触器控制也是相似的。本节以交流电动机的继电接触器控制系统为例进行分析，其控制原理可以应用于其它电动机的控制中。

4.2.1　三相交流电动机的直接起停控制

1. 三相交流电动机的直接起动控制

电动机从静止状态加速到稳定运行状态的过程称为电动机的起动。若直接施加额定电压给定子绕组，使电动机起动，称为直接起动。该方法所用电器少，线路简单，广泛用于中、小型电动机的起动控制。

在电动机的直接起动控制中，可以采用开关直接起动（见图4-3），也可以采用接触器直接起动（见图4-4）。一般小容量电动机，而且在焊接过程中，电动机起动停止不需要控制的情况下，可直接用开关起动，例如，水冷焊枪或焊接夹具的循环水冷却泵电动机可以用开关直接起动。而许多中型设备（如焊接车床等）的主电动机或在焊接过程中需要对电动机起动停止进行控制（如焊枪行走机构中的电动机）的情况下，需要采用接触器直接起动方式。

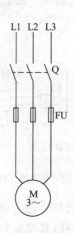

图4-3　用开关直接起动电动机

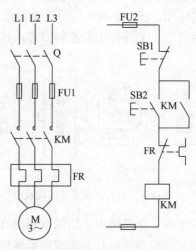

图4-4　用接触器直接起动电动机

图 4-4 为用接触器直接起动的电路原理图，其控制过程是：首先合上电动机电源开关 Q，然后按下起动按钮 SB2，动合触点连通，接触器 KM 线圈通电，其在电源电路中的常开主触点（动合触点）KM 闭合连通，电动机 M 通电起动运转。由于并联在 SB2 按钮两端的接触器 KM 的常开辅助触点（动合触点）也同时闭合连通，使 SB2 断开后，接触器 KM 线圈仍然保持通电。这种将 KM 的常开辅助触点并联在起动按钮 SB2 两端，使接触器 KM 线圈继续通电的功能，称为自锁。当需要电动机停止转动时，按下停止按钮 SB1，动断触点断开，KM 线圈断电，其常开主触点复位（断开），电动机 M 断电后渐停。同时，SB2 两端的常开辅助触点 KM 也复位（断开），当 SB1 松开后，其动断触点连通，接触器 KM 线圈也不能通电。

图 4-4 中的熔断器 FU 作短路保护，热继电器 FR 作过载保护。

2. 点动与长动控制

图 4-4 中的起动按钮 SB2 两端的自锁触点使电动机在起动后保持连续运转，即所谓长动控制，从而满足焊接系统中机械设备连续运行的要求。但是，焊接机械设备通常还需要点动控制，例如，在焊枪定位调整过程中，需要利用点动控制进行焊枪位置的微调。图 4-5b 所示为点动控制线路，其控制过程是：按下 SB，KM 线圈通电，电动机 M 起动；松开 SB，KM 线圈断电，M 停转。

在实际焊接系统中，机械设备往往既需要点动调整，也需要长动控制。

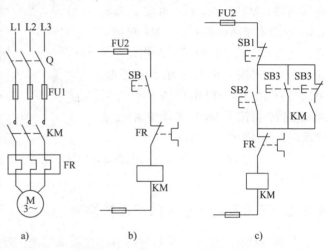

图 4-5　电动机的点动控制与长动控制
a) 电动机主电路　b) 点动控制　c) 点动与长动控制

图 4-5c 所示为既能点动控制也能长动控制的电路。当需要点动控制时，按下复合按钮 SB3，其常闭触点断开，防止自锁，常开触点闭合，KM 线圈通电，电动机 M 起动；当松开 SB3 时，KM 线圈断电，M 停转。当需要长动控制时，按下 SB2 起动电动机长时工作。点动和长动控制的本质区别是起动控制线路是否具有自锁功能。

3. 多地点起停控制

使用大型焊接自动化设备时，为了操作方便，常要求能在多处进行起停控制。图 4-6 所示是两处起停控制电路。图 4-6 中，两处起动按钮 SB12 和 SB22 是并联的，即当任一处起动按钮按下，接触器 KM 线圈都能通电并自锁；两处停止按钮 SB11 和 SB21 是串联的，即当任一处停止按钮按下后，都能使接触器 KM 线圈断电，电动机停转。由此可见，欲使几个按钮都能控制同一个接触器通电，则这些按钮的动合触点应并联接到该接触器的线圈电路中；欲使几个按钮都能控制同一个接触器断电，则这些按钮的动断触点应串联接到该接触器的线圈

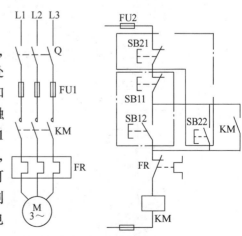

图 4-6　电动机的两处起停控制

电路中。

4. 顺序起停控制

对于多电动机驱动的焊接自动化系统，电动机经常有顺序起停的要求。如图4-7中，必须在带动焊枪直线行走的电动机 M2 先起动工作后，焊枪左右摆动的电动机 M1 才能起动；而焊接结束时，M1 停止后 M2 才能停止。

图4-7 所示电路控制原理是：起动电动机时，须先按下 SB2，KM2 线圈通电并自锁，M2 起动运行；再按下 SB4，KM1 线圈才能通电并自锁，M1 起动运行，且将 SB1 锁住，使其不起作用。停止时，必须先按下 SB3，KM1 线圈断电，M1 停转；此时与 SB1 并联的 KM1 常开触点复位，再按下 SB1，才能使 KM2 线圈断电，M2 停转。

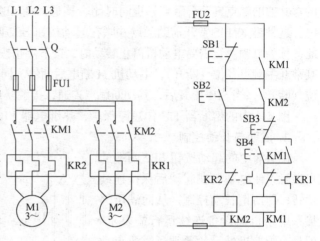

图 4-7 两台电动机顺序控制

图4-7 所示电路是手动控制电路，也可以采用电子控制电路实现顺序起动、停止电动机的自动控制。

4.2.2 三相交流电动机的正反转控制

焊接自动化系统中，其机械部分往往要求实现正反两个方向的运动，这就要求电动机能够正反转。由三相交流电动机工作原理可知，只要将通往电动机定子三相绕组电源中的任意两相调换，就可改变电动机三相电源相序，从而改变电动机的转向。

1. 手动按钮控制

图4-8 所示为用两个按钮分别控制两个接触器以改变电动机电源相序，实现电动机正反转控制的电路。

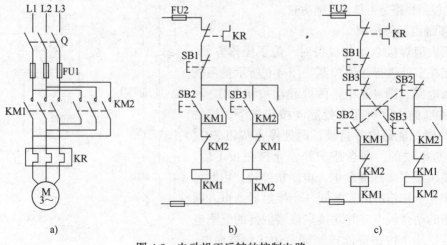

图 4-8 电动机正反转的控制电路

a）电动机主电路 b）控制电路 1 c）控制电路 2

　　由图 4-8b 可知，当按下 SB2，正转接触器 KM1 线圈通电并自锁，电动机 M 正转。当按下 SB3，反转接触器 KM2 线圈通电并自锁，M 反转。在控制线路中，将 KM1、KM2 常闭辅助触点相互串联在对方接触器线圈中，形成互锁控制（也叫连锁控制）：当 KM1 线圈通电时，由于 KM1 常闭辅助触点断开，此时，即使按下 SB3，KM2 线圈也不能通电；同理，当 KM2 线圈通电时，由于 KM2 常闭辅助触点断开，使 KM1 线圈不能通电，从而避免短路现象发生。

　　图 4-8c 是在图 4-8b 的基础上，将复合按钮 SB2、SB3 的常闭触点互相串联在对方接触器线圈电路中，这样，不需要先按动停止按钮 SB1，只要按下 SB2 或 SB3，即可实现电动机正反转切换。

2. 自动循环控制

　　焊接自动化设备中，如焊接工作台或焊枪行走小车等，有时需要往返循环运动。往返循环运动一般需要利用行程开关检测运动部件的相对位置，并发出正反向运动切换或停止运动的信号。这种控制称为行程控制。行程控制是焊接自动化中的基本控制方式之一。

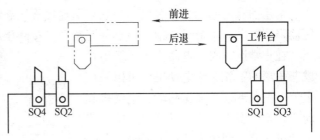

图 4-9　焊接工作台往返循环运动示意图

　　图 4-9 为焊接工作台往返循环运动的示意图。行程开关固定在焊接机床的床身上，假设 SQ1 为反向转正向行程开关并反映焊接起点位置；SQ2 为正向转反向行程开关并反映焊接终点位置。SQ3、SQ4 为正反向限位保护开关。挡块安装在焊接工作台上，随工作台一起移动。当挡块分别压动行程开关 SQ1 或 SQ2 时，其相应触点动作，发出使电动机正反向运转的切换信号。

　　图 4-10 所示为焊接工作台往返循环的正反向控制电路。其控制过程是：按下 SB2，接触器线圈 KM1 通电并自锁，电动机 M 正转，工作台前进。当前进到挡块压动 SQ2 时，其常闭触点断开，KM1 线圈断电，M 停转；同时，SQ2 常开触点闭合，使接触器 KM2 线圈通电，M 起动并反转，工作台后退。当后退到挡块压动 SQ1 时，其常闭触点断开，KM2 线圈断电，M 停转；同时，SQ1 的常开触点闭合，又使 KM1 线圈通电，M 起动并正转。如此循环往复，焊接工作台往返循环运转工作。

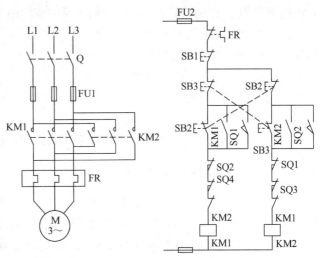

图 4-10　焊接工作台往返循环的正反向控制电路

　　图 4-10 中的 SB1 是总停按钮。若换向行程开关 SQ1 或 SQ2 失灵，利用限位开关 SQ3 或 SQ4 的常闭触点断开相应接触器线圈，切断电动机电源，防止焊接工作台因超出极限位置而发生事故。

4.2.3　三相交流电动机的降压起动控制

通过开关或接触器直接起动电动机，也叫做全压起动，该方法是将额定电压直接加在电动机定子绕组上，使电动机起动运转。其优点是起动设备简单，起动力矩较大，起动时间短。其缺点是起动电流大（起动电流为额定电流的 5～7 倍），当电动机的容量很大时，过大的起动电流将会造成线路上很大的电压降，甚至会影响线路上其它设备的运行。因此，直接起动方法只能用于电源容量较电动机容量大得多的情况。一般情况下，容量小于 10kW 的电动机常采用直接起动的方法。

为了减少起动时电动机的起动电流，可以采用降压起动的方法。但由于三相异步电动机的起动转矩与加在定子绕组上的电压平方成正比，降压起动将导致起动转矩严重下降，所以降压起动只适用于空载或轻载场合。

常用的降压起动方法有星形—三角形连接降压起动、定子绕组串电阻降压起动、自耦变压器降压起动。本节只介绍了星形—三角形连接降压起动方法。

在正常运行时，电动机定子绕组接成三角形的三相交流电动机，可以采用星形—三角形连接降压起动。电动机起动时，定子绕组先按星形接法连接，待电动机转速升到额定转速附近时，再将定子绕组恢复为三角形接法，使电动机进入全压运行。图 4-11 所示为用时间继电器自动切换的星形—三角形连接降压起动控制电路。起动时，按下 SB2，KM 线圈通电并自锁，KM1 常开主触点连通，电动机 M 为星形连接起动；同时，时间继电器 KT 线圈也通电。经延时后，KT 常闭延时触点断开，KM1断电，同时 KT 常开延时触点闭合，使 KM2 通电并自锁，定子绕组由星形接法变换成三角形接法，电动机正常运行。

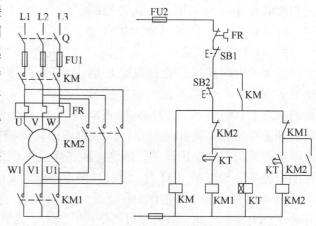

图 4-11　星形—三角形连接降压起动控制电路

图 4-11 中，接触器 KM1、KM2 的常闭辅助触点构成电气互锁，防止主电路电源短路。

4.2.4　三相交流电动机的制动控制

三相交流电动机断电后，由于惯性的作用，停车时间较长。许多自动焊接机械都要求能迅速停车或准确定位，这就要求对电动机进行强迫停车，即制动。制动停车的方式有机械制动和电气制动两种。机械制动一般是利用电磁铁或液压操纵机械抱闸机构，使电动机快速停转。电气制动是产生一个与电动机转动方向相反的制动转矩。常用的电气制动有能耗制动和反接制动。

1. 能耗制动控制

能耗制动是指电动机断电后，再向电动机定子绕组通入一直流电，从而在空间产生静止磁场，此时由于电动机转子因惯性而继续运转，因此切割磁力线，产生感应电动势和转子电流，转子电流与静止磁场相互作用，产生制动转矩，使电动机迅速减速停车。

图 4-12 所示为时间继电器控制的能耗制动线路。图 4-12 中变压器 TC 和整流元件 VC 组成整流装置，提供制动直流电源，KM2 为制动用接触器，KT 为时间继电器。控制过程是：按下起动按钮 SB2，接触器 KM1 通电自锁，电动机 M 起动运行。停车时，按下停止按钮 SB1，接触器 KM1 断电，KM2 通电并自锁，同时 KT 也通电，电动机处于制动状态，待 KT 延时时间到，KT 的常闭触点断开，使接触器 KM2 和时间继电器 KT 断电，制动结束。

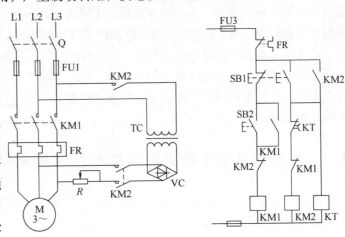

图 4-12 采用时间继电器的能耗制动控制电路

能耗制动作用的效果与通入电动机定子绕组直流电流的大小和电动机转速有关。在同样的转速下，通入的直流电流越大，其制动时间越短。一般取直流制动电流为电动机空载电流的 3~4 倍，过大的电流会使定子过热。图 4-12 直流电源中串接的可调电阻 R 用于调节制动电流的大小。

能耗制动具有制动准确、平稳、能耗小等优点，故适用于要求制动准确、平稳的焊接设备。

2. 反接制动控制

反接制动是通过改变电动机三相电源的相序，利用定子绕组的旋转磁场与转子惯性旋转方向相反，产生反方向的转矩，从而达到制动效果。

反接制动时，由于电动机转子与定子旋转磁场的相对转速接近于 2 倍的同步转速，定子绕组中流过的制动电流相当于直接起动时的 2 倍，为此，对 10kW 以上的电动机进行反接制动时，必须在电动机定子绕组中串接一定的限流电阻，以避免绕组过热和机械冲击。

反接制动的另一个要求是在电动机转速接近零时，及时切断交流电源，防止反向又起动。为此常采用与电动机的转子轴连接在一起的速度继电器来检测电动机的速度变化。

图 4-13 为速度继电器控制的电动机反接制动电路原理图。控制过程是：按

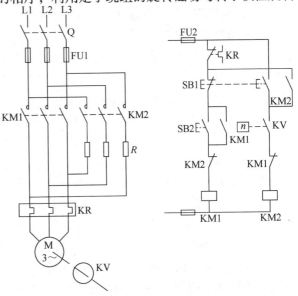

图 4-13 采用速度继电器控制的电动机反接制动控制电路原理图

下起动按钮 SB2，接触器 KM1 通电并自锁，电动机 M 起动运行。当转速升高后，速度继电器 KV 的常开触点闭合，为反接制动作好了准备。停车时，按下复合按钮 SB1，KM1 断电，同时制动接触器 KM2 通电并自锁，电动机进行反接制动。电动机转速迅速降低，当接近零时，速度继电器 KV 的常开触点断开，KM2 断电，制动结束。

反接制动时，由于制动电流很大，因此制动效果显著。但在制动过程中有机械冲击，对传动部件有害且能耗较大，还需要安装速度继电器，故适用于不太经常制动、电动机容量不大的焊接设备。

4.3 焊接自动化中的直流电动机及其控制原理

直流电动机具有良好的起动、制动性能，良好的调速特性，较大的起动转矩等优点。在焊接自动化系统中，获得了广泛的应用。

直流电动机调速技术是应用较普遍的一种机电传动控制技术，它在理论上和实践上都比较成熟，从闭环控制理论的角度看，它又是交流电动机调速技术的基础。

4.3.1 直流电动机及其静态特性

直流电动机按励磁方式可以分为他励、并励、串励和复励四类。在焊接自动化中应用较多的是他励直流电动机。

随着电动机技术与控制技术的发展，在焊接自动化中，直流伺服电动机应用越来越多。伺服电动机又称为执行电动机，与普通的直流电动机相比，具有如下特点：

1）伺服电动机的转速随控制电压的改变，能在宽广的范围内连续调节。

2）转子惯性小，动态响应快，随控制电压的改变，电动机转速反应灵敏，能够实现快速起动和停转。

3）控制功率小，过载能力强，可靠性好。

直流伺服电动机按产生磁场方式可分为电磁式和永磁式两种。电磁式电动机的磁场由励磁绕组产生；永磁式电动机的磁场由永磁体（永久磁钢）产生。电磁式直流伺服电动机是目前普遍使用的电动机。永磁式直流伺服电动机具有尺寸小、重量轻、效率高、出力大、结构简单、无需励磁等一系列优点而被越来越重视。目前永磁式直流伺服电动机主要用于较小功率的范围内，例如，焊接送丝机中，很多采用了永磁式直流伺服电动机。

一般直流伺服电动机的基本结构、工作原理与普通的直流电动机相似。电磁式直流伺服电动机有他励、并励、串励式三种励磁方式。图 4-14 为他励式直流伺服电动机的工作原理图，它与普通的他励式直流电动机的工作原理图是相同的。本节以他励式直流伺服电动机为例介绍其控制原理。

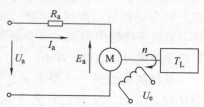

图 4-14 他励式直流伺服
电动机工作原理图

直流伺服电动机的静态特性是指在稳态情况下，电动机转子转速、电磁转矩和电枢电压三者之间的关系。根据图 4-14，直流伺服电动机电枢回路的电动势平衡方程式为

$$U_a = E_a + I_a R_a \tag{4-1}$$

式中　U_a——电枢绕组的控制电压（V）；

　　　I_a——电枢绕组的控制电流（A）；

　　　R_a——电枢绕组的等效总电阻（Ω）；

　　　E_a——电枢绕组的反电势（V）。

其中
$$E_a = C_e \Phi_e n \tag{4-2}$$

式中　C_e——电动机的电势常数，只与电动机的结构有关；

　　　Φ_e——励磁磁通（Wb），与励磁电压 U_e 有关；

　　　n——电枢转速（$r \cdot min^{-1}$）。

电动机的电磁转矩 T_m（N·m）为
$$T_m = C_m \Phi_e I_a \tag{4-3}$$

式中　C_m——电动机的转矩常数，只与电动机的结构有关，且 $C_m = 0.95 C_e$。

根据式（4-1）、式（4-2）、式（4-3）可以得出直流伺服电动机的运行特性：
$$n = \frac{U_a}{C_e \Phi_e} - \frac{R_a}{C_e C_m \Phi_e^2} T_m = n_0 - K T_m \tag{4-4}$$

式中　$n_0 = \dfrac{U_a}{C_e \Phi_e}$；　$K = \dfrac{R_a}{C_e C_m \Phi_e^2}$。

由此可以得到直流伺服电动机的两种特殊运行状态：

1）当 $T_m = 0$，即空载时
$$n = n_0 = \frac{U_a}{C_e \Phi_e} \tag{4-5}$$

n_0 称为理想的空载转速，其值与电枢电压成正比。

2）当 $n = 0$，即起动或堵转时
$$T_m = T_d = \frac{C_m \Phi_e}{R_a} U_a \tag{4-6}$$

T_d 称为起动转矩或堵转转矩，其值也与电枢电压成正比。

在式（4-4）中，如果把转速 n 看做是电磁转矩 T_m 的函数，即 $n = f(T_m)$，则可得到直流伺服电动机的机械特性表达式：
$$n = \frac{U_a}{C_e \Phi_e} - \frac{R_a}{C_e C_m \Phi_e^2} T_m = n_0 - K T_m \tag{4-7}$$

机械特性表示了电动机的电磁转矩 T_m 与转速 n 之间的关系，是直流电动机的重要特性，它描述了直流电动机有载时的运行特性。

直流伺服电动机的机械特性曲线如图 4-15 所示。由图4-15可见，直流伺服电动机的机械特性是一组斜率相同的直线族，每条机械特性曲线和一电枢电压相对应。与 n 轴的交点是该电枢电压下的理想空载转速，与 T_m 轴的交点是该电枢电压下的堵转转矩。

当电枢电压 U_a 一定时，电动机转速 n 与电磁转矩 T_m 成反比，转速 n 越高，电磁转矩 T_m 越低。

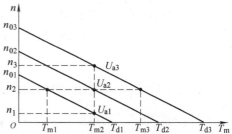

图 4-15　直流伺服电动机的机械特性

U_a 不同，电动机的机械特性不同，调节 U_a，可以调节电动机的机械特性。在图 4-15 中，$U_{a1} < U_{a2} < U_{a3}$，对于相同的电动机电磁转矩 T_{m2}，相应电动机的转速 $n_1 < n_2 < n_3$；同理，对于相同的电动机转速 n_2，相应电动机输出的电磁转矩 $T_{m1} < T_{m2} < T_{m3}$。

工作机械的负载转矩 T_L 与转速 n 的关系 $T_L = f(n)$ 为负载转矩特性。负载转矩特性由工作机械的特性所决定。

将 $n = f(T_m)$ 与 $T_L = f(n)$ 画在同一坐标图上，两特性的交点为电动机—负载系统的稳定工作点（见图 4-16）。其系统稳定的条件是电动机电磁转矩特性 $T_m(n)$ 与负载转矩特性 $T_L(n)$ 有交点，并且在交点对应的转速之上保证 $T_m < T_L$，而在交点对应的转速之下保证 $T_m > T_L$。

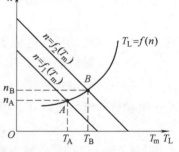

图 4-16 所示的 A、B 点都是稳定工作点，对应的转速分别是 n_A、n_B，对应的电磁转矩和负载转矩分别是 T_A、T_B。

图 4-16　机械特性与负载特性

4.3.2　直流伺服电动机的技术指标

技术指标是选用直流伺服电动机的依据，主要有：

（1）额定功率 $P_N(W)$　电动机在额定状态下运行时的输出功率。在此功率下允许电动机长期连续运行而不致过热。

（2）额定电压 $U_N(V)$　电动机在额定状态下运行时，励磁绕组和电枢绕组上应加的电压。永磁式直流伺服电动机只有额定电枢电压。

（3）额定电流 $I_N(A)$　是电动机在额定电压下运行时，输出额定功率时绕组中的电流。额定电流一般就是电动机长期连续运行所允许的最大电流。

（4）额定转速 $n_N(r \cdot min^{-1})$　有时也称为最高转速，是电动机在额定电压下，输出额定功率时的转速。

（5）额定转矩 $T_N(N \cdot m)$　是电动机在额定状态下运行时的输出转矩。

（6）最大转矩 $T_M(N \cdot m)$　是电动机在短时间内可输出的最大转矩，它反映了电动机的瞬时过载能力。最大转矩一般是额定转矩的 $5 \sim 10$ 倍。

（7）机电时间常数 τ_j 和电磁时间常数 τ_d　分别反映了电动机的两个过渡过程时间。τ_j 通常小于 20ms，τ_d 通常小于 5ms，两者之比大于 3。

（8）转动惯量 $J(kg \cdot m^2)$　电动机电枢转子上的转动惯量。

电动机的选择，首先要满足负载所需要的瞬时转矩和转速。从安全的意义上讲，要能够提供克服峰值负载所需要的功率。其次，当电动机的工作周期可以与其发热时间常数相比较时，必须考虑电动机的发热问题，通常用负载的均方根功率作为确定电动机发热功率的基础。

4.3.3　直流电动机的速度控制原理

直流伺服电动机的速度控制是指人为地或自动地改变直流电动机的转速，以满足工作机械对电动机不同转速的要求。从机械特性上看，就是通过改变电动机工作参数等方法，来改变电动机的机械特性，使其与负载特性的交点发生变化，从而改变电动机的稳定运转速度。

1. 直流伺服电动机的转速控制方法

根据式 (4-1) 和式 (4-2) 可以得出

$$n = \frac{U_a - I_a R_a}{C_e \Phi_e} \tag{4-8}$$

因为式 (4-8) 中的 U_a、R_a、Φ_e 三个参量都可以成为变量，只要改变其中一个参量，就可以改变电动机的转速，所以直流电动机有三种基本调速方法：改变电枢回路总电阻 R_a；改变电枢供电电压 U_a；改变励磁磁通 Φ_e。

(1) 改变电枢回路电阻调速　各种直流电动机都可以通过改变电枢回路电阻来调速。即在电枢回路中串联一个可调电阻 R_w，此时电动机的转速特性为

$$n = \frac{U_a - I_a(R_a + R_w)}{C_e \Phi_e} \tag{4-9}$$

当负载一定时，随着串入的外接电阻 R_w 的增大，电枢回路总电阻增大，电动机转速 n 就降低。如果电枢电流比较大，则需要用接触器或主令开关切换来改变 R_w，所以该方法一般只能是有级调节。

在电枢回路中串联电阻，电动机机械特性的斜率增加，机械特性变软，电动机转速受负载影响大，轻载下很难得到低速，重载时会产生堵转现象，而且在串联电阻产生额外的能量损耗，因此，在使用上有一定的局限性。

(2) 改变电枢电压调速　改变电动机电枢电压调速是直流电动机调速系统中应用最广的一种调速方法。改变电枢电压就改变了电动机的机械特性，其原理可参见图4-15。由图 4-15 可见，改变电枢电压 U_a，可以得到一组以 U_a 为参数的平行直线。

采用改变电枢电压的调速方法时，由于电动机在任何转速下的工作磁通都不变，只是电动机的供电电压发生变化，因而在额定电流下，如果不考虑低速下通风恶化的影响（也就是假定电动机是强迫通风或为封闭自冷式），则不论是高速还是低速，电动机都能输出额定转矩，故称这种调速方法为恒转矩调速。这是该调速方法的一个极为重要的特点。

由于电动机的电枢电压一般以额定电压为上限，因此采用改变电枢电压进行电动机调速时，通常只能在低于额定电压的范围内调节电枢电压。

连续改变电枢供电电压，可以使直流电动机在很宽的范围内实现无级调速，一般可以达到 10:1 ~ 12:1。如果采用反馈控制系统，调速范围可达 50:1 ~ 150:1，甚至更大。改变电枢供电电压的方法，目前应用较多的是采用晶闸管变流器供电的调速系统和功率开关器件控制的脉宽调速系统。

(3) 改变励磁电流调速　这种方式只适用于电磁式直流伺服电动机，是通过改变励磁电流的大小来改变定子磁场强度，从而改变电动机的转速。

由式 (4-9) 可看出，电动机的转速与磁通 Φ_e（也就是励磁电流）成反比，即当磁通减小时，转速 n 升高；反之，则转速 n 降低。由于电动机在额定运行条件下磁场已接近饱和，因而只能通过减弱磁场来改变电动机的转速。因为电动机的转矩 T_m 是磁通 Φ_e 和电枢电流 I_a 的乘积，而且电枢电流不允许超过额定值，所以当电枢电流不变时，随着磁通 Φ_e 的减小，电动机的输出转矩 T_m 也会相应地减小。在这种调速方法中，随着电动机磁通 Φ_e 的减小，其转速 n 升高，转矩 T_m 也会相应地降低。在额定电压和额定电流下，不同的转速时，电动机始终可以输出额定功率，因此这种调速方法称为恒功率调速。

　　为了使电动机的容量能得到充分利用，通常只是在电动机基速以上调速时才采用这种调速方法。采用弱磁调速时的范围一般为 1.5:1 ~ 3:1，特殊电动机可达到 5:1。

　　这种调速电路的实现很简单，只要在励磁绕组上加一个独立可调的电源供电即可实现。在使用这种方式调速时，特别应注意电动机运转时不能将励磁回路断开，以免损坏电动机。

2. 调速的分类

　　(1) 无级调速和有级调速　根据速度变化是否连续，可以分为无级调速和有级调速。

　　无级调速又称连续调速，是指电动机的转速可以平滑地调节。采用无级调速的电动机转速变化均匀，适应性强而且容易实现调速自动化，因此在自动焊接系统中得到广泛的应用。

　　有级调速又称间断调速或分级调速。它的转速只有有限的几级，调速范围有限且不易实现调速自动化。

　　(2) 向上调速和向下调速　以额定转速为基准，根据速度调节方向，可以分为向上调速和向下调速。

　　电动机额定负载时的额定转速，称为基本转速或基速。以基速为基准，提高转速的调速称为向上调速；降低转速的调速称为向下调速。

　　(3) 恒转矩调速和恒功率调速　根据电动机输出转矩和功率随转速变化的情况，可以分为恒转矩调速和恒功率调速。

　　恒转矩调速是指在电动机调速过程中，不同的稳定速度下，电动机的转矩为常数。例如，当磁通一定时，调节电枢电压或电枢回路电阻的方法，就属于恒转矩调速方法。如果调速过程中，使 $T_m \propto I =$ 常数，则电动机不论在高速和低速下运行，其发热情况始终是一样的，这就使电动机容量能被合理而充分地利用。该种调速方法应用于恒转矩负载的电动机调速中，而焊接机械中，大部分负载属于恒转矩负载，因此，焊接自动化系统中采用恒转矩调速方法较多。

　　恒功率调速是指在电动机调速过程中，不同的稳定速度下，电动机的功率为常数。例如，当电枢电压一定时，减弱磁通的调速方法就属于恒功率调速。该种调速方法应用于恒功率负载的电动机调速中。具有恒功率特性的负载，是指在调速过程中负载功率 P_L 为常数，负载转矩 T_L 与转速 n 成反比。这时，如仍采用上述恒转矩调速方法，使调速过程保持 $T_m \propto I$，则在不同转速时，电动机的转矩 T_m 将不同，并在低速时电动机将会过载。因此，要保持调速过程电流恒定，应使 $P \propto I$。

　　因此，对恒功率负载，应尽量采用恒功率调速方法，而对恒转矩负载，应尽量采用恒转矩调速方法。这样，电动机容量才会得到充分利用。

3. 直流电动机调速的稳态性能指标

　　电动机稳定运行时的性能指标称做稳态指标，主要有调速范围、静差率、调速平滑性等。

　　(1) 调速范围　电动机的调速范围一般由电动机的最高转速 n_{max} 和最低转速 n_{min} 之比 D 来表示。即

$$D = \frac{n_{max}}{n_{min}} \tag{4-10}$$

其中，n_{max} 和 n_{min} 是指电动机带负载时的最高和最低转速；D 又称为调速比。

　　调速比 $D < 3$ 为调速范围小的电力拖动系统；$3 < D < 50$ 的系统为调速范围中等的系统；

$D > 50$ 的系统为调速范围大的系统。

若要得到尽可能大的调速范围，显然需要提高 n_{max} 或降低 n_{min}。但电动机的最高转速 n_{max} 通常就是电动机的额定转速 n_N；最低转速 n_{min} 又受到静差率的限制，这是因为确定电动机的最低转速 n_{min} 必须以一定的静差率为条件。

（2）静差率　当系统在某一机械特性下运行时，电动机的负载由理想空载增加到额定负载所对应的转速降落 Δn_N 与理想空载转速 n_0 之比，称为静差率 s，即

$$s = \frac{\Delta n_N}{n_0} \times 100\%$$

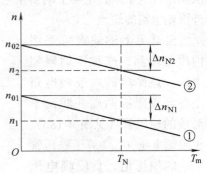

图 4-17　不同转速下的静差率

静差率是用来衡量调速系统在负载变化下转速的稳定度。相同的空载转速下，机械特性越硬，转速降 Δn_N 越小，静差率 s 越小。

静差率和机械特性硬度是有区别的。一般调压调速系统在不同转速下的机械特性是平行的，如图 4-17 中的电动机机械特性曲线①和②。两者的机械特性硬度虽然相同，额定速降 $\Delta n_{N1} = \Delta n_{N2}$，但是由于 $n_{01} \neq n_{02}$，所以静差率 $s_1 \neq s_2$。

（3）调速平滑性　调速平滑性是指调速时可以得到的相邻转速之比。无级调速时，该比值接近于 1。

4. 直流伺服电动机的方向控制

通过改变励磁电压或电枢电压的方向就能改变电动机的旋转方向，即将励磁绕组或电枢绕组的两个接线端对调就可改变电动机旋转方向。在小功率电动机中，可以通过转换开关或继电器改变电动机的接线；对于较大功率的电动机，则要采用接触器进行电动机接线的转换。

4.4　直流调速系统基本电路

由于在直流电动机的调速过程中，需要对电动机的动态响应特性进行控制以满足不同负载、不同调节系统的要求，因此在直流电动机调速系统中采用了不同的控制方法和控制电路。这些控制电路是直流电动机调速系统中的基本电路，也称为直流电动机调速系统中的调节器或控制器。

4.4.1　常用的调节器

在电动机调速系统中，经常使用的调节器（控制器）有比例（P）调节器、比例—积分（PI）调节器、比例—积分—微分（PID）调节器以及比例—微分—惯性（PDT）调节器等。其工作原理及电路形式可参考本书 1.3 节的相关内容。

4.4.2　调节器辅助电路

1. 输出限幅电路

调节器在实际应用中往往带有输出限幅电路，以满足电动机调速系统的要求。例如，晶闸管调节系统中，晶闸管最小控制角的限制等。输出限幅电路有外限幅和内限幅两类。

　　图 4-18a 所示是利用二极管钳位的外限幅电路，或称输出限幅电路。其中二极管 VD_1 和电位器 RP_1 提供正限幅，VD_2 和 RP_2 提供负限幅。电阻 R_{lim} 是限幅时的限流电阻。正限幅电压 $U_{om}^+ = U_M + \Delta U_V$，负限幅电压 $|U_{om}^-| = |U_N| + \Delta U_V$，其中 U_M 和 U_N 分别表示电位器滑动端 M 点和 N 点的电位，ΔU_V 是二极管的正向压降。调节 RP_1 和 RP_2 可以改变正、负限幅值。外限幅电路只保证对外输出限幅，对集成电路本身的输出电压并没有限制，只是把多余的电压降在电阻 R_{lim} 上。在输出限幅时，PI 调节器中的电容 C_1 上的电压仍继续上升，直到集成电路内的输出级晶体管饱和为止。一旦控制系统需要运算放大器的输出电压从限幅值降低下来，电容上的多余电压还需要一段放电时间，从而影响系统的动态过程。这是外限幅电路的缺点。

　　要避免上述缺点可采用内限幅电路，或称反馈限幅电路。最简单的内限幅电路是在反馈阻抗两端并联两个对接的稳压管（见图 4-18b）。正限幅电压 U_{om}^+ 等于稳压管 VS_1 的稳压值，负限幅电压 U_{om}^- 等于 VS_2 的稳压值。如果输出电压 U_o 超过其限幅值，即击穿该方向的稳压管，

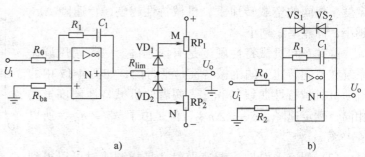

图 4-18　输出限幅电路
a）外限幅电路　b）内限幅电路

对运算放大器产生强烈的反馈作用，使 U_o 回到限幅值。稳压管限幅电路虽然简单，但要调整其限幅值时必须更换稳压管。

2. 封锁电路

　　带有积分环节的调节器，在零输入条件下，往往出现漂移，引起传动系统"爬行"。为了防止此问题的出现，常在积分反馈支路上并联一只场效应开关管 V（见图 4-19）。在停止状态下，给场效应开关管 V 栅极 G 加正信号，使源极 S 和漏极 D 沟通，将调节器封锁，使其输出为零。在工作状态下，栅极 G 加负信号，场效应晶体管 V 被夹断，调节器投入正常工作。

3. 输入滤波电路

　　输入滤波常常采用电容滤波电路。图 4-20 为含输入滤波电路的 PI 调节器电路原理图。

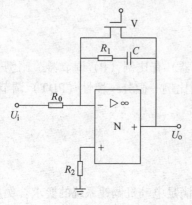

图 4-19　封锁电路

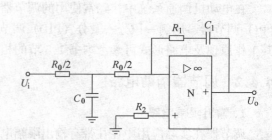

图 4-20　输入滤波 PI 调节器

4.5　闭环控制晶闸管变流器式调速系统

直流电动机调速，可以通过调节给定信号，并经过信号放大、处理等环节来实现。由给定信号控制，而不能自动纠正转速偏差的电动机转速调节方式为开环控制。而在焊接自动化中，一般要求焊接工件或焊枪行走稳定，即要求其驱动电动机的转速稳定，此时，电动机转速应采用反馈控制，使其能够自动纠正电动机转速的偏差，保证电动机转速恒定，即采用闭环控制。

4.5.1　晶闸管变流器调速系统

直流调速系统中，应用比较多的是晶闸管—电动机（U—M）调速系统。该调速系统是采用晶闸管作为整流器件，将网路交流电变为直流电（如果电动机额定电压较低则首先需要进行变压器降压），作为直流电动机的电源。通过调节整流晶闸管的导通角，改变整流器输出电压，从而实现直流电动机调速。

4.5.2　转速负反馈闭环调速系统

转速负反馈闭环调速系统的原理图如图 4-21 所示。在电动机轴上安装一台测速发电机 TG，用来检测电动机的实际转速。从 TG 引出与电动机实际转速成正比的负反馈电压 U_f 和电动机转速控制的给定电压 U_g 相比较，得到偏差电压 ΔU。ΔU 经过比例放大器，产生控制电压信号 U_c，通过晶闸管移相触发脉冲电路产生一定相位的脉冲信号，控制整流晶闸管的导通角，调节直流电动机电枢绕组两端的电压，实现电动机的转速控制。由于该系统是利用与转速成正比的电压值作为负反馈量，因此称其为转速负反馈闭环调速系统。

因为该调速系统中只有一个转速反馈环，所以又称为单闭环调速系统。闭环反馈控制是根据给定量与反馈量之间的差值进行速度调节，只要被控量出现偏差，通过反馈控制就会自动产生纠正这一偏差的控制作用。

根据图 4-21 所示的系统结构图，对各个环节的工作原理进行分析：

（1）给定环节　给定环节由稳压电源及电阻分压电路组成。稳压电源输出一个负的直流电压，电阻分压电路由电阻 R_2 和电位器 RP_1 构成。通过调节 RP_1，得到与所需速度相应的负直流电压值 U_g。给定环节输出的给定电压 U_g 在可调范围内，一般应满足线性关系。

（2）比较放大环节　由运算放大器 N 构成的反相比例放大器。给定电压信号 U_g 和反馈电压信号 U_f 连接到 N 的反相输入端，进行比较运算，得出其偏差值：$\Delta U = |U_g| - |U_f|$。经比例放大，其输出为 $U_c = K_p \Delta U$。

（3）晶闸管触发和整流环节　由比例调节器输出的控制电压 U_c 去控制晶闸管的移相触发电路，控制晶闸管的导通角，从而控制整流电源的输出电压 U_a，也就是调节电动机电枢绕组两端的电压。尽管触发电路和整流电路都是非线性的，但在一定的工作范围内可近似认为是线性比例环节。如果比例环节的比例系数为 K_s，对应输出整流电压 $U_a \approx K_s U_c$。

（4）V—M 环节　该环节即是将整流电压 U_a 加到电动机电枢绕组两端，使电动机转动的环节。整流电源输出电压即为电动机电枢电压 U_a。电枢电压大小决定了电动机的转速，其转速 n 为

$$n = (U_a - I_a R_a)/C_e \Phi_e$$

（5）测速发电机　测速发电机 TG 是一个速度检测传感器。TG 输出电压与电动机 M 的转速成正比
$$U_n = a_n n$$

通过电位器 RP₂ 可以调节 TG 的输出电压，即调节反馈量的大小，得到反馈电压 U_f。$U_f = K_f U_n$。K_f 是电位器 RP₂ 构成的分压比。

根据上述分析，可以得到转速负反馈闭环调速系统的静特性方程

$$n = \frac{K_p K_s U_g - I_a R_a}{C_e \Phi_e (1 + K_p K_s K_f a_n/C_e \Phi_e)} = \frac{K_p K_s U_g}{C_e \Phi_e (1 + K)} - \frac{I_a R_a}{C_e \Phi_e (1 + K)} \tag{4-11}$$

其中，$K = K_p K_s K_f a_n/C_e \Phi_e$ 为闭环系统的开环放大倍数。

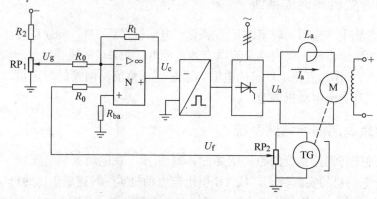

图 4-21　转速负反馈闭环调速系统

转速闭环调速系统具有以下三个基本特征：

1）具有比例调节器的反馈闭环系统有静态误差（简称静差）。静差和闭环系统的开环放大倍数 K 成反比，只有 $K \to \infty$ 才能消除静差。由于这种系统只有依靠被控量偏差的变化才能实现自动控制作用，因此这种调速系统叫做静差调速系统。

与开环系统相比，闭环系统的静差要小得多。

2）反馈闭环控制系统具有良好的抗扰性能。除给定信号外，作用在控制系统上的一切会引起电动机速度变化的因素都叫"扰动作用"。只要扰动引起的转速变化能被测速发电机检测出来，该调速系统就能够进行控制，即对于被速度负反馈环包围的前向通道上的一切扰动都能有效地加以抑制，而对给定信号能够如实响应。

3）速度负反馈闭环控制系统对给定信号的稳压电源和反馈检测装置中的扰动无能为力。如果给定信号的稳压电源发生了不应有的波动，则被调量也要跟着变化，反馈控制系统无法判别是正常的调节给定电压还是给定电源的扰动。另外，如果反馈检测元件本身有误差，对该调速系统来说，就是测速发电机有误差，反馈电压值要改变，通过调节，反而使电动机转速偏离了原应保持的数值。

综上所述，速度负反馈控制系统的精度依赖于给定稳压电源和反馈量检测元件的精度。高精度的调速系统需要有高精度的稳压电源及高精度的反馈检测元件。

4.5.3　电压负反馈电流正反馈调速系统

转速负反馈是控制转速最直接和有效的方法，是自动调速系统最基本的反馈形式。由于

转速负反馈需要增加一台测速发电机，存在测速机与电动机的轴对中问题，对安装的要求较高，因此给安装及维护增加了困难。

众所周知，如果忽略电枢压降，则直流电动机的转速与电枢电压近似成正比。在调速精度要求不高的场合，可采用电压负反馈和电流正反馈调速系统。

1. 电压负反馈调速系统

电压负反馈的调速系统原理如图 4-22 所示。该系统与图 4-21 所示电动机调速系统相比，只是反馈不同。电压负反馈 U_f 从电动机电枢两端并联的电位器 RP_2 上取出。假设，电位器 RP_2 的分压系数为 K_f，则 $U_f = K_f U_{a1}$。因为 U_g 与 U_f 极性相反，所以构成负反馈。其偏差 $\Delta U = |U_g| - |U_f|$。

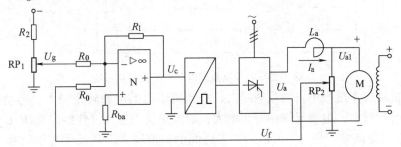

图 4-22　电压负反馈调速系统

在 U_g 不变的条件下，由于某些干扰的影响，使 U_{a1} 下降，将导致电动机转速下降。由于存在着电压负反馈，将使 U_{a1} 的变化得到抑制，使电动机转速保持稳定。系统的调节过程为：

干扰影响 $\rightarrow U_{a1} \downarrow \rightarrow U_f \downarrow \rightarrow \Delta U \uparrow \rightarrow U_c \uparrow \rightarrow U_a \uparrow \rightarrow U_{a1} \uparrow$。

电压负反馈调速系统的静特性方程为

$$n = \frac{K_p K_s U_r}{C_e \Phi_e (1 + K)} - \frac{I_a R_r}{C_e \Phi_e (1 + K)} - \frac{I_a R_a}{C_e \Phi_e} \tag{4-12}$$

式中　K——电压闭环的开环放大系数，$K = K_p K_s \alpha$；

R_r、R_a——反馈信号取出点之前、之后的等效电阻；

α——电压反馈系数。

电压负反馈调速系统实际上是一个自动调压系统，作用在电压反馈环内主通道上各个环节的扰动引起电枢绕组上电压 U_{a1} 变化时，都会受到电压闭环调节作用的抑制。电压环外的扰动作用，系统对之无能为力。

电压负反馈调速系统的特点是电路简单，但是稳定电动机速度的能力有限，因为即使电动机电枢绕组的端电压恒定不变，但是当负载增加时，电动机电枢绕组内阻 R_a 引起内阻压降仍然要增大，电动机的转速还是要降低。所以该调速系统主要用于焊接自动化过程中，负载变化不大的场合。

由此可见，电压负反馈调速系统的静态速降比同等放大系数的转速负反馈调速系统要大一些，静态性能要差一些，一般适用于调速范围 10:1 以下，静态偏差 15% 以上的调速场合。

2. 电流正反馈的应用

由于电压负反馈调速系统对电动机电枢绕组压降引起的转速变化不能予以补偿，因此，在电压负反馈调速系统中引入电流正反馈。其原理如图 4-23 所示。

　　电流正反馈是把反映电动机电枢电流大小的量取出，与电压负反馈一起加到系统的输入端。在图 4-23 所示系统中，是在电动机电枢回路中串入取样电阻，将电流信号（$-I_aR_s$）与电压信号一起反馈到输入端。由于（$-I_aR_s$）信号与给定信号 U_g 极性相同，因此是电流正反馈。

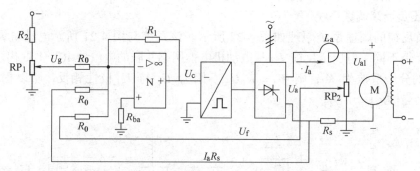

图 4-23 　电压负反馈电流正反馈调速系统

　　在电动机的工作过程中，当负载增大，电动机输出的电磁转矩增大，电动机转速降低。由于此时的电流增大，电流反馈信号也增大，通过正反馈作用，使给定电压 U_g 与负反馈电压 U_f 以及电流正反馈信号（$-I_aR_s$）三者之间的差值增大，从而使控制信号 U_c 增大，整流电压 U_a 增加，即提高了电枢绕组两端的电压，使电动机转速提高，补偿了转速的降低。

　　电流正反馈不属于"负反馈控制"，称为"补偿控制"。由于电流的大小反映了负载扰动，又叫做扰动量的补偿控制。它只能补偿负载扰动，对于其它扰动，它所起的反而是坏的作用。补偿控制完全依赖于参数的配合，当参数受温度等因素的影响而发生变化时，补偿作用就会受影响。由此可见，电流正反馈不能单独应用，必须与电压负反馈一起应用。电流正反馈补偿作用一般适用于调速范围 10:1 以下，静态偏差 10% 以上的调速场合。

　　在图 4-23 所示电路中，其电压负反馈信号，从并联在电枢绕组两端的电位器 RP₂ 的动触点取出。电流正反馈从串联在电枢绕组回路中的电阻 R_s 上取出。RP₂ 的动触点将 RP₂ 的电阻分为两部分，假设上下电阻分别为 R'、R''，电动机电枢的电阻为 R_D。当 $R_D/R_s = R'/R''$ 时，电枢电压负反馈与电枢电流正反馈组成的复合反馈称为电势负反馈。由于电势负反馈综合了电压负反馈与电流正反馈控制的优点，具有较强的电动机转速调节补偿作用，调节精度比较高，具有了速度负反馈的性质，因此实际应用比较多。

4.5.4 　带电流截止负反馈的闭环调速系统

1. 问题的提出

　　直流电动机起动时，如果没有限流措施，会产生很大的冲击电流。如果采用过载能力低的晶闸管整流，不允许冲击电流过大。此外，因为某些意外，电动机可能会遇到堵转的情况，例如因为故障，机械轴被卡住。闭环系统的静特性很硬，若无限流环节，电流将远远超过允许值。单纯靠过流继电器或熔断器保护，会给正常工作带来不便。为了解决电动机起动和堵转时电流过大问题，系统中必须有自动限制电枢电流的环节。根据反馈控制原理，要维持哪一个物理量基本不变，就应该引入哪个物理量的负反馈。因此，引入了电流负反馈。而电流负反馈作用只应在电动机起动或堵转时存在，在正常运行时又得取消，让电流自由地随着负载增减。这种当电流大到一定程度时，才应用电流负反馈控制的方法，叫做电流截止负反馈。

2. 电流截止负反馈环节

图 4-24 为电流截止负反馈电机调速系统原理图。电流反馈信号取自串入电动机电枢回路的电阻 R_s。$I_a R_s$ 正比于电枢电流 I_a。设 I_{dj} 为临界的截止电流阈值。当 I_a 大于 I_{dj} 时，将电流负反馈信号加到放大器的输入端；当电流小于 I_{dj} 时，将电流反馈切断。为了实现这一作用，须引入一比较电压 U_{bj}。采用独立直流电源作比较电压 U_{bj} 的供电电源时，U_{bj} 的大小可通过电位器 RP_3 调节，即相当于调节截止电流。在 $I_a R_s$ 与 U_{bj} 之间串接一个二极管。当 $I_a R_s < U_{bj}$ 时，二极管截止，此时 B 点电位几乎为 0，即相当于"地"点电位，无反馈信号送放大器的输入端。当 $I_a R_s > U_{bj}$ 时，二极管导通，B 点电位随 $I_a R_s$ 的增加而增大，因此电流负反馈信号 $I_a R_s$ 可加到放大器的输入端。截止电流为

$$I_{dj} = U_{bj} / R_s \tag{4-13}$$

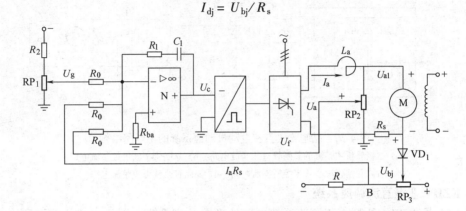

图 4-24　电流截止负反馈调速系统

如果采用稳压管 VS 的击穿电压 U_w 作为比较电压，线路比较简单，如图 4-25 所示。该电路只能通过更换不同稳压值的稳压管来调节截止电流。

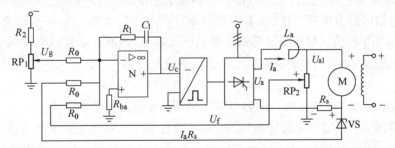

图 4-25　简单的电流截止负反馈调速系统

采用电流负反馈时，相当于在主电路中串加一个大电阻，稳态速降极大，特性急剧下垂，从而解决了单闭环调速系统的起动和堵转时电流过大问题。在工程计算中堵转电流 I_{ds} < $(1.5 \sim 2)I_N$，截止电流 $I_{dj} \geqslant (1.1 \sim 1.2)I_N$。

4.5.5　晶闸管整流器调速系统应用电路

图 4-26 给出了四种常用的单相交流电源的晶闸管式直流电动机调速系统的主电路结构。图 4-26a 所示是采用二极管桥式整流的晶闸管直流斩波电路；图 4-26b 所示是晶闸管半波可控整流电路；图 4-26c 所示是晶闸管串联式半控桥整流电路，该电路可以省略一个续流二极管；

图 4-36d 所示是晶闸管全波可控整流电路。除此之外还有晶闸管全控桥式整流电路等等。从图 4-26 可见，电动机励磁绕组的直流电源都采用不可控整流电路，可控整流电路都用在电动机电枢绕组的直流电源上，通过改变电枢绕组的电源电压进行电动机速度的调节控制。

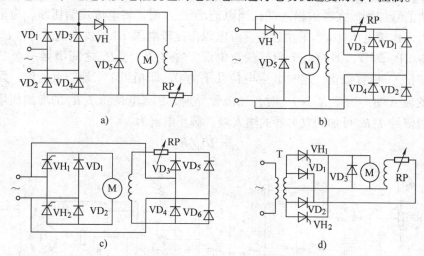

图 4-26　晶闸管式直流电动机调速系统的主电路结构

a) 二极管桥式整流的晶闸管直流斩波电路　b) 晶闸管半波可控整流电路

c) 晶闸管串联式半控桥整流电路　d) 晶闸管全波可控整流电路

1. KZD—Ⅱ型直流调速系统

图 4-27 是 KZD—Ⅱ型直流调速系统电路原理图。该系统适用于 4kW 以下直流电动机的无级调速。系统的主回路采用单相半控桥式整流电路，整流输出直流电压可以达到 180V 以上，输出直流电流可达到 30A。励磁回路采用单相桥式整流线路，输出直流电压 180V，电流 1A。具有电流截止负反馈环节、电压负反馈和电流正反馈（电势负反馈）。

电动机电枢电路由单相交流 220V 电源供电，经晶闸管 VH_1、VH_2 和整流二极管 VD_9、VD_{10} 构成的单相半控桥式整流电路整流，平波电抗器 L_d 滤波，给直流电动机供电。考虑到允许电网电压波动 ±5%，整流电路输出的最大直流电压为

$$U_{dmax} = 0.9 \times 220 \times 0.95V = 188V$$

式中，0.9 为单相桥式整流系数；0.95 为电压降低 5% 引入的校正系数。

根据计算结果，可以选配额定电压为 180V 的电动机。单相晶闸管整流装置的等效内阻较大（几欧姆～几十欧姆），为了使输出电压有较多的调节裕量，可以采用额定电压更低一些的电动机。若采用额定电压为 220V 的电动机，其额定转速将相应地降低。

由于采用的是串联半控桥式整流电路，整流桥中的二极管 VD9、VD10 兼有续流的作用。

平波电抗器 L_d 可以限制脉动电流，但会延迟晶闸管的掣住电流的建立。单结晶体管弛张振荡器的脉冲宽度较窄，为保证晶闸管的可靠导通，在电抗器 L_d 两端并联一个电阻，既可以减少晶闸管控制电流建立的时间，也可以在主电路突然断电时，为电抗器提供放电回路。

主电路的交直流侧均设有阻容吸收电路，以吸收浪涌电压。由于晶闸管的单向导电性，电动机不能反馈制动。为了加快制动和停车，采用 R_9 和接触器 KM 的常闭触点组成能耗制

动回路。主电路中的 R_s 为直流电流分流器的电阻。

电动机励磁电路由整流二极管 VD_{11}、VD_{12}、VD_{13}、VD_{14} 构成单独的单相不可控桥式整流电路供电。为了防止失磁而引起"飞车"事故，在励磁电路中串入欠电流继电器 KA。当励磁电流小于某数值时，KA 不动作，KA 的常开触点处于复位（断开）状态，主电路中的接触器 KM 不可能通电动作。KA 的动作电流可由 RP_7 调整。

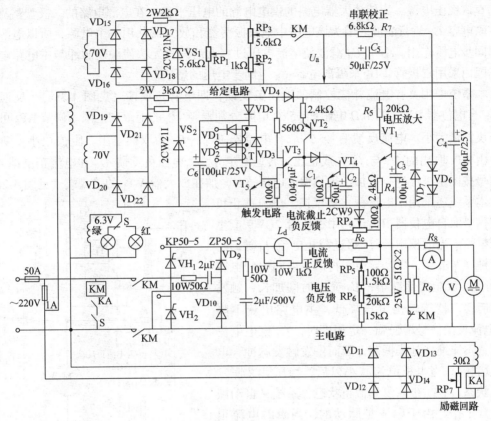

图 4-27　KZD—Ⅱ型直流调速系统电路原理图

电路中的 S 为电动机起动开关。当接通电源，S 处于断开状态时，绿色指示灯亮，表示已接通电源，但电动机尚未起动；当 S 闭合后，红色指示灯亮，接触器 KM 通电工作，使主电路和控制电路均接通电源，电动机旋转。

由 VD_{15}、VD_{16}、VD_{17}、VD_{18} 组成的单相桥式整流器和稳压管 VS_1 构成的稳压电源，作为给定电压信号的电源。RP_1、RP_2 分别用来设定最高、最低的给定电压，RP_3 是速度调节电位器。

晶闸管的移相触发脉冲电路采用单结晶体管弛张振荡器。晶体管 VT_2 控制电容 C_1 的充电电流。单结晶体管 VT_3 上方的 560Ω 电阻为温度补偿电阻，VT_3 下方的 100Ω 电阻为输出电阻，经晶体管 VT_5 和脉冲变压器 T 的两路输出脉冲分别触发主电路晶闸管 VT_1 和 VT_2。VD_5 为隔离二极管，它使电容 C_6 两端电压能保持在整流电压的峰值。当 VT_5 突然导通时，C_6 放电，可增加触发脉冲的功率和前沿陡度。VD_5 的另一个作用是阻挡 C_6 上的电压对单结晶体管同步电压的影响。VD_1 和 VD_2 保证只能通过正向脉冲，保护晶闸管门极不受反向电压。

当晶体管 VT_2 基极电位降低时，VT_2 基极电流增加，其集电极电流也随着增加，于是

电容 C_1 电压上升加快。使 VT_3 提早导通，触发脉冲前移，晶闸管整流器输出电压增加。

电压放大电路由晶体管 VT_1 和电阻 R_5 构成。在放大器的输入端综合转速给定信号和电压、电流反馈信号，经 VT_1 放大后供给 VT_2，来控制单结晶体管触发电路的移相。两只串联的二极管 VD_6 为正向输入限幅器，VD_7 为反向输入限幅器。

由二极管 VD_{19}、VD_{20}、VD_{21}、VD_{22} 组成的单相桥式整流器和稳压管 VS2 构成放大器电路的直流稳压电源。为使放大器电路的供电电源的电压平稳，在电源电路的二极管整流输出端并联电容 C_4 进行滤波。因为该电路中弛张振荡器和放大器共用一个电源，所以电源电压兼起同步电压作用。由于 C_4 滤波使整流电压过零点消失，无法使触发脉冲与主电路电压同步，因而采用二极管 VD_4 来隔离电容 C_4 对同步电压的影响。

本系统采用具有电流补偿控制的电压负反馈，即电势负反馈（见图 4-28a）。反馈电压 U_u 取自电位器 RP_6。$1.5k\Omega$ 电阻和 $15k\Omega$ 电阻分别限制 U_u 的上限和下限。调节 RP_6 可调节电压反馈量大小。电流反馈信号 U_i 取自电位器 RP_5。R_c 为取样电阻，阻值很小，功率很大。由 RP_5 取出的 U_i 与 $I_d R_c$ 成正比。转速给定 U_n^*、电压负反馈 U_u 和电流正反馈 U_i 三个信号按图示极性进行叠加，得到偏差电压 ΔU，加在放大器 VT_1 的输入端（见图 4-28b）。

本系统还采用了电流截止负反馈。电流截止负反馈信号取自电位器 RP_4，利用稳压管 2CW9 产生比较电压。当电枢电流 I_d 超过截止电流 I_{dj} 时，稳压管被 U_I' 击穿，VT_4 导通，将触发电路中的电容 C_1 旁路，充电电流减小，C_1 充电时间加长，触发脉冲后移，整流输出电压降低，主电路电流下降（当电流反馈信号增强到一定程度时，C_1 充电电流太弱，不能维持弛张振荡，因而停发触发脉冲，电动机堵转）。当电枢电流减小以后，稳压管又恢复阻断状态，VT_4 也恢复到截止状态，系统又自动恢复正常工作。由于电流是脉动的，当瞬时电流很小，甚至为零时，VT_4 不能导通，失去电流截止作用。在 VT_4 基极并联电容 C_2，对电流截止负反馈信号进行滤波，保证主电路平均电流大于截止电流，此时，系统能可靠地实现电流截止负反馈。

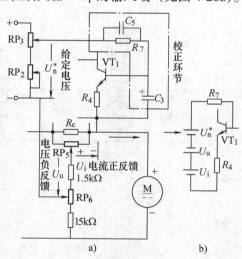

图 4-28 给定信号与反馈信号的综合
a）电路原理 b）信号综合

VT_4 集电极串入的二极管是为了防止电枢冲击电流过大时，电压 U_I' 将 VT_4 的 bc 结击穿，使 VT_3 导通，产生触发脉冲信号。

由于晶闸管整流电压和电流中含有较多的高次谐波分量，会影响系统的稳定。电阻 R_7 和电容 C_3、C_5 构成的串联滞后校正电路，可以减少干扰的影响，提高系统的动态稳定性。

2. 送丝电动机调速系统

图 4-29 是松下 KR 系列 CO_2 气体保护焊电焊机中的送丝电动机调速系统电路原理图。

由电焊机主变压器输出的双 27V 交流电供电，通过晶闸管 VH_1、VH_2 构成的全波可控整流电路输出直流电。经并联在电动机电枢两端电阻 R_{25}、R_{27} 分压，接至 VD_{34} 的负端，图 4-29 中 a 点的电压信号 U_a 与送丝电动机电枢电压成正比。U_a 就是电压负反馈的取样信号。

送丝机的速度给定信号 U_g 由 K 点输入。单结管 VU_1、晶体管 VT_2、VT_4、VT_5、VT_6、VT_7、VT_8、光耦合器 VLC_1、VLC_2 以及电容 C_1 等组成晶闸管触发电路。

该电动机调速电路的核心是以单结晶体管 VU_1 及 C_1 等组成的弛张振荡器。运算放大器 N、晶体管 VT_{10} 等构成了同步电路。VT_8、VLC_1、VLC_2 和电阻 R_{14}、R_{15}、R_{16} 等组成脉冲输出电路。VT_2、VT_4、VT_5、VT_6、VT_7 等形成了 C_1 充电电流控制电路。弛张振荡器每产生 1 次振荡，会在电阻 R_{16} 上形成脉冲电压。此脉冲信号经电阻 R_{15}、R_{14} 分压后，使 VT_8 导通，光耦 VLC_1、VLC_2 工作。VLC_1、VLC_2 导通后，分别经电阻 R_{30}、R_{34} 和二极管 VD_{35}、VD_{36} 把每组晶闸管阳极电压引到控制极，触发该时刻阳极电位较高的晶闸管，为送丝电动机的电枢提供驱动电压。

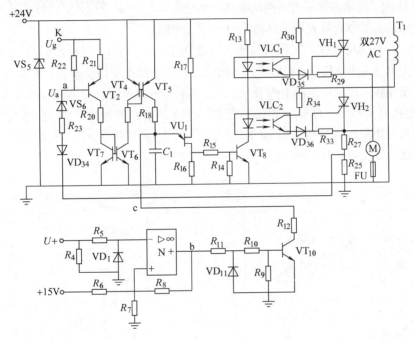

图 4-29 松下 KR 系列 CO_2 气体保护焊电焊机送丝电动机调速系统电路原理图

晶体管 VT_4、VT_5 与 VT_6、VT_7 组成 2 个镜象恒流源。镜象恒流源中的每个晶体管的集电极电流近似相等，即 $I_{C4} = I_{C5} = I_{C6} = I_{C7} = I_{C2}$。由于晶体管 VT_2 工作在放大状态，当给定电压 U_g 发生变化时，VT_2 的基极电流、集电极电流随之变化，而 VT_5 的 I_{C5} 也随之变化，且与 VT_2 集电极电流 I_{C2} 近似相等，因此 C_1 的充电电流发生变化，使触发脉冲移相。综上所述，调节给定电压信号 U_g 的大小可以控制电容 C_1 的充电电流，从而控制电动机两端的电压，即可调节电动机的旋转速度。I_{C2} 与给定电压信号 U_g 呈正比，当 U_g 在 1～15V 间变化时，I_{C2} 也由最小值线性变化到最大值。I_{C2} 与电枢电压反馈信号呈反比，即 U_a 增加，I_{C2} 减少，反之亦然。

同步信号主要是由运算放大器 N 组成的比较器形成，其同相端以 + 15V 直流电源通过电阻 R_6、R_7 的分压，得到比较器的基准电压。比较器的反相端为整流输出的直流脉动电压 U^+。在交流过零时，输出的直流脉冲电压 U^+ 较低，低于同相端的基准，故比较器输出为高电平，反之比较器输出为低电平。对晶体管 VT_{10} 而言，高电平有效，即每次过零点时，VT_{10}

导通 1 次，把电容 C_1 上的充电电压经电阻 R_{12} 和晶体管 VT_{10} 的集射极短路到"地"，起放电清零作用，实现了同步。送丝系统同步电路各点波形如图 4-30 所示。

3. 带集成运算放大器的调速系统

如果采用高增益集成运算放大器作为前置放大器的晶闸管调速系统，那么就能引入多种反馈信号及微分、积分环节，从而可以构成 PID 调节器，使调速系统具有优良的动态品质。此种系统特别适合于高性能要求的调速控制。图 4-31 为该种系统的应用实例。采用集成运算放大器 N 取代了前述各种晶闸管拖动电路中单结晶体管触发电路的前置晶体管放大器，其输出电压通过电阻 R_{11} 控制电容 C_3 的充电速度，实现对晶闸管导通角的控制。

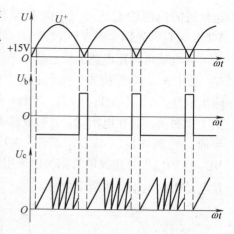

图 4-30　送丝系统同步电路各点波形

运算放大器 N 的同相输入端从电位器 RP_3 或 RP_4 动触点获得负载或空载工作的给定控制信号，N 的反相输入端从电位器 RP_1 及 R_1 上分别取出电枢电压负反馈和电枢电流正反馈，晶体管 V_1 起控制开关作用。当 K_1（焊接）或 K_2（空车调整）吸合时，VT_1 因基极接地而截止，N 的输出信号可使晶闸管导通；K_1 或 K_2 未动作时，VT_1 由流经 R_{13} 的偏置电流而饱和导通，N 的输出端接地使控制电路切断。

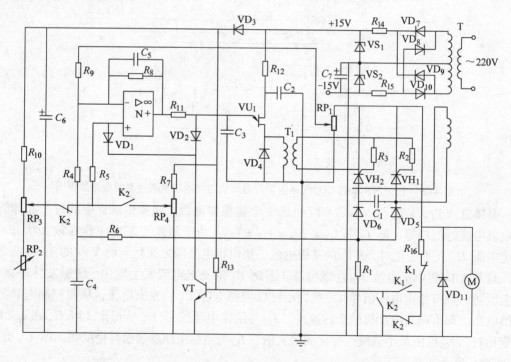

图 4-31　带集成运算放大器的电动机调速系统电路原理图

4.6　直流电动机脉宽调速系统

在直流电动机调速系统中，晶闸管相控整流电路应用得最为广泛。该电路具有线路简单、控制灵活、体积小、效率高等优点，在一般焊接自动化中，一直占据着主要的地位。但是，该系统在电动机低速运行时，由于晶闸管的导通角很小，会产生较大的谐波电流，使电动机转矩脉动大，速度平稳性差，因此限制了电动机的使用范围。加大电路中平波电抗器的电感量可以克服上述问题，但电感大又限制了系统的快速性。

与传统的电动机调速系统相比，电动机脉宽调速系统的体积可缩小30%以上，系统的低速性能好，稳速精度高，系统通频带宽，快速响应性能好，动态抗干扰能力强。由于该系统具有诸多的优点，因此电动机脉宽调速系统成为现代电动机调速系统发展的方向。目前电动机脉宽调速系统已得到迅速地发展。

由于大功率晶体管（GTR）、可关断晶闸管（GTO）、场效应晶体管（MOSFET）特别是绝缘栅双极晶体管（IGBT）等功率器件的发展，使电动机脉宽调速系统获得迅猛发展，目前其最大容量已超过几十兆瓦数量级。

脉宽控制（Pulse width Modulation）技术通常称为PWM控制技术。它是利用半导体开关器件的导通和关断，把直流电压变成电压脉冲列，控制电压脉冲的宽度或周期以达到变压目的；或者达到变压变频的目的。PWM控制技术目前广泛地应用于开关稳压电源和不间断电源（UPS）以及直流电动机传动、交流电动机传动等电气传动系统中。

采用PWM控制技术进行电动机调速控制的系统称为PWM调速系统。PWM控制技术既可以用于直流电动机的调速也可以用于交流电动机的调速。交流变频电动机调速系统中，在变频的同时必须协调地改变电动机的端电压，否则电动机将出现过励或欠励。由此可见，用于交流电动机调速中的变频器实际上采用了变频变压（Variable Voltage Variable Frequency），即VVVF。在直流电动机脉宽调速系统中常采用半导体开关器件和PWM控制技术构成的直流斩波器来完成：直流—直流电压变换（DC—DC变换），即全波不可控整流——PWM斩波——直流电动机调压调速系统。换言之，在输入电压不变的情况下，通过改变电压脉冲的宽度或周期，来改变电枢电压的大小，达到直流电动机调速的目的。本节重点介绍直流电动机的PWM调速系统。

4.6.1　直流电动机PWM调速系统工作原理

1. 直流电动机中的PWM控制

在直流电动机调速中，经常采用的是等脉宽PWM法。等脉宽PWM法是诸多PWM控制方法中最为简单的一种。如图4-32所示，脉冲列中每一脉冲的宽度均相等，改变脉冲列的周期即频率、改变脉冲的宽度或占空比都可以调节平均输出电压U_V，从而调节电动机转速。在直流电动机控制系统中，应用较多的是固定频率通过调节脉冲宽度来调节直流电动机电枢电压，从而调节电动机转速。目前越来越多的电动机调速系统采用IG-

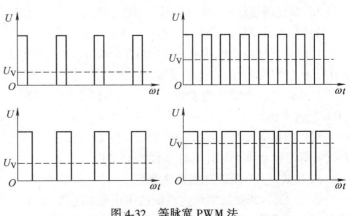

图4-32　等脉宽PWM法

BT 作为功率开关元件，脉冲频率可以达到 20kHz 以上。

2. 简单的直流斩波器式脉宽调速系统

图 4-33 是直流斩波器式脉宽调速系统主电路原理图。该电路又称不可逆直流脉宽调速系统。交流电源经二极管桥式整流，电容滤波变为直流电，输出电压为 U_d。图 4-33 中 V 是大功率开关器件，系统的负载为电动机电枢绕组，可以认为它是一个电阻—电感负载。二极管 VD 为续流二极管。

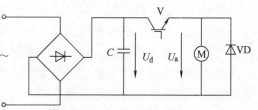

图 4-33　直流斩波器式脉宽
调速系统主电路原理图

如果采用 IGBT 作为该系统的功率开关，其栅极可由频率不变而脉冲宽度可调的脉冲电压驱动。

图 4-34 给出了稳态时的电动机电枢电压 u_a，电枢平均电压 U_a 和电枢电流 i_a 的波形。在 t_1 时间内，栅极申压 U_{CE} 为正，IGBT 饱和导通，直流电源加到电动机电枢绕组两端；在 t_2 时间内，栅极电压 U_{GE} 为 0，IGBT 截止，电枢绕组失去电源，但是，由于电枢绕组的电感和 VD 续流作用，电枢绕组的电流仍然存在。

由图 4-34 可见，电动机电枢绕组电流是脉动的。当开关频率较高时，电流值的脉动变化不会很大，对电动机转速波动的影响较小，一般可以认为转速为恒值。

由图 4-34 可得到电动机电枢的平均电压为

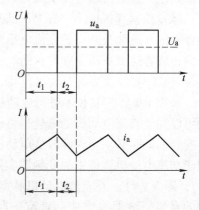

图 4-34　电压和电流波形

$$U_a = \frac{t_1}{t_1 + t_2} = \frac{t_1}{T} U_d = \alpha U_d \tag{4-14}$$

式中，α 为一个周期 T 中，IGBT 导通时间的比率，称为负载率或占空比；t_1 为脉冲时间；t_2 为脉冲休止时间。改变 α 的值，就改变了电动机电枢的平均电压，从而改变电动机的转速，达到调速的目的。改变 α 的值可以采用以下方法：

1）定宽调频法：t_1 保持一定，使 t_2 在 $0 \sim \infty$ 范围内变化。

2）调宽调频法：t_2 保持一定，使 t_1 在 $0 \sim \infty$ 范围内变化。

3）定频调宽法：$t_1 + t_2 = T$，T 保持一定，使 t_1 在 $0 \sim T$ 范围内变化。

目前在直流电动机调速系统中应用较多的是定频调宽法。不管采用哪种方法进行调速，α 的变化范围均为 $0 \leqslant \alpha \leqslant 1$。因而电枢电压平均值为正值，即电动机只能在某方向调速，称为不可逆调速。当需要电动机在正、负方向上调速运转，即可逆调速时，就需要使用桥式（H）斩波电路。

可以根据需要由大功率晶体管（GTR）、可关断晶闸管（GTO）、场效应晶体管（MOS-FET）等可控功率半导体器件来代替 IGBT。

3. 桥式（H）斩波脉宽调速系统

桥式（H）斩波脉宽调速系统的主电路结构如图 4-35 所示。该调速系统又称为可逆直流脉宽调速系统。它主要是由四个功率开关管和四个续流二极管组成的桥式电路。四个功率

管可以采用 IGBT 或其它半导体功率
器件。

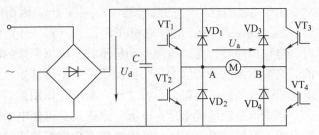

图 4-35　桥式（H）斩波脉宽调速系统

桥式电路的控制方式可以分为双
极式和单极式两种方式。

（1）双极式控制方式　双极式控
制方式的特点是四个功率开关管 IGBT
的栅极驱动电压分为两组。IGBT 管
VT_1、VT_4 同时导通或关断，其栅极

驱动电压 $U_{GE1} = U_{GE4}$；IGBT 管 VT_2、VT_3 同时导通或关断，其栅极驱动电压 $U_{GE2} = U_{GE3}$。VT_1 与 VT_2，VT_3 与 VT_4 不允许同时导通，否则会引起电源直通短路。

设 VT_1、VT_4 先同时导通 T_1 秒后同时关断，间隔一定时间（为避免电源直通短路，该间隔时间称为死区时间）之后，再使 VT_2、VT_3 同时导通 t_2 秒后同时关断，如此反复。

图 4-36 为桥式斩波脉宽调速电路的电压、电流波形图。如图 4-36 所示，在一个开关周期内，当 $0 \leqslant t < t_1$ 时，$U_{GE1} = U_{GE4}$ 为正，VT_1、VT_4 饱和导通；而 $U_{GE2} = U_{GE3}$ 为负，VT_2、VT_3 截止。这时 $+U_d$ 加在电枢 AB 两端，电枢电流 i_a 由 $U_d^+ \rightarrow VT_1 \rightarrow$ 电枢绕组 $\rightarrow VT_4$ $\rightarrow U_d^-$。当 $t_1 \leqslant t < T$ 时，$U_{GE1} = U_{GE4}$ 变负，VT_1、VT_4 截止，$U_{GE2} = U_{GE3}$ 变正，但 VT_2、VT_3 并不能立即导通，这是因为在电枢电感释放储能的作用下，i_a 由电动机电枢 $B \rightarrow VD_3 \rightarrow$ 电源 $\rightarrow VD_2 \rightarrow$ 电动机电枢 A 续流，在 VD_2、VD_3 上的压降使 VT_2、VT_3 的 c—e 极承受着反压。这时，$u_{AB} = -U_d$。U_{AB} 在一个周期内正负相间，这是双极式桥式（H）斩波脉宽调速系统工作的特征。

由于电压 u_{AB} 的正、负变化，使电流波形存在两种情况，如图 4-36 中的 i_{a1} 和 i_{a2}。i_{a1} 相当于电动机负载较重的情况，这时平均负载电流大，在续流阶段电流仍维持正方向。因为斩波器的开关频率较高，当电动机电枢电感中储存的能量还没有释放完，VT_1、VT_4 又处于饱和导通状态，所以，这种情况下，VT_2、VT_3 是不可能导通的。图 4-36 中的 i_{a2} 相当于负载很轻的情况，电动机电枢平均电流小，在续流阶段电流很快衰减到零，于是 VT_2、VT_3 的 c—e 极两端失去反压，在负的电源电压（$-U_d$）和电枢反电动势的合成作用下导通，电枢电流反向，电动机处于制动状态。与此相仿，在 $0 \leqslant t < t_1$ 期间，当负载轻时，电流也有一次倒向。由于负电流的时间很短，因

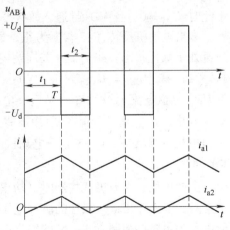

图 4-36　桥式斩波脉宽
调速电路的电压、电流波形

此在宏观上不会对电动机转动有太大影响，但是在实际电动机调速中也应当避免此情况的产生。

双极式控制方式下，电机电枢端电压的平均值为

$$U_a = \frac{t_1}{T}U_d - \frac{T - t_1}{T}U_d = \left(\frac{2t_1}{T} - 1\right)U_d = (2\alpha - 1)U_d \qquad (4-15)$$

由于 $0 \leqslant \alpha \leqslant 1$，$U_a$ 的范围是 $-U_d \sim +U_d$，因而电动机可以在正、负两个方向上调速运转。当（$2\alpha - 1$）为正时，电机正转；当（$2\alpha - 1$）为负时，电机反转；当（$2\alpha - 1$）为 0 时，电动机停转，此时虽然电动机不转，电枢两端的瞬时电压和电流却都不是零，而是交变的。交变电流的平均值为零，因此不产生平均转矩，但增大了电动机的损耗。它的好处是使电动机带有高频的微振，起着"动力润滑"作用。

该调速系统的优点是：电流一定连续；可使电动机在四个象限中运行；电机停止时有微振电流，能消除摩擦死区；低速时每个功率管的驱动脉冲仍较宽，有利于保证功率管可靠导通；低速平稳性好，调速范围很宽。其缺点是：在工作过程中，四个功率管都处于开关状态，开关损耗大，而且容易发生上、下两管直通（即同时导通）的事故，降低了装置的可靠性。为了防止上、下两管直通，在一管关断和另一管导通的驱动脉冲之间，应设置逻辑延时。

（2）单极式控制方式　对于静、动态性能要求较低的电动机调速系统可以采用单极式控制。图 4-35 所示电路中左边的两只 IGBT 管 VT_1 和 VT_2 的驱动脉冲 $U_{GE1} = -U_{GE2}$，具有双极式控制中相同的控制脉冲信号。右边两只 IGBT 管子 VT_3 和 VT_4 的驱动信号则可根据电动机转向采取不同的直流控制信号。

当电动机正转时，U_{GE3} 恒为负，即 VT_3 一直处于截止状态，而 U_{GE4} 恒为正，即 VT_4 一直处于导通状态。在一个开关周期内，当 $0 \leqslant t < T_1$ 时，U_{GE1} 为正，功率管 VT_1、VT_4 饱和导通；而 $U_{GE2} = U_{GE3}$ 为负，VT_2、VT_3 截止。这时 $+U_d$ 加在电枢 AB 两端，$U_{AB} = +U_d$，电枢电流 i_a 由 $U_d^+ \rightarrow VT_1 \rightarrow$ 电枢绕组 $\rightarrow VT_4 \rightarrow U_d^-$。当 $t_1 \leqslant t < T$ 时，U_{GE1} 变负，VT_1 截止，U_{GE2} 变正，但 VT_2 并不能立即导通，这是因为在电枢电感释放储能的作用下，i_a 由电动机电枢 $B \rightarrow VT_4 \rightarrow VD_2 \rightarrow$ 电动机电枢 A 续流。此时续流回路与双极式控制方式不同，由于此时 $U_{AB} = 0$，且 VD_2 导通，故 VT_2 不导通。

如果电动机反转，U_{GE3} 恒为正，即 VT_3 一直处于导通状态，而 U_{GE4} 恒为负，即 VT_4 一直处于截止状态。在一个开关周期内，当 $0 \leqslant t < t_1$ 时，U_{GE2} 为正，功率管 VT_2、VT_3 饱和导通；而 $U_{GE1} = U_{GE4}$ 为负，VT_1、VT_4 截止。这时 $-U_d$ 加在电枢 AB 两端，$U_{AB} = -U_d$，电枢电流 i_a 由 $U_d^+ \rightarrow VT_3 \rightarrow$ 电枢绕组 $\rightarrow VT_2 \rightarrow U_d^-$。当 $t_1 \leqslant t < T$ 时，U_{GE2} 变负，VT_2 截止，U_{GE1} 变正，但 VT_1 并不能立即导通，其原因是在电枢电感释放储能的作用下，i_a 由电机电枢 $A \rightarrow VD_1 \rightarrow VT_3 \rightarrow$ 电动机电枢 B 续流。由于此时 $U_{AB} = 0$，且 VD_1 导通，因而 VT_1 不导通。

由此可见，在单极式控制时，功率开关管 VT3 和 VT4 之间总有一个管子常通，一个管子常断，电路输出单一极性的脉冲电压，电动机正转时为正脉冲，电动机反转时为负脉冲，所以称为单极性控制方式。它的输出电压波形和输出电压公式同不可逆电路一致，见图4-36 和公式4-18。

4.6.2　PWM 直流调速系统控制电路

PWM 开环调速系统工作的原理图如图 4-37 所示，其控制电路主要由脉宽调制器、功率开关器件的驱动电路和保护电路组成，其中最关键的部件是脉宽调制器。

1. 脉宽调制器

脉宽调制器是一个电压—脉冲变换装置。由给定电压 U_g 进行控制，它为 PWM 变换器提供所需的脉冲信号。

（1）脉宽调制器的基本原理　脉宽调制器的基本原理是将直流信号和一个调制信号相比较，输出不同的脉宽信号 U_{PW}。调制信号可以是三角波，也可以是锯齿波，其原理方框图如图4-38所示。由图4-38可见，锯齿波发生器的输出电压 U_A 和直流给定信号 U_g 输入到比较器进行比较。锯齿波信号 U_A 一旦确定，在控制中是不变的；而 U_g 为给定电压信号，其极性与大小可以根据需要而变化。此外，在比较器的输入端还加入一个调零电压 U_o。当给定电压 U_g 为零时，调节 U_o 使比较器的输出电压为正、负脉冲宽度相等的方波信号，如图4-39a所示。当控制信号 U_g 不为零时，与锯齿波信号 U_A 进行比较，比较器的输出脉冲宽度随之相应地改变，从而实现了脉宽调制，如图4-39b、c所示。

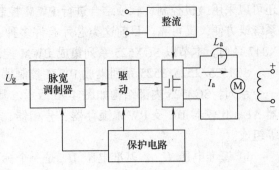

图4-37　PWM开环调速系统工作原理图

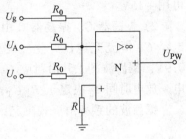

图4-38　脉宽调制器基本原理

锯齿波调制信号的频率即为主电路功率半导体器件的开关频率，选择开关频率时应考虑下列因素：

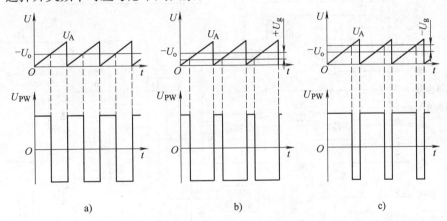

图4-39　锯齿波脉宽调制波形

a) $U_g = 0$　b) $U_g > 0$　c) $U_g < 0$

1）开关频率 f 应该足够高，以便减小电流脉动量和电动机的附加损耗。

2）开关频率应比传动系统的最高工作频率（通频带）高出10倍左右，使PWM变换器的延迟时间对系统动特性的影响可以忽略不计。

3）开关频率越高时，开关损耗就越大，因此开关频率的上限要受开关管的开关损耗和开关时间的限制。

4）开关频率还应高于系统中所有回路的谐振频率，防止引起共振。

综合上述因素，若主电路功率半导体器件选用IGBT，则开关频率可选 $10 \sim 20$ kHz。

（2）集成PWM控制器　脉宽调制信号可以由模拟电路产生，也可以由数字方法产生，还可以采用微机控制，软硬结合进行 PWM 控制。而采用专用的集成 PWM 控制器构成控制系统既方便，又可靠。目前这类芯片有许多种，例如 SGX524、SGX525、SGX527 和 X846、X847 系列。本节以 SGX525 系列集成 PWM 控制器为例进行介绍。

SG1525/2525/3525 系列集成 PWM 控制器是频率固定的单片集成脉宽调制型控制器的一个系列。SG3525 内部结构如图 4-40 所示。其内部由基准电压 U_{ref}、振荡器 G、误差放大器 AE、比较器 DC 及 PWM 锁存器、分相器、欠电压锁定器、输出极、软起动及关闭电路等组成。

1）基准电压 U_{ref}。基准电压 U_{ref} 是一个标准的三端稳压器，有温度补偿，输出电压精度高，可达到 5V ±1%。它既是内部电路的供电电源，也可为芯片外围电路提供标准电源，输出电流可达 50mA，有过电流保护功能。其输入电压 U_{cc1} 可以在 8～35V 范围变化，通常可用 + 15V。

2）振荡器 G。振荡器 G 由一个双门限比较器，一个恒流电源及电容充放电电路构成。电容 C_T 恒流充电，产生一锯齿波电压信号，锯齿波的峰点电平为 3.3V，谷点电平为 0.9V。锯齿波的上升沿对应 C_T 充电，充电时间 t_1 决定于 $R_T C_T$；锯齿波下降沿对应 C_T 放电，放电时间 t_2 决定于 $R_D C_T$，如图 4-41 所示。

锯齿波的频率由下式决定：

$$f = \frac{1}{t_1 + t_2} = \frac{1}{C_T(0.67R_T + 1.3R_D)} \tag{4-16}$$

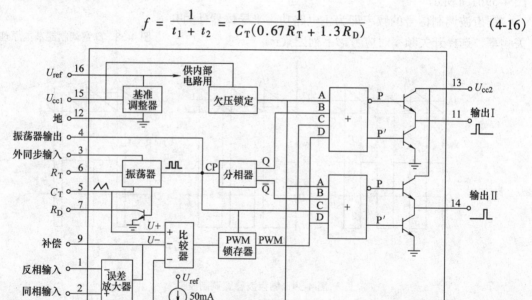

图 4-40 SG3525 集成 PWM 控制器内部结构

由于双门限比较器门限电平由基准电压分压取得，并且给 C_T 充电的恒流源对电压及温度变化的稳定性很好，故 U_{cc1} 在 8～35V 范围变化时，锯齿波的频率稳定度可达 1%；当温度在 - 55～ + 125℃范围内变化时，其频率稳定度为 3%。振荡器 G 对应于锯齿波下降沿输出一时钟信号（CP 脉冲），其宽度为 t_2。调节 R_D 即可调节 CP 脉冲宽度。这个 CP 脉宽决定了两个输出口 I、II 输出脉冲之间最小的时间间隔，即死区时间 t_d。调节 R_D 就可以调节死区时间 t_d，R_D 越大，t_d 越大。振荡器还设有外同步输入端 3 脚，在 3 脚加直流或高于振荡频率的脉冲信号，可实现对振荡器的外同步。

3）误差放大器 AE。误差放大器 AE 的直流开环增益较大，它的同相输入端接基准电压或其分压值，反馈电压信号接反相输入端。根据系统特性的要求，可在 9 脚和 1 脚之间接入适当的反馈电路网络，如比例—积分电路等。

4）误差放大器。误差放大器输出电压 U 加至比较器 DC 反相端，振荡器输出的锯齿波电压信号加至其同相端。比较器 DC 输出 PWM 信号，经 PWM 锁存器锁存，以保证在锯齿波的一个周期内只输出一个 PWM 脉冲信号。

比较器 DC 的反相输入端还设有软起动及关闭 PWM 信号的电路。在 8 脚与地之间接一数微法电容，即可在起动时使输出端的脉冲由窄逐步变宽，实现软起动功能。在 10 脚可加各种故障保护信号，如过电流、过电压、短路、接地等故障信号。在故障信号输入时使内部晶体管导通，从而封锁输出。

5）分相器。分相器是一个 T 触发器，每输入一个 CP 脉冲，其输出 Q、$\overline{Q}$ 就翻转一次，实际输出为一个方波信号，其频率为锯齿波频率的二分之一。此方波信号加至两个或非门的输入端 B。

6）欠电压锁定器。当电源电压 U_{cc1} <7V 时，欠电压锁定器输出一高电平，加至输出极或非门的输入端 A，同时也加到关闭 PWM 信号电路的输入端，封锁 PWM 信号的输出。

7）输出极。SG3525 具有两个输出极，其结构相同，每一组的上侧为"或非"门，下侧为"或"门。或非门与或门有 A、B、C、D 四个输入端：A 端输入欠电压锁定信号，B 端输入分相器输出的 Q（或 $\overline{Q}$）信号，C 端输入 CP 脉冲信号，D 端输入 PWM 脉冲信号。设输出信号为 P 和 P′，则 $P = \overline{A+B+C+D}$，$P' = A+B+C+D$。P 和 P′分别驱动输出极上、下两个晶体管。两个晶体管组成图腾柱结构，使输出极既可向负载提供输出电流，又可吸收负载电流。

SG3525 各点波形与 PWM 斩波调压波形如图 4-41 所示。

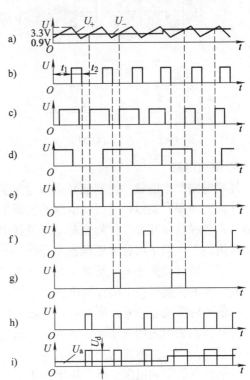

图 4-41　SG3525 各点波形与 PWM 斩波调压波形
a）比较器 DC 输入电压波形　b）振荡器 G 输出波形
c）PWM 锁存器输出波形　d）分相器 Q 端输出波形
e）分相器 $\overline{Q}$ 端输出波形　f）输出 I 端输出波形
g）输出 II 端输出波形　h）输出 I 端和输出 II 端输出波形
i）PWM 斩波调压波形

2. 脉宽调制电路的保护

在 H 型可逆 PWM 变换器中，跨接在电源两端的上、下两个开关器件经常交替工作。由于开关器件的关断需要一定的时间。在这段时间内，开关器件未完全关断，如果此时另一个开关器件已经导通，则将造成上下两管直通而使电源正、负极短路。为了避免发生这种情况，在控制电路中应设置延时保护环节，保证在对一个管子发出关闭脉冲后延时（如图4-42 中的 U_{g1}）t_{1d}后再发出对另一个管子的开通脉冲（如图 4-42 中的 U_{g2}）。

图 4-43 所示是用 RC 阻容延时电路达到管子先关后通的目的。脉宽调制信号 U_{PW} 分两路，一路经 R_1C_1 延时电路加到同相电压比较器 N_1，另一路经 R_2C_2 延时电路加到反相比较器 N_2。二极管 VD_1 和 VD_2 的作用是只延时脉宽调制信号的前沿，而不影响到用于关断管子的控制极脉冲后沿。显然，改变 R_1C_1 和 R_2C_2 就可以获得所需的延时时间。

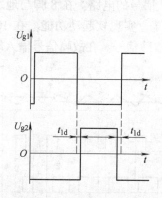

图 4-42　开通延时脉冲

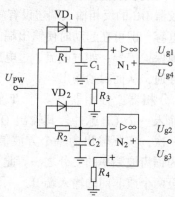

图 4-43　防直通电路

3. 驱动电路

控制电路产生的脉冲控制信号必须经过驱动电路才能控制调速系统的功率半导体开关器件。不同的功率开关器件对驱动电路的要求不同，必须根据功率开关器件来设计相应的驱动电路。在各种功率开关器件的驱动电路设计中，其功率放大、主电路与控制电路的隔离是必须要考虑的，一般采用脉冲变压器或光耦合器实现隔离。

光耦合器（简称光耦）是把发光器件和光敏器件组装在一起，通过光电实现耦合，构成电—光—电的转换器件。将控制电路产生的电信号送入光耦合器输入端的发光器件，发光器件将电信号转换成光信号，光信号经光敏器件接收，并将其还原成电信号，去触发或控制功率开关器件。采用光耦合器时，因为其输出与输入之间没有直接的电联系，信号的传输是通过光的耦合，所以又称其为光电隔离器。

光耦合器的用途很多，可以用于高压开关，信号隔离，脉冲系统间的电平匹配以及各种逻辑电路系统中。

常用的光耦合器有晶体管输出型和晶闸管输出型。晶体管输出型光耦合器的输出端是光敏晶体管，包括有普通型的光耦合器，如 4N25、117 等；高速光耦合器，如 985C、TIL110 等，高电流传输光耦也称达林顿型光耦，如 4N33、113 等。图 4-44 所示是三种常用的光耦合电路。

普通型的光耦的动态响应时间一般为数微秒以内；高速型光耦的动态响应时间可以达到10ns 以下；而高电流传输比的光耦具有较大的电流传输比（光电晶体管的集电极电流 I_C 与

发光二极管的电流 I_F 之比称为光耦合器的电流传输比）。例如，4N25 的电流传输比 $\geqslant 20\%$，而 4N33 的电流传输比 $\geqslant 500\%$。电流传输比受发光二极管工作电流的影响，一般情况下，其值在 $10 \sim 20\text{mA}$ 时，电流传输比最大。

晶闸管输出型光耦合器的输出端是光敏晶闸管或光敏双向晶闸管。4N40 是常用的单向晶闸管输出型光耦合器，当输入端有 $15 \sim 30\text{mA}$ 时，输出端晶闸管导通。输出端的额定电压为 400V，额定电流为 300mA。MOC3021 是常用的双向晶闸管输出的光耦合器，输入端的控制电流为 15mA，输出端的额定电压为 400V，最大输出电流为 1A。MOC3041 则为带过零触发电路的双向晶闸管输出的光耦合器，可以用于控制晶闸管的过零触发。

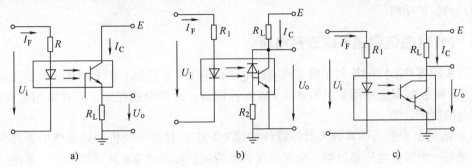

图 4-44 光耦合电路

a）普通型光耦 b）高速光耦 c）高电流传输光耦

图 4-45 表示了几种常用的触发电路。图 4-45a 所示是采用脉冲变压器输出的触发电路，控制脉冲信号 U_i 经非门 DN 反向，通过光耦合器 VLC 控制晶体管 V 的导通和截止，使脉

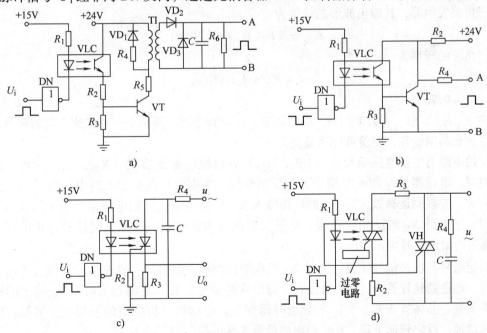

图 4-45 几种常用的触发电路

a）脉冲变压器输出的触发电路 b）普通光耦的触发电路

c）晶闸管输出光耦的触发电路 d）双向晶闸管输出光耦的触发电路

冲变压器 TI 输出相应的触发脉冲信号；图 4-45b 中直接利用光耦合器 VLC 控制晶体管 VT 的导通和截止，产生触发脉冲信号；图 4-45c 是采用晶闸管输出光耦合器的触发电路，利用光耦合器直接产生触发脉冲信号；图 4-45d 为采用双向晶闸管输出光耦合器的触发电路，可以直接用于交流电路中的双向晶闸管的触发控制。

目前，根据不同功率开关器件对驱动电路的要求，已有很多专用的驱动电路模块。专用的驱动模块，例如 EX356、EX840 等，它们可以为功率开关器件提供理想的驱动信号，不仅保证电气隔离和足够的驱动功率，而且通过理想的控制信号波形保证功率开关器件迅速导通、迅速关断，对功率开关器件的饱和深度进行最佳控制，还具有功率开关器件的过电流、过热等检测保护功能。

4.6.3　PWM 直流调速系统应用电路

可以采用各种不同的控制手段实现直流电动机的 PWM 控制，例如采用运算放大器等器件构建 PWM 控制器；使用专用的集成 PWM 控制器；采用微机控制；或者采用集成 PWM 控制器与微机配合等。

图 4-46 是一个采用运算放大器等器件构建 PWM 控制器电动机调速系统的原理图。该调速系统是一个带有电压负反馈、电流正反馈的直流斩波器式 PWM 调速系统。系统中采用的运算放大器由 ±12V 稳压电源供电。主电源 E、大功率晶体管 VT_2、电阻 R_{14}、电动机 M 构成电动机调速系统的主电路。在调速系统的控制电路中，运算放大器 N_{4B} 与周围的电阻、电容等器件构成比例积分控制的速度调节器，积分时间常数由 RP_3 调节。RP_4 为给定电压调节电位器，稳压管 VS 起输出限幅作用。集成运算放大器 N_{1A} 和 N_{1B} 与周围的电阻、电容构成为三角波发生器，其输出波形的峰值为

$$E_{pp} = 2R_2(U_+ + U_-)/R_1$$

三角波的频率为

$$f = R_1/4R_2R_3C_1\alpha_\omega$$

式中，$\alpha_\omega \approx 0.7$。

在 E_{pp} 为 8V 时，f 为 15kHz。由于调节、控制频率高，所以 PWM 调速系统的调节速度和精度远比晶闸管相控整流调速系统高。

反馈电路由电枢电压负反馈（RP_1，N_{3A}）和电枢电流正反馈（N_{3B}、N_{4A}、RP_2、R_{14}）电路组成。电位器 RP_1 和 RP_2 用于调节反馈深度。电枢电压负反馈电路中采用了一级信号反相放大，连接到运算放大器 N_{4B} 的反相输入端；电枢电流正反馈电路中采用了两级信号放大处理，连接到 N_{4B} 的反相输入端。电压反馈信号为负电压，电流反馈信号为正电压，由 RP_4 确定的给定信号为正电压。

给定信号与反馈信号比较，经过 N_{4B} 组成的比例积分器输出一直流信号。该信号与三角波信号一起送到比较器 N_{2A}，通过比较，输出脉冲信号。在给定值加大时，N_{2A} 输出的脉冲高电平变宽，晶体管 VT_1、VT_2 的导通时间变长，电动机电枢绕组的平均电压增加，电动机转速增加；反之转速下降。RP_5 引出的信号为脉冲控制调零信号。

该系统的优点是：调制频率高，动态性能好，抗干扰能力强；功率开关器件 T_2 工作在开关状态，功耗小。

图 4-47 是一熔化极电焊机中送丝电动机调速系统电路原理图。该调速系统采用直流斩

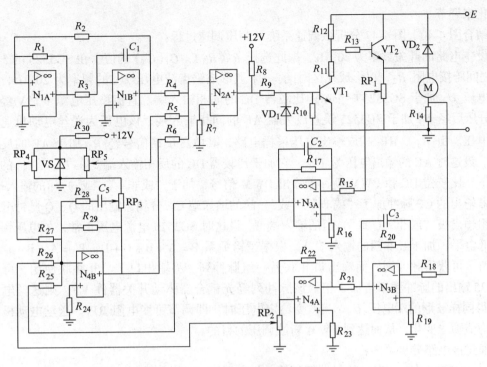

图 4-46　PWM 控制电动机调速系统原理图

波器式 PWM 控制。图 4-47 中，变压器提供交流电，经二极管 VD$_5$、VD$_6$、VD$_7$、VD$_8$ 构成的桥式整流电路整流后提供送丝电动机直流电源。M 为直流伺服电动机，VD$_9$ 为续流快速二极管。采用大功率场效应晶体管 VF 作为电子开关器件，其开关频率可以达到 20kHz。采用 SG3525 专用的集成 PWM 控制器产生的 PWM 信号，经光耦合器 VLC 驱动场效应晶体管 VF。其输出的 PWM 电压平均值为

$$U_a = \frac{T_1}{T_1 + T_2} U_d = \frac{T_1}{T} U_d = \alpha U_d$$

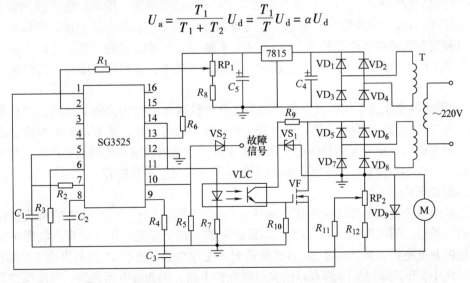

图 4-47　直流斩波器式送丝电动机 PWM 调速系统原理图

脉冲占空比 α 的值由 SG3525 按定频调宽法，即 $t_1 + t_2 = T$ 保持一定，使 t_1 在 0～T 范

围变化来调节。

结合图 4-40、图 4-47 分析该调速系统的调压调速过程：

设主电路的开关频率为 20kHz，据此选择 $R_3(R_T)$、$C_1(C_T)$ 的值。在 SG3525 的 5 脚与 7 脚之间跨接电阻 R_2，以形成死区时间。C_T 上形成锯齿波电压 U_+ 的频率为 20kHz，该锯齿波电压 U_+ 加于 SG3525 中 PWM 比较器 DC 的同相输入端。直流稳压电源 +15V 经 R_8、RP_1 分压后经 R_1 加于 SG3525 误差放大器 AE 的同相输入端，该电压为送丝电动机速度的给定电压。由 R_{12}、RP_2 构成输出电压采样电路，其电压反馈信号经 R_{11} 加于 AE 的反相输入端。设这时 AE 的输出电压为 U_-，它加于比较器 DC 的反相输入端。在 U_-、U_+ 的共同作用下，比较器 DC 和 PWM 锁存器输出 PWM 信号，加于"或非"（"或"）门的输入端 D。振荡器输出的 CP 脉冲加于"或非"（"或"）门的输入端 C。分相器输出的 Q、$\overline{Q}$ 脉冲分别加于两组输出极"或非"（"或"）门的输入端 B。设这时 SG3525 电源电压正常，欠电压锁定器输出低电平，加于或非门的输入端 A，根据逻辑关系 $P = \overline{A+B+C+D}$，$P' = A+B+C+D$，输出口 I 可获得脉冲列，而输出口 II 获另一组脉冲列。将输出口 I、II 并联使用，可以使 SG3525 输出的脉冲频率增加 1 倍。该脉冲列经光耦合器驱动开关器件 VF，则送丝电动机 M 获得同样波形的端电压 U_a。当改变给定电压时，即调节可变电阻 RP_1，送丝电动机端电压平均值随之变化，从而达到 PWM 斩波调压的目的。

通过该电路分析可知：

1）SG3525 中的 PWM 比较器反相输入端电压 U_- 的电平越高，则输出脉冲的占空比越大；反之，则越小。调节指令电位器 RP_1，可以改变 U_- 的电平，就可以调节占空比 α，从而调节电动机电枢绕组的端电压，达到调压调速的目的。

软起动功能是在电动机起动阶段，通过电容 C_2 充电使占空比由零逐渐增大来实现的。

2）由于将 SG3525 输出口 I、II 并联使用，因此大功率场效应晶体管 VF 的输出电压脉冲 U_I、U_{II} 交替出现，其频率与锯齿波频率相同。

3）因为输出脉冲 U_I、U_{II} 的上升沿对应 CP 脉冲的下降沿，即对应锯齿波的谷点，而输出脉冲 U_I、U_{II} 的下降沿对应电压 U_- 与锯齿波电压 U_+ 上升边的交点，所以既使 U_- 电平上升到与锯齿波峰点电平相等，U_I、U_{II} 两脉冲也不可能连到一起，它们之间存在一个宽度等于 CP 脉冲宽度的死区。综上所述，在输出端口 I、II 并联使用时，占空比 α 也不可能等于 1。

4）如因电网电压波动或负载变化引起送丝电动机端电压变化，则电压负反馈信号必发生变化。通过 SG3525 的调节作用，可改变 PWM 脉冲的占空比，使电动机电枢绕组的端电压恢复到原来的值，从而起到稳压的作用。为了改善电动机调速系统的动态性能，根据送丝系统的特性，在 SG3525 的 1 脚和 9 脚之间增加了 R_4、C_3 构成的积分环节，R_4、C_3 的值可以根据需要来确定。

该系统的直流稳压电源是由变压器降压、VD_1、VD_2、VD_3、VD_4 构成的桥式整流电路整流，然后通过三端稳压块 7815 稳压，得到稳定的 +15V 直流电压。该直流电源不仅是电动机调速的基准电源，而且也是 SG3525 所需要的工作电源，通过 15 脚提供给 SG3525。

该系统中，SG3525 的 10 脚可以连接一些保护电路，例如过电流保护、温度保护等，只要这些保护电路输出一高电压信号，通过 10 脚输入到 SG3525，就可以关断 SG3525 的输出脉冲，使电动机停止工作。

系统中作为电子开关器件的功率场效应晶体管 VF 也可以用绝缘栅双极晶体管（IGBT）代替，其工作原理是类似的。

4.7　交流电动机变频调速原理

交流电动机在焊接自动化中应用越来越广泛，是一种重要的动力传动系统。交流电气传动与直流电气传动均诞生于 19 世纪。长期以来，交流电动机一般只能作为不变速的传动动力来使用。虽然交流调速早有多种方法问世，并获得一些实际应用，但其性能却始终无法与直流调速相比拟。直到 20 世纪 80 年代，交流电动机调速系统的理论和方法得到了突破性的发展，目前正在逐步取代直流传动成为高性能电气传动的主流。

三相交流电动机分为同步电动机和异步电动机。由于交流异步电动机在焊接自动化中占据主导地位，所以本节着重介绍异步交流电动机的调速系统。

4.7.1　三相交流电动机的基本特性

三相异步交流电动机主要由定子、转子及其它附件组成。如果将时间上互差 $2\pi/3$ 相位角的三相交流电通入在空间上相差 $2\pi/3$ 角度的三相定子绕组后，将产生一个旋转磁场。电动机的转子绕组将切割磁力线，在电磁力作用下，形成电磁转矩 T_m。在 T_m 的作用下，转子将"跟着"定子的旋转磁场旋转起来。

1. 三相交流异步电动机的机械特性

三相交流异步电动机的机械特性是指定子电压 U_1、频率 f_1 及有关参数一定的条件下，电动机转子转速（电动机转速）n 与电磁转矩 T_m 之间的关系。

电动机工作在额定电压、额定频率下，由电动机本身固有参数所决定的 $n = f(T_m)$ 曲线，称为交流电动机的自然特性曲线，它是交流电动机机械特性曲线族中的一条曲线，其曲线如图 4-48。

图 4-48 所示自然特性曲线中的 E 点为理想空载点。在 E 点，电动机以同步转速 n_0 运行（$s = 0$），其电磁转矩 $T_m = 0$。

曲线上的 S 点为电动机起动点，此时电动机已接通电源，但尚未起动。对应 S 点的转速 $n = 0$（$s = 1$），其电磁转矩为起动转矩 T_{st}。起动时带负载的能力一般用起动倍数来表示，即 $K_{st} = T_{st}/T_N$，其中 T_N 为额定转矩。

曲线上的 K 点为临界点，它是机械特性稳定运行区和非稳定运行区的分界线上的最大电磁转矩点。K 点对应的转速为 n_K，$n_K = n_0(1 - s_K)$，其中，s_K 为临界转差率。s_K 越小，n_K 越大，机械特性就越硬。K 点的电磁转矩 T_K 为临界转矩，它表示了电动机所能产生的最大转矩。

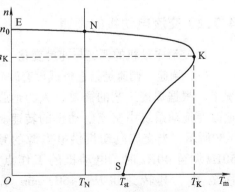

图 4-48　交流异步电动机机械特性

交流电动机正常运行时，需要有一定的过载能力，一般用 β_m 表示，即

$$\beta_{\mathrm{m}} = \frac{T_{\mathrm{K}}}{T_{\mathrm{N}}} \tag{4-17}$$

普通电动机的 $\beta_{\mathrm{m}} = 2.0 \sim 2.2$ 之间，而对某些特殊用途电动机，其过载能力可以更高一些。T_{K} 的大小影响着电动机的负载能力。在保证过载能力不变的条件下，T_{K} 越小，电动机所带的负载就越小。

2. 交流电动机的稳定运行

（1）交流电动机的稳定运行　当交流电动机稳定运行时，电动机的电磁转矩与负载转矩相等。如果电动机的额定转矩是 T_{N}，电动机轴上所带的最大负载转矩也只能在电动机的额定转矩 T_{N} 附近变化。假设在图 4-49 所示曲线中的 A 点，电动机的电磁转矩与负载转矩相等，即都为 T_{N}，则该点的转矩平衡方程可近似写成

$$T_{\mathrm{m}} = T_{\mathrm{N}}$$

（2）电动机工作点的动态调整过程　如果电动机负载波动，使负载转矩增大为 T_{L}。此时电磁转矩 $T_{\mathrm{m}} = T_{\mathrm{N}} < T_{\mathrm{L}}$，电动机将减速。转速的下降又使电动机的电磁转矩 T_{m} 增大。当 T_{m} 增大到与 T_{L} 相等时，即到达图 4-49 所示曲线中的 C 点，转速不再下降，电动机在新的平衡点稳定运行。其调整过程为：$T_{\mathrm{m}} = T_{\mathrm{N}} < T_{\mathrm{L}} \rightarrow n \downarrow \rightarrow T_{\mathrm{m}} \uparrow \rightarrow T_{\mathrm{m}} = T_{\mathrm{L}}$。

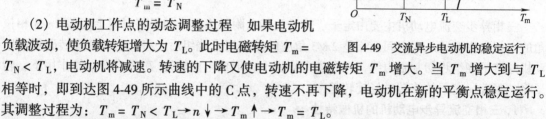

图 4-49　交流异步电动机的稳定运行

3. 交流电动机的起动和制动

（1）交流电动机的起动　电动机从静止状态一直加速到稳定转速的过程，叫做起动过程。交流电动机的起动电流很大，可以达到额定电流的 $5 \sim 7$ 倍，而起动转矩 T_{st} 却不很大，一般 $T_{\mathrm{st}} = (1.8 \sim 2) T_{\mathrm{N}}$。使用功率较大的电动机，为了减小起动电流常用降低电压的方法来起动。

（2）交流电动机的制动　电动机在工作过程中，电磁转矩的方向和转子的实际旋转方向相反，就称作制动状态。常用的制动有再生制动、直流制动和反接制动等。

4.7.2　交流电动机的调速

1. 交流电动机的调速与速度变化

（1）调速　调速是指在负载没有改变的情况下，根据焊接工艺的需要，人为地强制性地改变拖动系统中交流电动机的转速。如图 4-50 所示，当交流电动机供电电源的频率从 50Hz 调至 40Hz 时，电动机的工作点从 Q_1 移至 Q_2，其转速也从 1460r/min 减小到 1168r/min。由此可见，调速时，交流电动机转速的变化是从电动机不同的机械特性上得到的。人们将调速时得到的机械特性族称为调速特性。

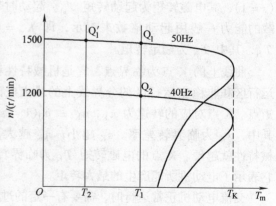

图 4-50　异步电动机的变频调速

（2）速度变化　交流电动机在工作过程中，由于负载变化等因素的影响，会使电动机的转速发生变化。例如，电动机的初始工作点为 Q_1 点，对应的电动机转速为1460r/min，电动机的电磁转矩为 T_1；当负载变化使负载转矩由 T_1 减小到 T_2 时，引起电动机加速，电动机工作点由 Q_1 点移至点 Q_1' 点，其转速变为 1480r/min。此类转速的变化则是由电动机的同一条机械特性所决定的。

2. 交流电动机的调速方法

根据异步交流电动机的工作原理，可以推导出交流电动机的转速 n

$$n = \frac{60f_1(1-s)}{p} \tag{4-18}$$

式中　f_1——供电频率（Hz）；

　　　p——极对数；

　　　s——转差率，$s = (n - n_0)/n_0$；

　　　n_0——旋转磁场转速（$r \cdot min^{-1}$）。

从式（4-18）可以看出，有三种方法可以调节交流电动机的转速 n，即改变电动机的转差率、改变极对数和改变电源频率。

（1）改变电动机的转差率　根据交流电动机工作原理可知，改变定子电压、转子电阻、转子电压等可以改变电动机的转差率，从而改变电动机转速。以改变定子电压为例，可以采用晶闸管交流调压调速系统。通常的交流调压调速系统采用反并联的晶闸管（或双向晶闸管）电路，使电动机定子获得可控的交流电压，改变晶闸管的导通角即可改变电动机定子的电压，从而改变电动机的转差率，改变电动机转速。由于交流电动机的最大转矩与定子电压的平方成正比，因此降低定子电压会使电动机电磁转矩急剧降低，使电动机带载能力下降，在重载时，甚至会停转，并且会引起电动机过热，甚至烧坏，因而采用该方法调速的范围受到限制。

（2）改变极对数调速　由公式（4-18）知，当极对数 p 增加 1 倍时，电动机转速 n 下降 1/2。但是，电动机极对数 p 的增加是受到限制的，因此，该方法只适合于要求少数几种转速的电动机调速系统。

（3）变频调速　改变定子电源频率可以改变电动机的转速。根据电动机的机械特性曲线可知，为了保持在变频调速时，电动机的的最大转矩不变，即过载能力不变，应使定子电压 U_1 与 f_1 一起按比例变化，即 U_1/f_1 为常数。图 4-51 表示了变频调速时的特性曲线，图 4-51a所示为变频调速时的机械特性曲线，其中 f_N 是电动机定子电源额定频率，f_1 是电动机定子电源实际频率；图 4-51b 所示是保持电动机的最大转矩 T_K 为常数的 U_1/f_1 关系曲线。

变频调速系统实际上是变频变压调速。在交流电动机各类调速方法中，变压变频方法效率最高，性能最佳。采用变频变压调速，能获得基本上平行移动的机械特性，并具有较好的控制特性。

随着电力电子技术发展，各种变压变频交流电动机调速系统正在迅速发展。

3. 交流电动机变频调速原理

交流电动机变频调速系统是交流电动机变压变频调速系统的简称。变频器是变频调速系统中的核心部件。变频器的任务是将电压幅值和频率均固定不变的交流电压变换成二者均可调的交流电压。

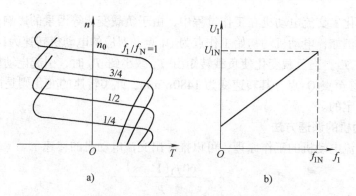

图 4-51　变频调速时的特性曲线

a) 机械特性　b) T_K 为常数的 U_1/f_1 关系

由电机学可知，在交流电动机定子绕组的电动势的有效值 E_1 为

$$E_1 = 4.44 k_1 f_1 N_1 \Phi_m \tag{4-19}$$

式中　f_1——电源电压频率（Hz）；

$\quad\quad N_1$——定子绕组匝数；

$\quad\quad k_1$——绕组系数；

$\quad\quad \Phi_m$——磁通（Wb）。

若忽略电动机定子阻抗压降，则电动机定子电压 U_1 为

$$U_1 = E_1 = 4.44 k_1 f_1 N_1 \Phi_m \tag{4-20}$$

由式（4-21）可知，只要控制 U_1 和 f_1，也就是在改变频率 f_1 的同时，协调地改变电动机定子电压 U_1，就能使 Φ_m 不变。由于交流电动机需考虑其额定频率（基频）和额定电压的制约，因而需要以基频为界加以分析和区别。

（1）基频以下调速控制　由式（4-21）可知，要保持 Φ_m 不变，当频率 f_1 从电动机频率的额定值 f_{1N} 向下调节时，必须同时降低 U_1，使 U_1/f_1 = 常数，即采用恒压频比的控制方式。

（2）基频以上调速控制　在基频以上调速时，频率可以从电动机频率的额定值 f_{1N} 向上调节。但是电动机定子电压 U_1 一般不能超过额定电压 U_{1N}，否则电动机容易损坏。由式（4-21）可知，如果迫使磁通 Φ_m 与频率 f_1 成反比地降低，那么就相当于直流电动机弱磁升速的情况。

4.7.3　变频器工作原理

从结构上看，交流电动机变频器可分为直接变频器和间接变频器两类。直接变频器是将电网交流电源一次变换成电压和频率都可以调节（VVVF）的交流电。直接变频装置也称交—交变频器。间接变频器先将电网的交流电源通过整流器变成直流，然后再经过逆变器将直流变为频率可控的交流电。间接变频器又称有直流环节的变频器，或称交—直—交变频器。目前应用得较多的还是间接变频器。

1. 交—直—交变频器

交—直—交变频器主电路如图 4-52 所示。该电路可以分为整流、逆变和制动三部分。

（1）整流部分　整流部分的作用是将普通的交流变成直流。如图 4-52 所示，电路中二

极管 $VD_1 \sim VD_6$ 组成的三相整流桥，它们将工频 380V 的交流电整流成直流电。图 4-52 中的 C_F 是滤波电容。值得指出的是，C_F 是一个大容量的电容器，它是电压型变频器的主要标志，对电流型变频器来说滤波的元件是电感。

在电压型变频器的二极管整流电路中，由于在电源接通时，C_F 中将有一个很大的充电电流，该电流有可能烧坏整流管，容量较大时还可能形成对电网的干扰，影响同一电源系统的其它装置正常工作。所以，在电路中加装了由 R_L、S_L 组成的限流回路，开机时，电阻 R_L 串入电路，限制 C_F 的充电电流，充电到一定的程度后，开关 S_L 闭合将 R_L 短接。

(2) 逆变部分　逆变部分变频器的核心部分，其基本作用是将直流电变成频率可变的交流电。在图 4-52 中，由逆变开关器件 $VT_1 \sim VT_6$ 组成了三相逆变桥，功率开关管导通时，相当于开关接通，功率开关管截止时，相当于开关断开。目前常用的功率开关器件有绝缘栅双极晶体管 (IGBT)，大功率晶体管 (GTR)、可关断晶闸管 (GTO)、场效应晶体管 (MOSFET) 等。

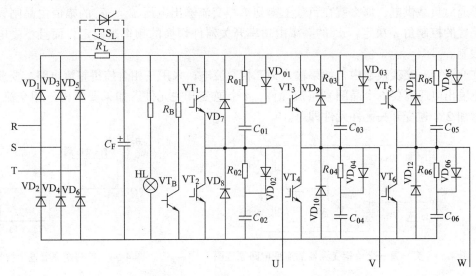

图 4-52　交—直—交变频器主电路原理图

$VD_7 \sim VD_{12}$ 是续流二极管，其功能有下面几点：

1) 由于电动机是一种感性负载，所以在电动机工作时，其无功电流返回直流电源需要 $VD_7 \sim VD_{12}$ 提供通路。

2) 降速时，电动机处于再生制动状态，$VD_7 \sim VD_{12}$ 为再生电流提供返回直流的通路。

3) 逆变时，功率开关管 $VT_1 \sim VT_6$ 快速高频率地交替切换，同一桥臂的两个管交替地工作在导通和截止状态。在切换过程中，也需要给线路的分布电感提供释放能量的通路。

电阻 $R_{01} \sim R_{06}$、电容 $C_{01} \sim C_{06}$、二极管 $VD_{01} \sim VD_{06}$ 构成缓冲电路。逆变器中的功率开关管 $VT_1 \sim VT_6$ 每次由导通状态切换成截止状态的关断瞬间，集电极和发射极（即 C、E）之间的电压 U_{CE} 极快地由 0V 升至直流电压值 U_D。这种过高的电压增长率容易导致开关管损坏。$C_{01} \sim C_{06}$ 的作用就是减小电压增长率。$VT_1 \sim VT_6$ 每次由截止状态切换到导通状态瞬间，$C_{01} \sim C_{06}$ 上所充的电压（等于 U_D）将向 $VT_1 \sim VT_6$ 放电。该放电电流的初始值是很大的，$R_{01} \sim R_{06}$ 的作用就是减小 $C_{01} \sim C_{06}$ 的放电电流。而 $VD_{01} \sim VD_{06}$ 接入后，在 $VT_1 \sim VT_6$

的关断过程中，使 $R_{01} \sim R_{06}$ 不起作用。而在 $VT_1 \sim VT_6$ 的接通过程中，又迫使 $C_{01} \sim C_{06}$ 的放电电流流经 $R_{01} \sim R_{06}$。

（3）制动部分　变频调速在降速时，处于再生制动状态。电动机回馈的能量到达直流电路，会使 U_D 上升，这是很危险的，需要将这部分能量消耗掉。电路中制动电阻 R_B 用于消耗该部分能量。

制动部分由制动电阻 R_B 和大功率晶体管 V_B（IGBT）及采样、比较和驱动电路构成，其功能是为放电电流入流过 R_B 提供通路。

2. 逆变器工作原理

图 4-53 为一个对单相负载供电的，交—直—交变频器逆变电路原理图，图 4-54 为单相逆变器的输出波形图。

如图 4-53 所示，交—直—交变频器逆变电路由单相桥式可控整流器和 4 个开关元件组成。可控整流装置把交流电变为幅值可变的直流电，功率开关器件 VT_1、VT_4 和 VT_2、VT_3 交替导通对负载供电，那么就在负载上得到单相交流输出电压 u_o。u_o 的幅值由晶闸管可控整流装置的控制角 α 决定，u_o 的频率由功率开关器件切换的频率来确定，而且不受电源频率的限制。

在交—直—交变换器中，如果输入为三相交流电，采用三相全控桥整流电路，要获得单相交流输出电压需要 6 个晶闸管整流元件，4 个逆变开关元件。如果要获得三相交流输出，只需增加 2 个逆变开关元件元件即可。

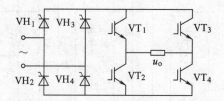

图 4-53　交—直—交单相变频器的逆变电路原理图

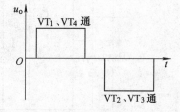

图 4-54　单相逆变器输出波形图

三相逆变电路原理图见图 4-55。在图 4-55 中，$S_1 \sim S_6$ 组成了桥式逆变电路，6 个开关交替接通、关断就可以在输出端得到一个相位互相差 $2\pi/3$ 的三相交流电。

当 S_1、S_4 闭合时，$u_{U\text{-}V}$ 为正，S_3、S_2 闭合时，$u_{U\text{-}V}$ 为负。同理，S_3、S_6 同时闭合和 S_5、S_4 同时闭合，得到 $u_{V\text{-}W}$；S_5、S_2 同时闭合和 S_1、S_6 同时闭合，得到 $u_{W\text{-}U}$。$u_{U\text{-}V}$、$u_{V\text{-}W}$、$u_{W\text{-}U}$ 波形如图 4-55c 所示。由图 4-55 可见，得到的 $u_{U\text{-}V}$、$u_{V\text{-}W}$、$u_{W\text{-}U}$ 三相交流电在相位上依次相差 $2\pi/3$。

根据图 4-55 可以发现：

1）各桥臂上的开关始终处于交替开通、关断的状态。

2）各相的开关顺序以各相的"首端"为准，互差 $2\pi/3$ 角度。例如 S_3 比 S_1 滞后 $2\pi/3$，S_5 比 S_3 滞后 $2\pi/3$。

以上述分析表明，通过 6 个开关的交替工作可以得到一个三相交流电，只要调节开关的通断时间就可调节交流电频率，交流电的幅值可通过 U_D 的大小来调节。

交—直—交变频调速装置的控制方式：

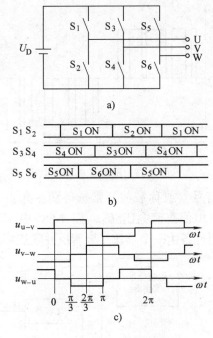

图 4-55 三相逆变器的工作原理

a）逆变原理图 b）开关通断规律

c）波形图

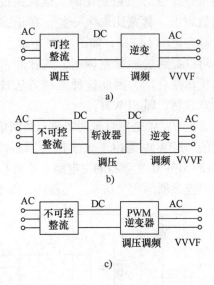

图 4-56 交—直—交变频调速控制方式

a）可控整流方式

b）斩波器调压方式 c）PWM 方式

1）用可控整流器变压、用逆变器变频（见图 4-56a）。这种控制方式中，调压和调频分别在两个环节上进行，两者要在控制电路上协调配合。采用这种控制方式的变频器结构简单，控制方便。由于输入环节采用可控整流器，当电压和频率调得很低时，电网端的功率因数较低，输出的谐波较大。

2）用不可控整流器整流、斩波器变压，逆变器变频（见图 4-56b）。该控制系统中，增加了斩波器，虽然多了一个环节，但采用二极管不可控整流，输入的功率因数高。由于输出逆变环节不变，因此，仍有输出谐波较大的问题。

3）用不可控整流器整流、PWM 逆变器同时变压变频（见图 4-56c）。该控制系统，用不可控整流，功率因数高；用 PWM 逆变，产生的谐波可以减小。谐波减少的程度取决于开关频率，而开关频率则受器件开关时间的限制。该种控制方式是当前最有发展前途的一种控制方式。

3. 正弦波脉宽调制（SPWM）原理

有两种方法可以实现改变电压频率的同时，电压值也同步变化，并且维持 $U_1/f_1 =$ 常数，即脉幅调制（PAM）和脉宽调制（PWM）。

脉幅调制（PAM）是在调节频率的同时也调节整流后直流电压的幅值 U_D，以此来调节变频器输出交流电压的幅值。由于 PAM 既要控制逆变回路，又要控制整流回路，且要维持 $U_1/f_1 =$ 常数，所以这种方法的控制电路复杂，现在已很少使用。

脉宽调制（PWM）是将输出电压分解成很多的脉冲，调频时，通过控制脉冲宽度和脉冲休止时间来控制输出电压的幅值。它与直流电动机调速系统中的 PWM 控制原理是相同的，即输出电压的平均值与脉冲占空比成正比。

由于变频器的输出是正弦交流电，即输出电压的幅值是按正弦波规律变化，因此在一个周期内的占空比也必须是变化的。也就是说在正弦波的幅值附近，脉宽比取大一些；在正弦波零值附近，脉宽比取小一些，如图 4-57 所示。

可以看到这种脉宽调制，其脉冲占空比是按正弦规律变化的，因此这种调制方法被称作正弦波脉宽调制，即 SPWM。

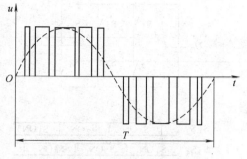

图 4-57 SPWM 的输出电压

直流 PWM 是用直流调制波与调制信号比较来实现的。SPWM 是用正弦波作为调制波，而调制信号（或称载波）常选等腰三角波。图 4-58a 是 SPWM 变频器的主电路。不可控整流器提供恒值直流电压 U_D。图 4-58a 中 $VT_1 \sim VT_6$ 是变频器的六个功率开关器件，每个功率开关器件各由一个续流二极管反并联连接。

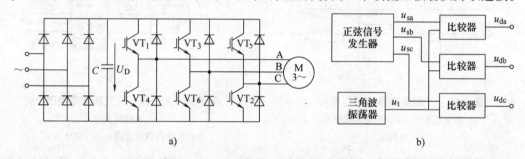

a)   b)

图 4-58 SPWM 变频器的工作原理

a）变频器主电路 b）变频器控制电路

图 4-58b 是变频器的控制电路示意图。由三相信号发生器输出一组三相对称的正弦波信号 u_{sa}、u_{sb}、u_{sc}，其频率和幅值可调，以决定变频器输出的基波频率和电压幅值。三角波振荡器提供三角波调制信号 u_t，三角波信号是共用的，分别与每相正弦波调制电压信号比较后给出"正"或"零"的控制信号，即产生 SPWM 脉冲序列波 u_{da}、u_{db}、u_{dc} 作为变频器功率开关器件的驱动控制信号。

图 4-59a、b 所示为其中一相正弦波半个周期内的调制情况。

变频器的控制方式可以是单极式，也可以是双极式。采用单极式控制时，在正弦波的半个周期内每相只有一个开关器件开通或关断。例如 A 相的 VT_1 在比较器输出电压 u_{da} 的"正"、"零"两种电平作用下，分别处于开通和关断状态。由于 VT_1 在正半周内反复通断，变频器的输出端可获得重现的 u_{da} 形状的 SPWM 相电压 u_{AO}，脉冲

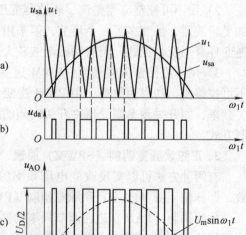

图 4-59 SPWM 与单极式输出相电压波形

a）u_{sa} 与 u_t 波形 b）u_{da} 波形 c）u_{AO} 波形

的幅值为 $U_D/2$，脉冲的宽度按正弦规律变化，如图 4-59c 所示。与此同时，必须有 B 相 VT_6 或 C 相 VT_2 导通，相应的 u_{BO} 或者 u_{CO} 为负电压，即为 u_{BO} 或者 u_{CO} 负半周出现，其脉冲的幅值为 $-U_D/2$。同理，u_{AO} 为负半波时，则由 VT_4 的通断来实现（此时 VT_1 必然处于恒截止状态）。其它两相相同，只是相位上分别相差 $2\pi/3$。

由图 4-59 可以看到，正弦波信号发生器输出的三相对称正弦波信号 u_{sa}、u_{sb}、u_{sc} 的频率和幅值决定了变频器输出的"正弦波"频率和幅值。综上所述，SPWM 变频器可以实现变频变压交流电动机调速控制。

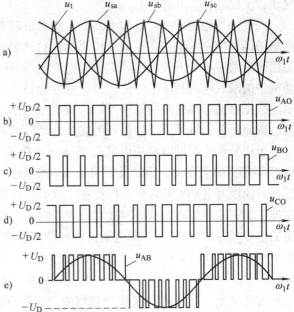

图 4-60 所示是三相 SPWM 变频器工作在双极式控制方式时的输出电压波形。其调制方法与单极式相同，只是功率开关器件通断情况不一样。双极式控制时，变频器同一桥臂上下两个开关器件交替通断，处于互补的工作方式。例如图 4-60b 中，u_{AO} 是在 $+U_D/2$ 和 $-U_D/2$ 之间跳变的脉冲波形。当 $u_{sa} > u_t$，即 u_{da} 为"正"时，VT_1 导通，$u_{AO} = +U_D/2$；当 $u_{sa} < u_t$，即 u_{da} 为"负"时，VT_4 导通，$u_{AO} = -U_D/2$。同理，图 4-60c 的 u_{BO} 波形是 VT_3、VT_6 交替导通得到的；图 4-60d 所示的 u_{CO} 波形是 VT_2、VT_5 交替导通得到

图 4-60　三相 SPWM 变频器双极式控制方式输出电压波形
a) u_{sa}、u_{sb}、u_{sc}、u_t 波形　b) u_{AO} 波形
c) u_{BO} 波形　d) u_{CO} 波形　e) u_{AB} 波形

的。图 4-60e 中的 u_{AB} 是变频器输出的线电压，是由 u_{AO} 减 u_{BO} 得到的，u_{AB} 的脉冲幅值为 $+U_D$ 和 $-U_D$。

SPWM 控制是根据三角载波与正弦调制波的交点来确定变频器功率开关器件的开关时刻，可以用模拟电子电路、数字电子电路或专用的大规模集成电路芯片等硬件实现，也可以用微型计算机通过软件实现。

4.7.4　变频器的应用

随着变频交流电动机调速技术的发展，出现了各种型号的变频器。根据电动机功率及应用场合，可以选择不同型号的变频器进行交流电动机的控制。在焊接自动化方面主要用于焊接辅机具的电动机控制中。

在变频器应用中，需要对变频器的控制功能、外接电路等有所了解。

1. 变频器的控制功能

（1）U/f 控制功能　一般的变频器都具有 U/f 控制功能。U/f 控制功能就是指通过提高定子电压 U_1 与 f_1 比值来补偿 f_1 下调时引起的电动机转矩下降。

变频器通常都有一系列的 U/f 控制曲线，用户可以根据需要，自己选择 U/f 控制曲

线。U/f 控制曲线包括基本 U/f 控制曲线和转矩补偿的 U/f 控制曲线等。基本 U/f 控制曲线是没有进行补偿情况下的电动机定子电压 U_x 和频率 f_x 之间的关系曲线，该曲线一般是一条过零点的直线，即 $f_x = 0$ 时，$U_x = 0$。转矩补偿的 U/f 控制曲线是进行电压补偿后的电动机定子电压 U_x 和频率 f_x 之间的关系曲线，一般用于低速时需要较大转矩的负载情况，该曲线在 $f_x = 0$ 时，$U_x \neq 0$。

（2）矢量控制功能　目前大多数变频器都具有了矢量控制功能。矢量控制就是在交流电动机的调速控制中运用直流电动机调速控制思想，通过一系列电路的转换将变频中的直流控制信号变为三相交流控制信号，去控制变频器的输出。变频中的直流控制信号相当于直流电动机中的励磁电流和转矩电流，也可称为励磁电流分量和转矩电流分量，分别以 i_M、i_T 表示。根据直流电动机控制原理可知，只要控制 i_M、i_T 中的一个就可以控制变频器的交流输出。由此可见，采用矢量控制可使交流电动机的调速接近于直流电动机的调速。

采用矢量控制可以应用电流反馈或速度反馈。电流反馈可以反映负载变化的情况，使 i_T 能够随负载而变化；速度反馈可以反映电动机实际转速与给定转速之间的差异，从而以最快的速度对电动机的转速进行校正。速度反馈传感器一般采用脉冲编码器。现代变频器又在推广无速度传感器矢量控制技术。它不需要用户在变频器外部设置传感器及反馈环节，而是通过变频器内部的 CPU 对电动机的各种参数如电动机定子电流、转子电阻等进行测量计算得到一个转速的实际值，将这个实际值与给定转速值进行比较，利用其偏差来调节 i_M、i_T，改变变频器的输出频率和输出电压，从而实现转速的动态控制。

由此可见，U/f 控制是使变频器按照预先设置的 U/f 关系进行工作，而不能根据负载等变化来实时调整变频器的输出，相当于开环控制。该控制模式一般用于对速度精度控制要求不高的场合，一般的焊接专机可以采用此种控制模式。U/f 控制模式的变频器以其优越的性能价格比，而得到广泛的应用。

矢量控制可以根据电动机在运行过程中的基本参数为依据，通过专用的集成电路的计算得到必要的控制参数，来调整 i_M、i_T，从而对变频器的输出频率和电压进行实时调节，因此具有良好的动态性能。该种控制模式的变频器还具有调速范围广、对转矩可以进行精确控制、系统加速性能好等特点，但是该系统机构复杂，成本较高。在要求较高的焊接自动控制中可以采用此控制模式。

变频器一般还具有节能运行功能、PID 控制功能、自动电压调整功能等。

2. 变频器的外接电路

（1）变频器的外接主电路　变频器的外接主电路是变频器的接线端子和外围设备相连的电路。变频器的接线端子分为主回路端子和控制回路端子。各种变频器主回路端子相差不大，通常用 R、S、T 表示交流电源的输入端，U、V、W 表示变频器的输出端。变频器外接主电路如图 4-61所示。图 4-61 中，Q 是空气断路器，KM是接触器的主触点，UF 是变频器。

（2）变频器的外接给定电路　不同品

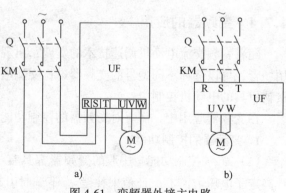

图 4-61　变频器外接主电路

a）接线图　b）原理图

牌的变频器控制回路端子差异较大。图4-62是三菱 FR—A540 变频器的端子接线图。

◎ 主回路端子

○ 控制回路输入端子

● 控制回路输出端子

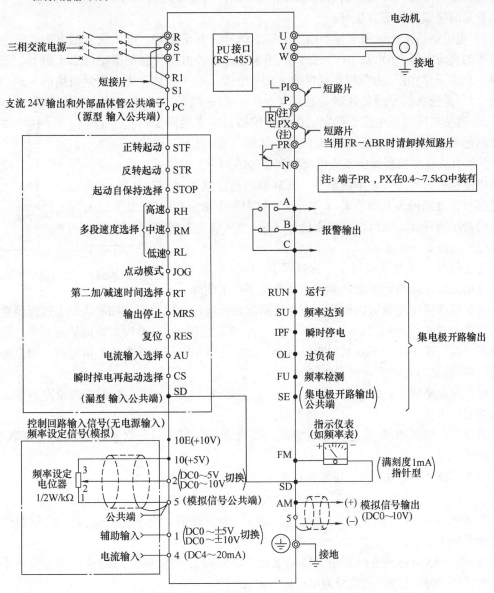

图 4-62　三菱 FR—A540 变频器端子图

在变频器中，通过输入端子输入调节频率大小的指令信号称为给定信号。外接给定指的是变频器通过信号输入端从外部得到频率的给定信号。

频率给定信号包括数字量给定方式和模拟量给定方式。

采用数字量给定方式时，其频率给定信号为数字量。这种给定方式的频率精度很高，可达给定频率的 0.01% 以内。具体给定方式可以利用变频器面板功能键设定，也可以由上位机或 PLC 通过专用通信接口进行设定。需要注意的是，不同的变频器采用的通信接口不同。

例如三菱 FR—A540 系列变频器采用的是 RS—485 接口，如果上位机的通信口为 RS—232C 接口的话，须加接一个 RS—485 与 RS—232C 的转接器。

采用模拟量给定方式时，其频率给定信号为模拟量。它主要有电压信号、电流信号。当进行模拟量给定时，变频器输出频率的精度略低，约为最大频率的 ± 0.2% 以内。

常见的模拟量给定方法有：

1）电位器给定。采用电位器给定的频率信号为电压信号。电压信号的电源通常由变频器内部的直流电源（5V 或 10V）提供。频率给定信号由电位器的滑动触点上得到。三菱变频器中，端子"10E"为变频器提供的 + 10V 电源；端子"10"为变频器提供的 + 5V 电源；端子"5"是输入信号的公共端（通常为公共负端）；端子"2"为电压信号输入端。

2）直接电压（或电流）给定。由外部仪器设备直接向变频器的给定端子输入电压或电流信号，如图 4-63 所示。图 4-63 所示为从温度控制器中获得电流给定信号的例子。

由模拟量进行外接频率给定时，变频器的给定频率 f_x 与给定信号 x 之间的关系曲线 $f_x = f(x)$，称为频率给定曲线。这里的给定信号 x，既可以是电压信号 U_G，也可以是电流信号 I_G。

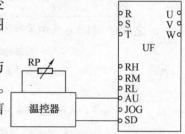

图 4-63　直接电流信号给定

给定信号 x 从 0 增大到 x_{max} 的过程中，给定频率 f_x 线性地从 0 增大到 f_{max} 的频率给定曲线为基本频率给定曲线。

实际频率给定曲线可以根据调速系统的需要，通过曲线的起点和终点设定进行预置：

首先设置起点坐标（$x = 0$，$f_x = f_{BI}$）。f_{BI} 为给定信号 $x = 0$ 时对应的给定频率，称为偏置频率。在三菱 FR—A540 系列变频器中，给定信号是电压（或电流）信号时，相应偏置频率的功能码是"Pr.902"（或"Pr.904"）。

设置终点坐标（$x = x_{max}$，$f_x = f_{xm}$）。f_{xm} 为给定信号 $x = x_{max}$ 时对应的给定频率，称为最大给定频率。

预置时，偏置频率 f_{BI} 是直接设定的，而最大给定频率 f_{xm} 常常通过预置"频率增益"$G\%$ 来设定的。

$G\%$ 是最大给定频率 f_{xm} 与最大频率 f_{max} 之比的百分数：

$$G\% = (f_{xm}/f_{max}) \times 100\%$$

如 $G\% > 100\%$，则 $f_{xm} > f_{max}$，这时的 f_{xm} 为假想值。当 $f_{xm} > f_{max}$ 时，变频器的实际输出频率等于 f_{max}。

在 FR—A540 系列变频器中，频率增益的功能码是"Pr.903"（当给定信号为电压信号时）和"Pr.905"（当给定信号为电流信号时）。

在频率曲线设定时应注意最大频率、最大给定频率与上限频率的区别。最大频率 f_{max} 和最大给定频率 f_{xm} 都与最大给定信号 x_{max} 相对应，但最大频率 f_{max} 通常是由基准情况决定的，而最大给定频率 f_{xm} 常常是根据实际情况进行修正的结果。

当 $f_{xm} < f_{max}$ 时，变频器能够输出的最大频率由 f_{xm} 决定，f_{xm} 与 x_{max} 对应。

当 $f_{xm} > f_{max}$ 时，变频器能够输出的最大频率由此 f_{max} 决定。

上限频率 f_H 是根据生产需要预置的最大运行频率，它并不和某个确定的给定信号 x 相对应。

当 $f_H < f_{max}$ 时，变频器能够输出的最大频率由 f_H 决定，f_H 并不与 x_{max} 对应。

当 $f_H > f_{max}$ 时，变频器能够输出的最大频率由 f_{max} 决定。

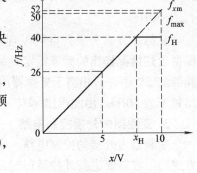

图 4-64　f_{max}、f_{xm} 与 f_H

如图 4-64 所示，假设给定信号为 0～10V 的电压信号，最大频率为 $f_{max} = 50Hz$，最大给定频率 $f_{xm} = 52Hz$，上限频率 $f_H = 40Hz$。则有

1）频率给定曲线的起点为（0，0），终点为（10，52）。

2）在频率较小（< 40Hz）的情况下，频率 f_x 与给定信号 x 之间的对应关系由频率给定曲线决定，如 $x = 5V$ 时，$f_x = 26Hz$。

3）变频器实际输出的最大频率为 40Hz。

下面根据几个实例，来说明频率曲线的设定。

例 4-1： 某种传感器的输出信号为 1～5V，直接作为变频器的给定信号，要求相应变频器输出频率为 0～50Hz。

因为变频器要求的电压给定信号是 0～5V，其基本频率给定曲线为图 4-65a 中的曲线①，而实际需要的频率给定曲线为图 4-65a 中的曲线②。由图 4-65a 可知，应预置偏置频率 f_{BI}。根据相似三角形原理：$5/4 = x/50$，可得到：$x = 62.5$，所以，$f_{BI} = (62.5 - 50) = 12.5Hz$。

由图 4-65a 可以看到，f_{BI} 在横轴以下，所以取 $f_{BI} = -12.5Hz$。

例 4-2： 某变频器采用电位器给定方式，系统要求：当外接电位器旋到底时的最大输出频率为 30Hz。

根据系统要求，作出频率给定曲线如图 4-65b 所示。由图 4-65b 可知，$f_{xm} = 30Hz$，$f_{max} = 50Hz$。因为所要求的最大频率低于基本频率，所以 $G\% = 60\% < 1$。

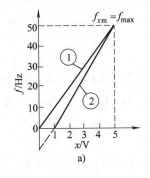
　　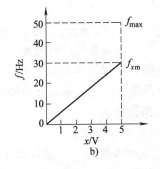
　　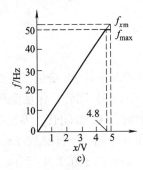

a)　　　　　　　　　　b)　　　　　　　　　　c)

图 4-65　频率给定曲线设定实例
a) 例 4-1　b) 例 4-2　c) 例 4-3

例 4-3： 某仪器输出电压为 0～5V 时，作为频率给定信号，此时变频器实际频率变化范围为 0～48Hz，如何修正为 0～50Hz。

这种情况发生的原因，往往是由于测量误差引起的。根据题意，48Hz 是最大给定信号

5V 实际对应的输出频率，因而 $f_{max} = 48Hz$，50Hz 是经过修正后 5V 对应的输出频率，所以 $f_{xm} = 50Hz$。

从另一方面来说，也可以理解为仪器输出电压的 5V，与变频器内部的 5V 不相吻合。根据上述情况作出的频率给定曲线如图 4-65c 所示。由图 4-65c 可知，仪器输出的 5V 比变频器的 5V 小，只相当于变频器内部电源的 4.8V，即要求变频器在给定电压为 4.8V 时，输出频率为 50Hz。由此求出 $G\% = 104.2\%$。

3. 变频器的外接控制电路

变频器由外接的控制电路，来控制其运行的工作方式，称为外控运行方式（或称"远控方式"）。在需要进行外控运行时，变频器须事先将运行模式预置为外部运行。在三菱 FR—A540 变频器中，将 Pr.79 功能预置为 "2"。

（1）正、反转控制　可以采用旋钮开关或者继电器进行交流电动机的正反转控制。

1）采用三位旋钮开关控制正、反转电路，如图 4-66 所示。图 4-66a 中的接触器 KM 仅用于为变频器接通电源。在 "STF"、"STR" 和 "SD" 之间接入三位旋钮开关 SA。SA 的三个位置分别为 "正转"、"停止"、"反转"。电动机的起动和停止也由 SA 来控制。当 "STF" 与 "SD" 通过 SA 接通时，电动机 "正转"；当 "STR" 与 "SD" 通过 SA 接通时，电动机 "反转"。

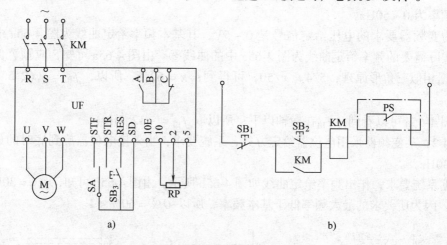

图 4-66　开关控制正、反转电路
a) 主电路　b) 控制电路

图 4-66b 中的 PS 是指三菱变频器的报警输出触点 B、C（见图 4-66a）。变频器工作正常时，B、C（PS）闭合，保证变频器接通；变频器工作故障时，B、C（PS）断开，使变频器断电，同时，A、C 闭合，输出报警信号。

按钮 SB$_3$ 则用于排除故障后使变频器复位。

该电路中由于在 KM 与 SA 之间无互锁环节，难以防止先合上 SA 再接通 KM，或在 SA 尚未断开、电动机未停机的情况下通过 KM 切断电源的误动作。

2）采用继电器控制的正、反转电路如图 4-67 所示。按钮 SB$_2$、SB$_1$ 用于控制接触器 KM，从而控制变频器接通或切断电源。

按钮 SB$_4$、SB$_3$ 用于控制正转继电器 KA$_1$，从而控制电动机的正转运行和停止。

按钮 SB$_5$、SB$_3$ 用于控制反转继电器 KA$_2$，从而控制电动机的反转运行和停止。

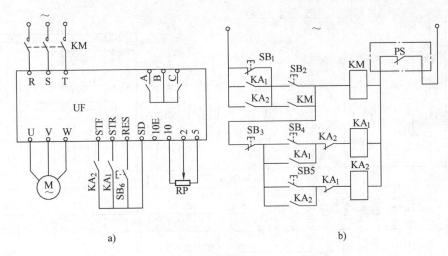

图 4-67　继电器控制的正、反转电路

a) 主电路　b) 控制电路

由图 4-67 可知，电动机的起动与停止是由继电器 KA_1 或 KA_2 来完成的。在接触器 KM 未吸合前，继电器 KA_1、KA_2 是不能接通的，从而防止了先接通 KA_1 或 KA_2 的误动作。而当 KA_1 或 KA_2 接通时，其常开触点使常闭按钮 SB_1 失去作用，只有先按下电动机停止按钮 SB_3，在 KA_1、KA_2 失电后，SB_1 才具有了切断 KM 的功能，从而保证了只有在电动机先停机的情况下，才能使变频器切断电源。

（2）多挡转速的控制　采用变频器可以进行多挡转速的自动变换控制。几乎所有的变频器都具有多挡转速转换的功能。各挡转速间的转换是由外接开关的通断组合来实现的，三个输入端子可切换 8 挡转速（包括 0 速）。对三菱 FR—A540 系列变频器来说，三个输入端分别是 RL、RM、RH。外接开关对于每挡转速常常只有一对触点来控制。也可以采用 PLC 控制的方法来解决由一对触点控制多个控制端的问题。

假设一个焊接专机在焊接过程中需要有 8 挡转速（0 挡转速为 0）切换，由转换开关的 8 个位置来控制，每个位置只有一对触点，对应一个转速。现在选择三菱公司生产的 FX_{ON}—40MR 的 PLC 和三菱 FR—A540 系列变频器进行交流电动机多挡转速。图 4-68 是采用 PLC 与变频器控制进行交流电动机多挡转速切换的电路图。

在图 4-68 中，SA_1 用于控制 PLC 的运行；SB_1 和 SB_2 用于控制变频器的通电；SB_3 和 SB_4 用于控制变频器的运行；SB_5 用于变频器的复位；SA_2 是用于控制 8 挡转速的切换开关（见图 4-69 的梯形图）。

在使用变频器前，首先进行功能预置，主要是预置与各挡转速对应的频率。假设预置为

Pr.4——第一工作频率：$f_{x1} = 15Hz$；

Pr.5——第二工作频率：$f_{x2} = 30Hz$；

Pr.6——第三工作频率：$f_{x3} = 40Hz$；

Pr.24——第四工作频率：$f_{x4} = 50Hz$；

Pr.25——第五工作频率：$f_{x5} = 35Hz$；

Pr.26——第六工作频率：$f_{x6} = 25Hz$；

Pr.27——第七工作频率：$f_{x7} = 10Hz$。

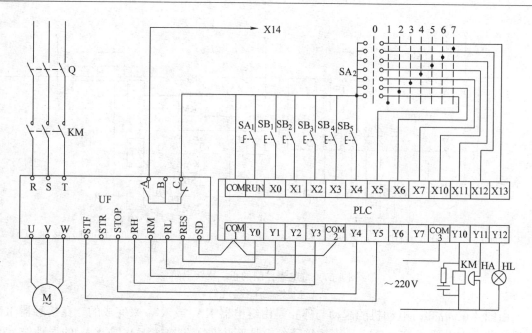

图 4-68 多挡转速控制电路图

PLC 控制的梯形图如图 4-69 所示，其控制原理如下：

1）变频器的通电控制（A 行）。按下 $SB_1 \rightarrow X0$ 动作 $\rightarrow$ Y10 动作 $\rightarrow$ 接触器 KM 通电动作 $\rightarrow$ 变频器接通电源；按下 $SB_2 \rightarrow X1$ 动作 $\rightarrow$ X1 动断触点断开 $\rightarrow$ Y10 释放 $\rightarrow$ 接触器 KM 断电 $\rightarrow$ 切断变频器电源。

2）变频器的运行控制（B 段）。由于 X3 未动作，其动断触点处于闭合状态，故 Y4 动作，使 STOP 端与 SD 接通。由于变频器的 STOP 端接通，可以选择起动信号自保持，所以正转运行端（STF）具有自锁功能。

按下 $SB_3 \rightarrow X2$ 动作 $\rightarrow$ Y5 动作 $\rightarrow$ STF 工作并自锁 $\rightarrow$ 系统开始加速并运行；按下 $SB_4 \rightarrow X3$ 动作 $\rightarrow$ Y4 释放 $\rightarrow$ STF 自锁失效 $\rightarrow$ 系统开始减速并停止。

3）多挡速控制（C 段）。SA_2 旋至"1"位 $\rightarrow$ X5 动作 $\rightarrow$ Y3 动作 $\rightarrow$ 变频器的 RH 端接通 $\rightarrow$ 系统以第 1 速运行；SA_2 旋至"2"位 $\rightarrow$ X6 动作 $\rightarrow$ Y2 动作 $\rightarrow$ 变频器的 RM 端接通 $\rightarrow$ 系统以第 2 速运行；SA_2 旋至"3"位 $\rightarrow$ X7 动作 $\rightarrow$ Y1 动作 $\rightarrow$ 变频器的 RL 端接通 $\rightarrow$ 系统以第 3 速运行；SA_2 旋至"4"位 $\rightarrow$ X10 动作 $\rightarrow$ Y1 和 Y2 动作 $\rightarrow$ 变频器的 RL 端和 RM 端接通 $\rightarrow$ 系统以第 4 速运行；SA_2 旋至"5"位 $\rightarrow$ X11 动作 $\rightarrow$ Y1 和 Y3 动作 $\rightarrow$ 变频器的 RL 端和 RH 端接通 $\rightarrow$ 系统以第 5 速运行；SA_2 旋至"6"位 $\rightarrow$ X12 动作 $\rightarrow$ Y2 和 Y3 动作 $\rightarrow$ 变频器的 RM 端和 RH 端接通 $\rightarrow$ 系统以第 6 速运行；SA_2 旋至"7"位 $\rightarrow$ X13 动作 $\rightarrow$ Y1、Y2 和 Y3 都动作 $\rightarrow$ 变频器的 RL

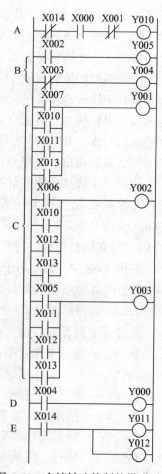

图 4-69 多挡转速控制的梯形图

端、RM 端和 RH 端都接通→系统以第 7 速运行。

4）变频器报警（E 段）。当变频器报警时，变频器的报警输出 A 和 C 接通→X14 动作：一方面，Y10 释放（A 行）→接触器 KM 断电→切断变频器电源；另一方面，Y11 和 Y12 动作→蜂鸣器 HA 发声，指示灯 HL 亮，进行声光报警。

5）变频器复位（D 行）。当变频器的故障已经排除，可以重新运行时，按下 SB$_5$→X4 动作→Y0 动作→变频器的 RES 端接通→变频器复位。

4.7.5 变频器的选择与使用

1. 变频器类型的选择

根据控制功能将通用变频器分为两种类型。一类是适用于一般负载的普通功能 U/f 控制变频器；另一类是适用于高精度控制的高性能通用变频器。高性能通用变频器又可以分为有速度传感器的矢量控制变频器、无速度传感器的矢量控制变频器和无速度传感器的直接具有转矩控制功能的 U/f 控制变频器。第一种高性能变频器控制精度高且性能好，但价格昂贵；第二、三种高性能变频器控制精度和性能一般，但变频器系统简单，价格适中。

变频器类型的选择，要根据负载及控制要求来进行。如果低速下负载转矩较小，控制精度要求一般，通常可以选择普通功能型变频器。

对于恒转矩类负载，例如传送带、焊炬或焊接工件平移机构、自动立焊机的焊接机头提升机构等，可以采用高功能型变频器实现恒转矩负载的调速运行。此类变频器具有低速转矩大，静态机械特性硬度大，不怕冲击负载等特点，控制效果比较理想。除此之外，也可以采用普通功能型变频器，但是为了实现恒转矩调速，常采用加大电动机和变频器容量的办法，以提高低速转矩。

恒转矩负载下的传动电动机，如果采用通用标准电动机，则应考虑低速下的强迫通风冷却。如果采用变频专用电动机则不需要考虑此问题，这是因为变频专用电动机的设计中加强了绝缘等级并考虑了低速强迫通风。

对于动态性能要求较高的焊接自动化机械，原来大多采用直流传动方式。目前，矢量控制型变频器已经通用化，加之笼型异步电动机具有坚固耐用、不用维护、价格便宜等优点，采用矢量控制高性能型通用变频器是一种很好的方案。

2. 变频器容量的计算

在变频器选择中，还需要选择变频器的容量。变频器的容量选择需要根据电动机工作情况、负载情况等进行计算。下面介绍连续恒载运转时所需变频器容量（kVA）的计算，其计算公式为

$$P_{CN} \geqslant \frac{kP_M}{\eta \cos\varphi} \tag{4-21}$$

$$P_{CN} \geqslant k \times \sqrt{3}\, U_M I_M \times 10^{-3} \tag{4-22}$$

$$I_{CN} \geqslant kI_M \tag{4-23}$$

式中　P_M——负载所要求的电动机的轴输出功率（kVA）；

　　　η——电动机的效率（通常约 0.85）；

　　$\cos\varphi$——电动机的功率因数（通常约 0.75）；

　　　U_M——电动机电压（V）；

I_M——电动机电流（A），工频电源时的电流；

k——电流波形的修正系数（PWM 方式时取 1.0～1.05）；

P_{CN}——变频器的额定容量（kVA）；

I_{CN}——变频器的额定电流（A）。

变频器与异步电动机组成不同的调速系统时，变频器容量的计算方法也不同。上述计算适用于单台变频器为单台电动机供电连续运行的情况。式（4-21）、式（4-22）和式（4-23）三者是统一的，选择变频器容量时应同时满足三个公式的关系。尤其变频器电流是一个较关键的量。

3. 使用变频器的注意事项

变频器必须根据有关要求进行安装。在安装使用中应注意以下几点：

1）在变频器接线中要采取必要的措施减少噪声的影响。例如，选用在输出侧最大电流时的电压降为额定电压 2% 以下的电缆尺寸；弱电控制线距离电力电源线至少 100mm 以上；控制回路的配线应该采用屏蔽双绞线；连接地线不仅可以防止触电，而且可以抑制噪声。

2）虽然变频器有很多优点，但亦可能引起一些问题，比如产生高次谐波对电源的干扰、功率因数降低、无线电干扰、噪声、振动等。为了避免这些问题发生，必须在变频器的主电路中安装适当的电抗器。图 4-70 为变频器的电抗器选择连接图。

3）在变频器中使用电力晶体管或 IGBT 高速开关可能引起噪声，对附近 10MHz 以下频率的无线电测量及控制设备等无线电波产生影响，必要时选用无线电干扰（RFI）抑制电抗器，能降低这类噪声。

4）图 4-70 的电抗器中以电源侧 AC 电抗器最为重要。当电源容量大（即电源阻抗小）时，会使输入电流的高次谐波增高，使整流二极管或电解电容器的损耗增大而发生故障。为了减小外部干扰，在电源变压器容量 500kVA 以上，并且是变频器额定容量的 10 倍以上，请连接变频器选购件电源侧 AC 电抗器（也称为电源协调用电抗器）。

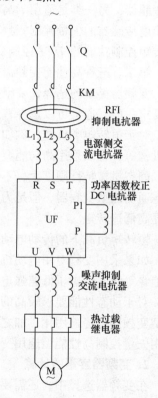

图 4-70　各种电抗器的选择连接图

5）功率因数校正 DC 电抗器用于校正功率因数，校正后的功率因数为 0.9～0.95。一般大于 75kW 的变频器都有匹配的可选标准件 DC 电抗器。

6）由变频器驱动的电动机的振动和噪声比用常规电网驱动的要大，这是因为变频器输出的谐波增加了电动机的振动和噪声。如在变频器和电动机之间加入降低噪声用电抗器，则具有缓和金属音质的效果，噪声可降低 5dB 左右。

4. 变频器的使用步骤

在变频器—电动机等组成的电力拖动系统安装完成后，其系统就要投入运行。在变频器应用中一般需要进行下列工作。

（1）参数预置　变频器运行时基本参数和功能参数是通过功能预置得到的。基本参数是指变频器运行所必须具有的参数，主要包括转矩补偿，上、下限频率，基本频率，加、减速时间，电子热保护等。大多数的变频器在其功能码表中都列有基本功能一栏，其中就包括了这些基本参数。功能参数是根据选用的功能而需要预置的参数，如 PID 调节的功能参数等。如果不预置参数，变频器按出厂时的设定选取。具体请参阅变频器的使用说明书。

功能参数的预置过程，总结起来大约有下面几个步骤：

1）查功能码表，找出需要预置参数的功能码。

2）在参数设定模式（编程模式）下，读出该功能码中原有的数据。

3）修改数据，写入新数据。

三菱等多数变频器的功能预置均属于此种方法。三菱 FR—A540 系列变频器功能预置流程，如图 4-71 所示。

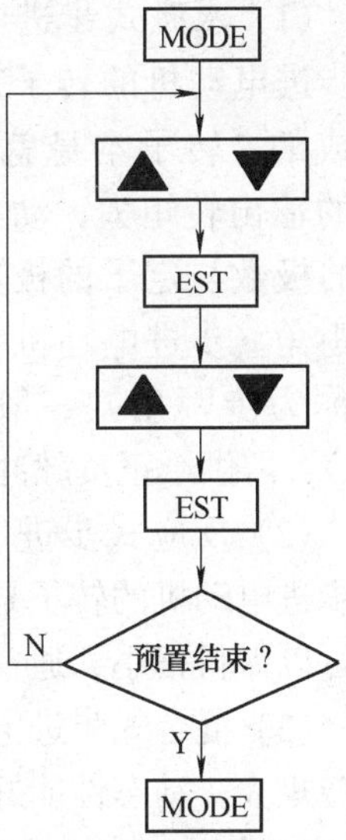

图 4-71　功能预置流程

（2）运行模式的选择　运行模式是指变频器运行时，给定频率和起动信号从哪里给出。根据给出地方的不同，运行方式主要可分为面板操作、外部操作（端子操作）、通信控制（上位机给定）。采用通信控制方式，其给定信号来自变频器的控制机（上位机），如 PLC、单片机、PC 机等。

（3）给出起动信号　经过以上两步，变频器已做好了运行的准备，只要起动信号一到，变频器就可按照预置的参数运转。

4.8　步进电动机及其控制原理

步进电动机是数字控制电动机。它将电脉冲信号转变成角位移的电动机，即给一个脉冲信号，步进电动机就转动一个角度。随着焊接自动化技术的发展，步进电动机在焊接自动化中的应用越来越多。本节主要介绍步进电动机的基本结构及其控制技术。

4.8.1　步进电动机的结构与工作原理

步进电动机每当输入一个电脉冲，电动机就转动一个角度，前进一步。脉冲一个一个地输入，电动机便一步一步地转动，因此，这种电动机称为步进电动机。步进电动机输出的角位移与输入的脉冲数成正比，其转速与输入脉冲频率成正比。控制输入脉冲数量、频率及电动机各相绕组的通电顺序，就可以得到各种需要的运行特性。

1. 步进电动机的基本结构与分类

步进电动机和一般旋转电动机一样，分为定子和转子两大部分。定子由硅钢片叠成，装上一定相数的控制绕组，输入电脉冲对多相定子绕组轮流进行励磁；转子用硅钢片叠成或用软磁性材料做成凸极结构。

步进电动机种类繁多，通常使用的有永磁式步进电动机（Permanent Magnet，简称 PM）、反应式步进电动机（Variable Reluctance，简称 VR）、混合式步进电动机（Hybrid，简称 HB）等三种。图 4-72 为三种步进电动机的基本结构图。

（1）永磁式步进电动机　永磁式步进电动机的转子是用永磁材料制成的，转子本身就是一个磁源。它的输出转矩大，动态性能好。转子的极数与定子的极数相同，所以步距角（步进电动机每步转过的角度称为步距角）一般较大（90°或45°），需供给正负脉冲信号。

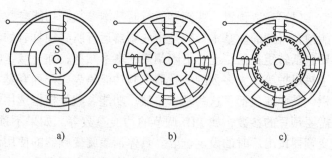

图4-72　步进电动机结构图
a) PM型　b) VR型　c) HB型

（2）反应式步进电动机　反应式步进电动机的转子是由软磁材料制成的，转子中没有绕组。它的结构简单，成本低，步距角可以做得很小，通常使用的步距角为0.9°、1.8°及3.6°，但动态性能较差。

（3）混合式步进电动机　混合式步进电动机综合了反应式和永磁式两者的优点，它的输出转矩大，动态性能好，步距角小，但结构复杂，成本较高。

2. 步进电动机的工作原理

反应式步进电动机是应用最广的步进电动机，以该类电动机为例，分析步进电动机的工作原理。

图4-73是一台三相反应式步进电动机结构图。由图4-73可见，电动机定子上有六个磁极（大极），每两个相对的磁极（N极、S极）组成一对，共有三对。每对磁极都缠有同一绕组，形成一相。三对磁极有三个绕组，形成三相。四相步进电动机有四对磁极、四相绕组；五相步进电动机有五对磁极、五相绕组；依此类推。

在定子磁极的极弧上开有许多小齿，它们大小相同，间距相同。转子沿圆周上也有均布的小齿，这些小齿与定子磁极上的小齿的齿距相同，形状相似。

由于小齿的齿距相同，所以不管是定子还是转子，齿距角 θ_z 的计算公式如下

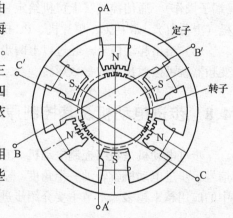

图4-73　三相反应式步进电动机结构图

$$\theta_z = \frac{360°}{z} \tag{4-24}$$

式中，z 为转子的齿数。

反应式步进电动机运动的动力来自于电磁力。在电磁力的作用下，转子被强行推动到最大磁导率（即最小磁阻）的位置（如图4-74a所示，定子小齿与转子小齿对齐的位置），并处于平衡状态。对于三相步进电动机来说，当某一相的磁极处于最大磁导位置时，另外两相必然处于非最大磁导位置（如图4-74b所示，定子小齿与转子小齿不对齐的位置）。

把定子小齿与转子小齿对齐的状态称为对齿；把定子小齿与转子小齿不对齐的状态称为错齿。错齿的存在是步进电动机能够旋转的前提条件。因此，在步进电动机的结构中必须保证有错齿存在，也就是说，当某一相处于对齿状态时，其它相必须处于错齿状态。错齿的距离与步进电动机的相数有关。对于三相步进电动机来说，当A相的定子齿和转子齿对齐时，

B 相的定子齿相对于转子齿顺时针方向错开
1/3 齿距（即 3°），而 C 相的定子齿应相对于
转子齿顺时针方向错开 2/3 齿距。即当一相磁
极下定子与转子的齿相对时，下一相磁极下，
定子与转子齿的位置应错开转子齿距的 $1/m$
（m 为相数）。

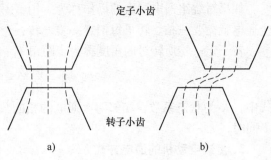

图 4-74　定子齿与转子齿间的磁导现象
a）对齿　b）错齿

定子的齿距角与转子相同，所不同的是，
转子的齿是圆周分布的，而定子的齿只分布在
磁极上，属于不完全齿。当某一相处于对齿状
态时，该相磁极上定子的所有小齿都与转子上
的小齿对齐。

如果给处于错齿状态的相通电，则转子在电磁力的作用下，将向磁导率最大（或磁阻最
小）的位置转动，即向趋于对齿的状态转动。步进电动机就是基于这一原理转动的。

步进电动机的工作原理可以通过图 4-75 加以说明。当开关 K_A 合上时，步进电动机 A
相绕组通电，使 A 相磁场建立。A 相定子磁极上的齿与转子的齿形成对齿；同时，B 相、C
相上的齿与转子形成错齿。将 A 相断电，同时将 K_B 合上，使处于错 1/3 个齿距角的 B 相通
电，并建立 B 相磁场。转子在电磁力的作用下，向与 B 相成对齿的位置转动。其结果是转
子转动了 1/3 个齿距角；B 相与转子形成对齿；C 相与转子错 1/3 个齿距角；A 相与转子错
2/3 个齿距角。

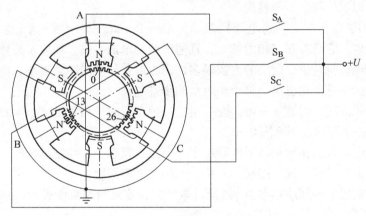

图 4-75　步进电动机工作原理图

同样原理，在 B 相断电的同时，合开关 K_C 给 C 相通电，建立 C 相磁场，转子又转动了
1/3 个齿距角，与 C 相形成对齿，并且 A 相与转子错 1/3 个齿距角，B 相与转子错 2/3 个齿
距角。

当 C 相断电，再给 A 相通电时，转子又转动了 1/3 个齿距角，与 A 相形成对齿，与 B、
C 两相形成错齿。至此，所有的状态与最初时一样，只不过转子累计转过了一个齿距。

可见，由于按 A—B—C—A 顺序轮流给步进电动机的各相绕组通电，磁场按 A—B—C
方向转过了 360°，转子则沿相同方向转过一个齿距角。

同样，如果改变通电顺序，即按与上面相反的方向（A—C—B—A 的顺序）通电，则转
子的转向也改变。

如果对绕组通电一次的操作称为一拍，那么前面所述的三相反应式步进电动机的三相轮流通电就需要三拍。转子每拍走一步，转一个齿距角需要三步。

转子走一步所转过的角度称为步距角 θ_b，可用下式计算：

$$\theta_b = \frac{齿数}{拍数} = \frac{齿距}{Km} = \frac{360°}{Kmz} \tag{4-25}$$

式中，K 为状态系数，相邻两次通电的相的数目相同时，$K = 1$；相邻两次通电的相的数目不同时，$K = 2$。

3. 步进电动机的通电方式

步进电动机的通电方式有单相轮流通电、双相轮流通电和单双相轮流通电三种方式。定子控制绕组每改变一次通电方式，称为一拍。"单"是指每次通电方式的切换前后，只有一相绕组通电；"双"就是指每次通电方式的切换前后，有两相绕组通电。

现以三相步进电动机为例，说明步进电动机的通电方式。

1）三相单三拍通电方式。其通电顺序为 A—B—C—A。"三相"即是三相步进电动机。每次只有一相绕组通电，每一个循环只有三次通电，故称为三相单三拍通电。

单三拍通电方式每次只有一相控制绕组通电吸引转子，容易使转子在平衡位置附近产生振荡，运行稳定性较差。另外，在切换时，一相控制绕组断电而另一相控制绕组开始通电，容易造成失步，因而实际上很少采用这种通电方式。

2）双三拍通电方式。其通电顺序为 AB—BC—CA—AB。这种通电方式中，两相绕组同时通电，转子受到的感应力矩大，静态误差小，定位精度高。另外，转换时，始终有一相控制绕组通电，所以工作稳定，不易失步。

3）三相六拍通电方式。其通电顺序为 A—AB—B—BC—C—CA—A。这种通电方式是单、双相轮流通电。它具有双三拍的特点，且通电状态增加一倍，而使步距角减少一半。

实际上步进电动机转子、定子的齿数很多，因为齿数越多步距角越小，电动机运行越平稳。所以，实际的步进电动机是一种小步距角的步进电动机。

若步进电动机的转子齿数 $z = 40$，按三相单三拍运行时，根据公式（4-25）计算，$\theta_b = 3°$；若按五相十拍运行时，则 $\theta_b = 0.9°$。

可见，步进电动机的相数和转子齿数越多，步距角就越小，控制越精确。故步进电动机可以做成三相，也可做成二相、四相、五相、六相或更多相数。

若步进电动机通电的脉冲频率为 f（脉冲数/秒），步距角用弧度表示，则步进电动机的转速 n（r/min）为

$$n = \frac{60\theta_b f}{2\pi} = \frac{60 \cdot \frac{2\pi}{Kmz} f}{2\pi} = \frac{60f}{Kmz} \tag{4-26}$$

由此可知，步进电动机在一定脉冲频率下，电动机的相数和转子齿数越多，转速 n 就越低。而且相数越多，驱动电源也越复杂，成本也就较高。

4. 步进电动机的主要技术指标与运行特性

（1）步距角和静态步距误差　步距角也称为步距，它的大小可由式（4-25）决定，即与定子控制绕组的相数、转子的齿数和通电的方式有关。目前我国步进电动机的步距角为 $0.36° \sim 90°$。最常用的有 7.5°/15°、3°/6°、1.5°/3°、0.9°/1.8°、0.75°/1.5°、0.6°/1.2°、0.36°/0.72° 等几种。

从理论上讲，每一个脉冲信号应使电动机转子转过相同的步距角。但实际上，由于定、转子的齿距分度不均匀，定、转子之间的气隙不均匀或铁心分段时的错位误差等，实际步距角和理论步距角之间会存在偏差，这个偏差称为静态步距角误差。

（2）最大静转矩　步进电动机的静特性，是指步进电动机在稳定状态（即步进电动机处于通电状态不变，转子保持不动的定位状态）时的特性，包括静转矩、矩角特性及静态稳定区。

静转矩是指步进电动机处于稳定状态下的电磁转矩。在稳定状态下，如果在转子轴上加一负载转矩使转子转过一个角度 θ，并能稳定下来，这时转子受到的电磁转矩与负载转矩相等，该电磁转矩即为静转矩，而角度 θ 即为失调角。对应于某个失调角时，若静转矩最大，则该静转矩称为最大静转矩。

（3）矩频特性　当步进电动机的控制绕组的电脉冲时间间隔大于电动机机电过渡过程（指由于机械惯性及电磁惯性而形成的过渡过程）所需的时间时，步进电动机进入连续运行状态，这时电动机产生的转矩称为动态转矩。步进电动机的动态转矩和脉冲频率的关系为矩频特性。由矩频特性可知，步进电动机的动态转矩随着脉冲频率的升高而降低。

（4）起动频率和连续运行频率　步进电动机的工作频率，一般包括起动频率、制动频率和连续运行频率。对同样的负载转矩来说，正、反向的起动频率和制动频率是一样的，所以一般技术数据中只给出起动频率和连续运行频率。

所谓失步包括丢步和越步。丢步是指转子前进的步距数少于脉冲数；越步是指转子前进的步距数多于脉冲数。丢步严重时，转子将停留在一个位置上或围绕一个位置振动。

步进电动机的起动频率 f_{st} 是指在一定负载转矩下能够不失步起动的最高脉冲频率。f_{st} 的大小与驱动电路和负载大小有关。步距角 θ_b 越小，负载（包括负载转矩和转动惯量）越小，则起动频率越高。

步进电动机的连续运行频率 f 是指步进电动机起动后，当控制脉冲频率连续上升时，能不失步运行的最高频率，它的值也与负载有关。步进电动机的运行频率比起动频率高得多。

5. 步进电动机的特点

1）步进电动机的角位移与输入脉冲数严格地成正比，因此，当它旋转一周后，没有累计误差，具有良好的跟随型。

2）由步进电动机与驱动电路组成的开环数控系统，既简单、廉价，又非常可靠。同时，它也可以与角度反馈环节组成高性能的闭环数控系统。

3）步进电动机的动态响应快，易于起停、正反转及变速。

4）速度可在相当宽的范围内平滑调节，低速下仍能保证获得大转矩，因此，一般可以不用减速器而直接驱动负载。

5）步进电动机只能通过脉冲电源供电才能运行，它不能直接使用交流电源和直流电源。

6）步进电动机存在振荡和失步现象，必须对控制系统和机械负载采取相应的措施。

7）步进电动机自身的噪声和振动较大，带惯性负载的能力较差。

4.8.2　步进电动机的驱动方法

步进电动机不能直接接到工频交流或直流电源上工作，而必须使用专用的步进电动机驱动器，如图 4-76 所示，它由控制指令环节（给定环节）、脉冲发生器及控制环节、功率驱动环节以及反馈与保护环节等组成。控制指令环节、脉冲发生器及控制环节可以用微机或 DSP（数字信号控制器）控制来实现。

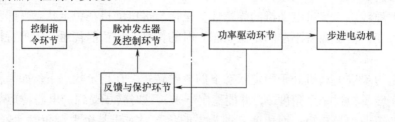

图 4-76　步进电动机驱动控制电路框图

从脉冲发生器及控制环节输出的脉冲控制信号的电流只有几毫安，而步进电动机的定子绕组需要几安培的电流，因此需要对脉冲控制信号进行功率放大。由于功放中的负载为步进电动机的绕组，是感性负载，与一般功放不同点就由此产生，主要是较大电感影响快速性，感应电势带来的功率管保护等问题。

功率驱动器最早采用单电压驱动电路，后来出现了双电压（高电压）驱动电路、斩波电路、调频调压和细分电路等。

1. 单电压功率驱动电路

单电压驱动电路的工作原理如图 4-77 所示。图 4-77 中 L 为步进电动机励磁绕组的电感，R_a 为绕组的等效电阻，R_c 为外部串接的电阻，用以减小回路的时间常数 $L/(R_a + R_c)$。电阻 R_c 两端并联一电容 C，可提高负载瞬间电流的上升率，从而提高电动机的快速响应能力和启动性能。续流二极管 VD 和阻容吸收回路 RC，是功率管 VT 的保护线路。

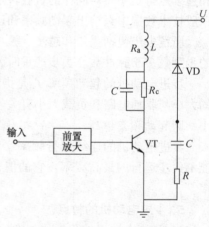

单电压驱动电路的优点是线路简单，缺点是电流上升不够快，高频时负载能力低。

2. 高低电压驱动电路

高低电压驱动电路的特点是给步进电动机绕组的供

图 4-77　单电压功率驱动电路

电有高低两种电压，高压由电动机参数和晶体管的特性决定，一般为 80V 或更高；低压即是步进电动机的额定电压。

图 4-78 为高低压供电切换电路的工作原理图。该电路由功率放大器、前置放大器和单稳延时电路组成。二极管 VD_1 起高低压隔离的作用，VD_2 和 R_g 构成高压放电回路。前置放大电路则起到将低电平信号放大到可以驱动功率管导通的电流的作用。高压导通时间由单稳延时电路整定，通常为 $100 \sim 600\mu s$，对功率步进电动机可达到几千微秒。

当脉冲发生器及控制环节输出为高电平时，两只功率管 VT_1、VT_2 同时导通，步进电动机绕组以 u_g，即 +80V 的电压供电，绕组电流以 $L/(R_d + r)$ 的时间常数向稳定值上升。当达到单稳短暂延时时间 t_g 时，VT_1 功率管截止，改为由 u_d，即 +12V 供电，维持绕组的额定电流。若高低压之比为 u_g/u_d，则电流上升率将提高 u_g/u_d 倍，上升时间减小。图 4-78 中的 R_g、VD_2 构成了绕组的放电回路，它并联在绕组和高压电源上，当低压断开（VT_2 截止）时，在绕组中的放电回路中，增加了阻挡电势（$u_g - u_d$），因此使放电电流下降加快。

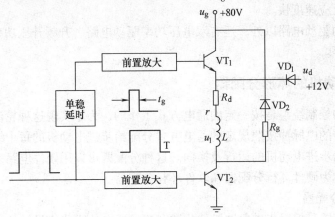

图 4-78　高低电压切换驱动电路工作原理图

高低压供电电路由于加快了电流的上升和下降时间，故有利于提高步进电动机的起动频率和连续工作频率。另外，由于额定电流由低电压维持，只需较小的限流电阻，减小了系统的功耗。

3. 斩波恒流功率放大电路

斩波恒流动率放大电路是利用直流斩波器将步进电动机的电流设定在给定值上，图 4-79 所示为斩波恒流功率放大电路原理。图 4-79 中 U_{in} 为原步进电动机的绕组驱动脉冲信号，这是通过与门 A_2 和比较器 A_1 的输出信号相与后，作为绕组的驱动信号 U_b。当 U_{in} 为高电平 "1" 和比较器 A_1 输出高电平 "1" 时，U_b 为高电平，绕组导通。比较器 A_1 的正输入端的输入信号为参考电压 U_{ref}，由电阻 R_1 和 R_2 设定；负输入端输入信号为绕组电流通过 R_3 反馈获得的电压信号 U_f，它反映了绕组电流的大小。当 $U_{ref} > U_f$ 时，比较器 A_1 输出高电平 "1"，与门 A_2 输出高电平 U_b，绕组通电，电流增加。当电流达到一定时，$U_{ref} < U_f$，比较器 A_1 输出低电平 "0"，与门 A_2 输出低电平 U_b，绕组断电，通过二极管 VD 续流工作。而 VT 截止后，又有 $U_{ref} > U_f$，重复上述的工作过程。这样，在一个 U_{in} 脉冲内，功率管 VT 多次通断，将绕组电流控制在给定值上下波动（见图 4-79）。

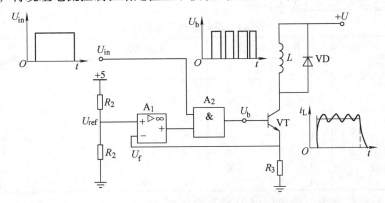

图 4-79　斩波恒流功率放大电路

在这种控制方式下，绕组电流大小与外加电压 + U 大小无关，是一种恒流驱动方案，所以对电源要求比较低。由于反馈电阻 R_3 较小（一般为 1Ω），所以主回路电阻较小，系统时间常数较小，反应速度快。

除上述常用的驱动电路以外，还有双电压功率驱动电路、升频升压功率驱动电路以及集成功率驱动电路等。

4.8.3　步进电动机的环形分配器

步进电动机的控制绕组是按一定的通电方式工作的，为了实现这种轮流通电，需要将控制步进电动机旋转的电脉冲按照规定的通电方式分配给步进电动机的每个绕组，以控制励磁绕组电流的通断和步进电动机的运行及换向。这种分配既可以用硬件电路来实现也可以用软件来完成，分别称为硬件环行分配器和软件环行分配器。

1. 硬件环形分配器

硬件环形分配器是根据步进电动机的相数和要求通电的方式来设计的，可以由门电路和集成触发器构成，也可以选用专用的环形分配器集成芯片。

（1）集成触发器型环形分配器　图 4-80
是一个三相六拍环形分配器的电路原理图。
该电路中包含着 3 只 J-K 触发器和 12 个与非
门。3 只 J-K 触发器的输出端 Q 分别经各自
的功放电路与步进电动机的 A、B、C 三相绕
组相连。当 $Q_A = 1$ 时，A 相绕组通电；$Q_B =$
1 时，B 相绕组通电；$Q_C = 1$ 时，C 相绕组通
电。$W_{+\Delta x}$、$W_{-\Delta x}$ 是步进电动机正反转控制
信号。正转时，$W_{+\Delta x} = 1$，$W_{-\Delta x} = 0$；反转
时，$WW_{+\Delta x} = 0$，$WW_{-\Delta x} = 1$。

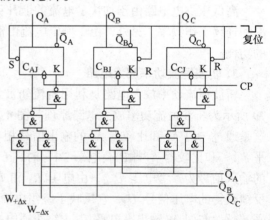

正转时各相通电顺序为 A—AB—B—
BC—C—CA。

图 4-80　步进电动机三相六拍环形分配器电路原理图

反转时各相通电顺序为 A—AC—C—CB—B—BA。

正向环形工作状态表见表 4-1。

表 4-1　正向环行工作状态表

移位脉冲	控制信号状态			输出状态			导电绕组
	J_A	J_B	J_C	Q_A	Q_B	Q_C	
0	1	1	0	1	0	0	A
1	0	1	0	1	1	0	AB
2	0	1	1	0	1	0	B
3	0	0	1	0	1	1	BC
4	1	0	1	0	0	1	C
5	1	0	0	1	0	1	CA
6	1	1	0	1	0	0	A

这类分配器种类很多，也可以由 D 触发器组成。

（2）专用的环形分配器集成芯片　步进电动机环形分配器的专用集成芯片种类很多，功能也十分齐全。例如，CH250 是专为三相反应式步进电动机设计的环形分配器。

　　CH250 由三个 D 型触发器和一些门电路组成，16 个引出端。其中，J_{br}（1 脚）、J_{bl}（2 脚）、J_{ar}（14 脚）、J_{al}（15 脚）分别是 CH250 工作方式控制端。CH250 的工作状态与各个输入端电平关系如表 4-2 所示。通过设置引脚（1，2 和 14，15）的电平，可使 CH250 按双三拍、单六拍以及相应的正、反转等状态工作。

表 4-2　CH250 真值表

CL	E_B	J_{br}	J_{bl}	J_{ar}	J_{al}	功　能
⌐	1	1	0	0	0	双三拍正转
⌐	0	1	1	0	0	双三拍反转
⌐	1	0	0	1	0	单六拍正转
⌐	1	0	0	0	1	单六拍反转
0	⌐	1	0	0	0	双三拍正转
0	⌐	0	1	0	0	双三拍反转
0	⌐	0	0	1	0	单六拍正转
0	⌐	0	0	0	1	单六拍反转
Φ	1	Φ	Φ	Φ	Φ	不变
⌐	0	Φ	Φ	Φ	Φ	不变
0	⌐	Φ	Φ	Φ	Φ	不变
1	Φ	Φ	Φ	Φ	Φ	不变

　　RV（10 脚）和 R（9 脚）分别是复位端，当 RV 为"1"电平时，三拍工作状态复零；当 R 为"1"电平时，六拍工作状态复零。

　　CL（7 脚）为时钟脉冲信号输入端，E_B（6 脚）为时钟脉冲信号允许端。当 E_B 为"1"高电平时，从 CL 端输入的时钟脉冲信号上升沿使 CH250 内部的 D 触发器翻转；如果 CL 端为"0"低电平，则从 E_B 端输入的时钟脉冲信号下降沿使 CH250 内部的 D 触发器翻转。步进电动机的转动速度取决于时钟脉冲的频率，频率越高，步进电动机的转动速度越快。但频率过高，步进电动机会出现失步现象（根据步进电动机的有关极限参数确定最高时钟脉冲频率）。

　　图 4-81 是使用 CH250 工作于三相单六拍状态的接线图。

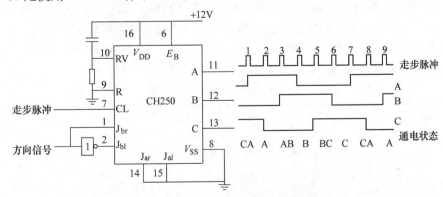

图 4-81　CH250 三相六拍脉冲分配

　　如图 4-81 所示，J_{ar}、J_{al} 接"地"为"0"电平；RV 接"1"电平；R 接"地"为"0"电平；

E_B 接电源为"1"电平; CL 接时钟脉冲（走步脉冲）; 方向控制信号连接到 J_{br}, 并通过一个与非门接到 J_{bl}, 从而可以有效地控制步进电动机转动的方向; V_{DD}、V_{SS} 分别接电源和"地"。

A（11 脚）、B（11 脚）、C（11 脚）为脉冲输出端, 其输出脉冲控制步进电动机的转动。由于 CH250 同所有的 CMOS 集成电路一样, 其输出的驱动电流较小（0.3～1mA）, 不能直接带动电动机负载, 所以要增加功率接口电路。功率接口电路可以采用晶体管功率放大电路等。

2. 软件环行分配器

由于不同种类、不同相数、不同分配方式的步进电动机都必须有不同的环行分配器。如果采用软件环行分配器, 只需要编制不同的程序（环行分配程序）, 就可以满足不同步进电动机控制的需要。因而可以使硬件电路大大简化, 成本下降, 并具有柔性控制的特点, 可以灵活地改变步进电动机的控制方案。

软件的环行分配器的设计方法很多, 如查表法、比较法、移位寄存器法等。最常用的是查表法。

在步进电动机的单片机控制系统或 DSP 控制系统中, 往往采用软件进行环形分配。现以 8031 单片机为例加以说明。

如果步进电动机是采用三相六拍的通电方式, 即若按 A—AB—B—BC—C—CA 顺序循环通电, 则步进电动机正向转动; 若反向顺序循环, 则步进电动机反向转动。

首先, 设置输出端口。单片机可以通过具有综合功能的芯片 8155 进行扩展, 从 8155 的 PC0～PC2 输出信号, 分别连接步进电动机的 A、B、C 相, 使步进电动机获得三相六拍的运行脉冲。

然后, 设计环形分配子程序。为了使步进电动机按照如前所述的顺序通电, 必须在存储器中建立一个环形分配表, 存储器各单元中存放对应绕组通电的顺序值, 即将正转的 6 个数据分别存放在存储器的 6 个单元中。

程序运行时, 依次将环形分配表中的数据, 也就是对应存储单元的内容送到 8155 的 PC口, 使 PC0、PC1、PC2 依次送出有关的信号, 从而使电动机绕组轮流通电。

表 4-3 为 8155PC 口输出分配表。表中"1"代表通电状态, "0"代表断电状态。若要使电动机正转, 只需依次输出表中各单元内容即可。当输出已到表底状态时, 就要修改地址, 使下一次输出重新从表首状态开始。当电动机需反转时, 只需反向送存储器单元内容到 8155PC 口, 然后执行即可。也可将存储器内分成若干区域, 建立不同的通电状态的环形分配表, 这时, 只要选择某一种工作方式的通电状态字, 即可按某种环形分配表进行工作。

主程序每调用一次环形分配子程序, 就按顺序改变一次步进电动机通电状态, 而后调用延时子程序以控制通断节拍, 从而改变步进频率。

表 4-3　8155PC 口输出分配表

PC2	PC1	PC0	输出数据
C 相	B 相	A 相	（16 进制）
0	0	1	01H
0	1	1	03H
0	1	0	02H
1	1	0	06H
1	0	0	04H
1	0	1	05H

4.8.4 步进电动机的传动与控制

1. 步进电动机的升降速控制

反应式步进电动机的转速取决于脉冲频率、转子齿数和相数，与电压、负载、温度等因素无关。当步进电动机的通电方式选定后，由式（4-27）可知，其转速只与输入脉冲频率成正比。改变脉冲频率就可以改变转速，实现无级调速，并且调速范围很宽。因此，它可以使用在不同速度的场合。

由步进电动机的矩频特性可知，转矩 T 是频率 f 的函数。当电动机起动时，起动频率越高，起动转矩越小，带负载能力越差。低速工作时，步进电动机可以直接起动，并采用恒速工作方式；高速工作时，就不能采用恒速工作方式。因为在步进电动机起动时，由于脉冲频率过高会出现失步现象，因此高速运行的步进电动机必须用低速起动，然后再慢慢加速到高速，实现高速运行。同样，停止时也要从高速慢慢降到低速，最后停止下来。

2. 步进电动机的开环与闭环控制

在一般情况下，步进电动机采用开环控制。在开环控制的步进电动机驱动系统中，其输入的脉冲不依赖转子的位置，而是事先按一定规律安排的。对于不同的电动机或同一种电动机中不同的负载、励磁电流和失调角发生改变，输出转矩都会随之发生改变，很难找到通用的速度控制规律，因此也难以提高步进电动机的技术性能指标。

闭环系统能直接或间接地检测转子的位置和速度，然后通过反馈和适当处理，自动给出驱动脉冲串。因此可以获得更加精确的位置控制，高而平稳的转速，步进电动机的性能指标也提高了。闭环系统可采用光电编码器作为位置检测元件。

3. 步进电动机的步距角细分

在步进电动机控制高精度焊接工作台系统中，为了提高控制精度，应减小脉冲当量 δ（脉冲当量表示每一个脉冲，步进电动机转过一个固定角度，经过传动机构驱动工作台走过的距离）。这可采用如下方法来实现：

1）减小步进电动机的步距角。

2）加大步进电动机与传动丝杠间齿轮的传动比和减小传动丝杠的螺距。

3）将步进电动机的步距角 θ_b 进行细分。

前两种方法受机械结构及制造工艺的限制实现困难，当系统构成后就难以改变，一般可考虑步距角细分的方法。

（1）细分的基本原理 以三相六拍步进电动机为例，如图4-82所示，当步进电动机 A 相通电时，转子停在 A—A 位置。当由 A 相通电转为 A、B 两相通电时，转子转过 30°，停在 AB 之间的 I 位置。若由 A 相通电转为 A、B 两相绕组通电时，B 相绕组中的电流不是由零一次上升到额定值，而是先达 1/2 额定值。由于转矩 T 与流过绕组的电流 I 成线性关系，转子将不是顺时针转过 30°，而是转过 15°停在 II 位置。同理当由 A、B 两相通电变为只有 B 通电时，A 相电流也不是突然一次下降为零，而是先降到额定值的 1/2，则转子将不是停在 B 而是停在 III 的位置，这就将精度提高了 1 倍。分级越多，精度越高。

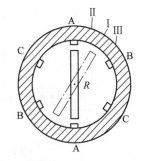

图 4-82 步距角细分示意图

（2）细分驱动电路　所谓细分电路，就是在控制电路上采取一定措施把步进电动机的每一步分得细一些。可以用硬件来实现这种分配，也可由微机通过软件来进行。细分的主要部件是移位式分配器。

用逻辑电路实现的细分电路，可以采用 D 触发器实现。用集成化的步进电动机环形分配器也可构成细分驱动电路。采用细分电路后，电动机绕组中的电流不是直接由零跃升到额定值，而是经过若干小步的变化才能达到额定值，所以绕组中的电流变化比较均匀。细分技术，使步进电动机步距角变小，使转子到达新的稳定点所具有的动能变小，从而振动可显著减小。细分电路不但可以实现微量进给，而且可以保持系统原有的快速性，提高步进电动机在低频段运行的平稳性。

（3）步进电动机微机控制的步距角细分　用微机实施细分，关键是设计一个软件的移位分配器。对于三相步进电动机，形成三相六拍的驱动信号，就要从三个 I/O 口周期地输出信号。要实现细分，这时的接口电路 I/O 口必须增加。

细分技术的采用，提高了步进电动机运行的平滑性，提高了效率和矩频特性，克服了传统的驱动电路存在的低频振荡、噪声大、分辨率不高等不足之处，拓宽了步进电动机的应用范围。

4.8.5　步进电动机的应用

步进电动机在数字控制焊接工作台系统、焊枪摆动机构以及焊缝自动跟踪系统中得到广泛的应用。

步进电动机驱动的焊接平移工作台系统中，步进电动机通过滚珠丝杠带动工作台，按指令要求进退；每接收一个脉冲，步进电动机就转过一个固定的角度，经过传动机构驱动工作台，使之按规定方向移动一个脉动当量的位移。指令脉冲总数决定了工作台的总位移量，而指令脉冲的频率决定了工作台的移动速度。每台步进电动机可驱动一个坐标的伺服机构，利用一个、两个或三个坐标轴联动能够对直线、平面和空间几何形状的焊接接头进行焊接。

图 4-83 为一个二维数控焊接工作台的工作原理示意图。将事先编制的系统软件固化在单片微机的存储器中。利用软件程序控制，输出系列脉冲，再经光电隔离、功率放大后驱动各坐标轴（ x、y 方向）的步进电动机，完成对焊接位置、轨迹和速度的控制。

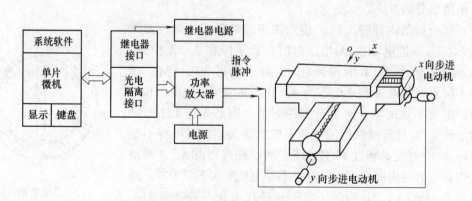

图 4-83　二维数控焊接工作台

复习思考题

1. 直流电动机调速的基本原理是什么？常用的调速方法有哪些？

2. 直流伺服电动机的电枢电压一定的条件下，电磁转矩与电动机转速有什么关系？

3. 在直流电动机稳定工作时，电磁转矩与负载转矩之间是什么关系？如果由于某种原因，负载转矩增大，电磁转矩及电动机转速将如何变化？如果要保证恒定转速，需要采取什么措施？

4. 在直流伺服电动机调速中常采用电枢电压调节方法，也可以采用励磁电压调节方法，哪一种调节方法中不能使电压调节电路发生断路现象？

5. 如何改变直流电动机旋转的方向，画出其控制电路的原理图。

6. 直流电动机输出限幅电路的作用是什么？如何进行输出限幅？

7. 直流电动机晶闸管调速系统的组成及其功能？直流电动机晶闸管调速控制中经常采用哪些反馈，其作用是什么？

8. 各种反馈控制中需要采用哪些传感器，其检测、控制原理是什么？

9. 在各种电动机调速电路中如何实现各种反馈的更换或增加，画出电路图？

10. 根据电动机工作或控制要求，选择合理的反馈方法，说明其原理，绘出系统结构图或补充电路图？

11. 电动机调速系统中电流正反馈与电流截止负反馈的概念和应用有什么区别？

12. 电动机转速控制系统中电动机速度负反馈与电压负反馈有哪些相同点？有哪些不同点？

13. 电动机速度负反馈中可以采用哪些传感器？

14. 电动机速度调速系统中，给定信号的改变使电动机的什么特性发生变化？

15. 什么是 PWM 控制？什么是 SPWM 控制？

16. PWM 控制直流斩波器式直流电动机调速系统的组成及工作原理是什么？

17. PWM 控制直流电动机调速系统经常采用哪些反馈，与晶闸管调速控制系统的反馈电路有何相同点和不同点？

18. 在桥式斩波 PWM 控制电动机调速系统中，死区控制的作用是什么？

19. 能够分清所学电动机调速系统的组成，会画其方框图，根据方框图叙述其工作原理。

20. 交流电动机变频调速的工作原理。

第5章 焊接自动化中的单片机控制技术

单片微型计算机（Single Chip Microcomputer）简称单片机，也称为微控制器（Microcontrollers Unit），或称为嵌入式微控制器（Embedded Microcontrollers）。它的特点是将计算机的基本部件微型化，使之集成在一块芯片上。

单片机体积小，功耗低、功能强、性能价格比高，易于推广，应用越来越普遍，已深入各个领域。焊接领域也毫不例外，在焊接设备领域更是如此，单片机在焊接自动化中正在发挥越来越大的作用。

本章将重点介绍单片机控制的基本知识以及单片机控制技术在焊接自动化及焊接设备中的应用。

5.1 单片机控制系统

5.1.1 单片机控制的基本概念

1. 单片机的闭环控制
按控制系统的输出量与输入量之间的关系可以将其分为两类：开环控制系统与闭环控制系统。单片机控制系统可以是开环控制系统，也可以是闭环控制系统。由于单片机系统具有良好的可控性，因此大多数单片机系统为闭环控制系统。图5-1表示了采用单片机闭环控制的系统结构框图。

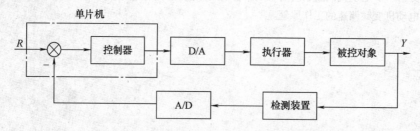

图5-1 单片机闭环控制系统结构框图

由图5-1可见，典型的单片机系统闭环控制系统是一种由单片机及其外围芯片构成的计算机控制系统。

在单片机控制系统中，单片机输入输出的信号都是数字量，而被控对象输入输出的信号往往是模拟量。为了它们之间的相互交换，在单片机的输入和输出端要设置模拟量和数字量间的转换装置，即A/D和D/A。这是单片机控制系统与一般控制系统的最主要区别。

2. 单片机控制的实时性
用于控制系统的单片机，其显著特点之一是其操作具有实时性。

"实时"含有及时、即时和适时的意思，即要求单片机能在规定的时间范围内完成规定动作。单片机操作的实时性体现在以下几个方面：

（1）实时数据采集 由于被控对象输出的信息稍纵即逝，如不能及时采集，便会丢失，因此应及时采集和存储。

（2）实时运算决策（数据处理） 所采集的数据是生产过程状态的反映。单片机需要对其进行比较，分析及判断，以确定参数是否偏离给定值，是否超过安全极限，即时按预定控制规律进行运算，作出控制决策。

（3）实时控制 单片机及时将决策结果形成控制量输出，作用于执行器，调整被控参数到期望值。

（4）实时报警 如被控参数超限或系统出现异常，单片机及时发报警信号，并自动或由人工进行相应的处理。

需要指出的是，"实时"与"同时"是有区别的。从采集被控参数到单片机输出控制量是需要一段时间的，即存在一个延迟，这个延迟时间反映实时控制的速度。只要此时间足够短，没有错过控制时机，便可以认为控制具有实时性。

5.1.2 单片机的应用领域

单片机应用领域因所用单片机数量而异，分为单机应用和多机应用两种情况。

1. 单机应用

在一个系统中，只使用一个单片机，这是最普遍的方式。这种方式的应用领域有：

（1）智能产品 单片机与传统的机械产品相结合，使传统产品实现结构简单化，控制智能化，构成新一代机电一体化产品。

智能产品范围广泛，不仅包括家用电器、办公设备，目前已扩展到所有的工业领域。

（2）智能仪表 由单片机构成的智能仪表是集测量、处理、控制功能于一体，赋予测量仪表以崭新的功能。它使测量仪表实现了数字化、智能化、多功能化、综合化、柔性化。近期问世的虚拟仪表、网络仪表更使仪表技术提升到更高的水平。

（3）测控系统 用单片机可以构成各种工业控制系统、适应控制系统，以及数据采集系统等。这个领域中，以前大多采用通用计算机系统，近年来，逐渐为单片机系统所代替。

（4）智能接口 一些较大型的工业测控系统，除通用外部设备（打印机、键盘、CRT）外，还有许多外部通信、数据采集、驱动控制等接口。这些外部设备和接口如果都由主机管理，势必加重主机负担，使运行速度降低。用单片机进行接口的控制和管理，构成智能接口，则使单片机与主机并行工作，既可提高系统运行速度，又能大大提高接口的管理水平。

2. 多机应用

多机即采用一个以上单片机，主要用于高科技领域。有三种应用形式：功能弥散系统、并行多机处理系统和局部网络系统。

（1）功能弥散系统 功能弥散系统是用于满足工程系统各种功能要求的多机系统。如果一个系统只设置一个控制主机，则这台主机将需分时完成系统的各种功能，导致每个功能都处于低级智能水平。如每一功能都由一独立的单片机完成，主机只负责协调、调度，这时每个功能都具有高智能水平。功能弥散即是指工程系统中可在任意环节设置单片机功能子系统，使多机系统功能分散。

典型的功能弥散系统为机器人的计算机多机控制系统。如图 5-2 所示，此控制系统由机器人感觉系统、姿态控制系统、遥控系统、行走控制系统等组成。这些系统的功能分别由一个独立的单片机实现，它们之间的协调管理也由一个单片机承担。

（2）并行多机控制系统　并行多机控制系统主要用于解决工程系统的快速性要求，以便构成大型实时工程系统。典型的并行多机控制系统有快速并行数据采集及处理系统、实时图像处理系统等。图 5-3 表示出了并行多机数据采集、处理系统。

图 5-2　机器人的功能弥散系统

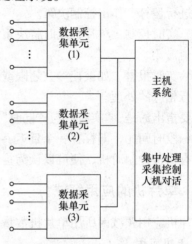

图 5-3　并行多机数据采集、处理系统

并行多机数据采集、处理系统的快速性除了单片机本身的高运行速度外，主要依靠多机的并行工作。

（3）局部网络系统　单片机网络的出现，将单片机的应用提高到一个新的水平。目前单片机主要用于构成分布式测控网络系统，实现系统中的通信控制。

典型分布式测控网络系统有两种：树状网络系统与位总线（BIT BUS）网络系统。

图 5-4 所示表示树状网络分布式测控系统，单片机在此系统中用于构成通信控制总站与功能子站系统。

通信控制总站通过标准总线和串行总线与主机相连。主机可使用一般通用计算机，它享用分布式测控系统中的全部信息资源，并对其进行调度指挥。通信控制总站为一单片机控制系统，除完成主机对各功能子站的通信控制之外，还协助主机协调、调度各功能子站，使主机通信工作量大大减少，实现了主机间歇工作。

测控功能子站分布在现场，按功能要求设

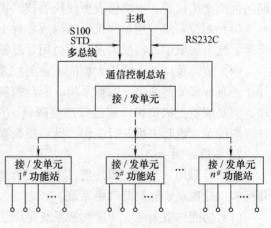

图 5-4　树状网络分布式测控系统

置，可以是数字（脉冲频率）量采集系统、开关量监测系统或模拟量数据采集系统，也可以为开关量输出控制或伺服控制系统等。

位总线（BIT BUS）分布式测控系统是 Intel 公司于 20 世纪 80 年代推出的典型分布式微机控制系统，构成该系统的核心芯片为单片机。位总线系统主站对整个分布式测控系统进行调度管理，每个工作站具有各自独立的控制功能，可并行处理多个外部事件，还能与 Intel

各种操作系统通信。

5.1.3　单片机控制系统分类及其构成方法

1. 单片机控制系统分类

按系统扩展与配置情况，单片机控制系统可分为最小系统，最小功耗系统及典型系统等类型。

（1）最小系统　最小系统指的是能维持单片机运行，能实现简单控制的最简配置系统。这种系统结构简单，成本低廉，例如能实现开关状态输入/输出控制的简单控制系统。

最小系统的功能完全由单片机芯片的技术水平决定。

（2）最小功耗系统　最小功耗系统指的是以最小功率消耗维持系统正常运行的单片机系统。这是一种引人注目的构成方式。这种单片机均采用 CMOS 工艺制造，单片机中设置了低功耗运行的 WAIT 和 STOP 方式。

在进行最小功耗系统设计时，应使系统内的所有器件、外部设备都具有最小功耗，且能在 WAIT 和 STOP 方式下运行。

最小功耗系统多用于一些袖珍智能仪表和野外工作仪表以及无源网络、接口中的单片机工作子站。

（3）典型系统　典型系统指的是单片机要完成工业测控功能而构成的硬件系统。

由于在系统中，单片机主要用于测控，所以在典型系统中应设置前向（输入）传感器通道，后向（输出）伺服控制通道以及基本的人机对话通道。上述设置包含了系统扩展和系统配置两方面内容。

系统扩展指的是当单片机的内部资源，如内部 ROM（程序存储器）、内部 RAM（数据存储器）及 I/O（输入/输出）口等不能满足系统要求时，需在片外进行相应扩展，扩展规模视需要而定。

系统配置指的是为满足系统要求应配置的基本外部设备，如键盘、显示器等。

图 5-5 所示表示单片机典型系统的结构，它由三部分组成：基本部分、测控增强部分及外部设备（简称外设）增强部分。

如图 5-5 所示，基本部分主要包括计算机扩展的外围芯片，以及键盘和显示器等，它们通过内部总线进行连接。

测控增强部分主要由传感器接口和伺服驱动控制接口组成。这部分直接与工业现场相连，是干扰进入的主要渠道，通常都要采取隔离措施。

外设增强部分主要指外设接口，这些接口一般采用标准外部

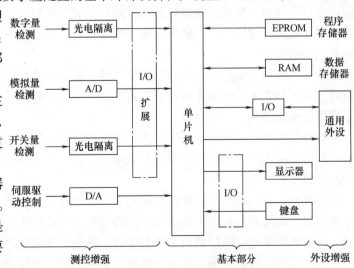

图 5-5　单片机典型系统的结构

总线，如 RS—232C 通用接口、IEEE—488 仪器接口和圣特尼克（Centronic）打印机接口等。

用于外部设备的接口可以由单片机芯片内部的 I/O 口或扩展 I/O 口提供，这些接口可接打印机、绘图机及 CRT 等。测控接口通常用于进行数据采集及输出控制。

采集数字量（频率、周期、计数）时，信号的输入很简单，可直接输入。采集模拟量时，需将信号通过 A/D 变换后再通过 I/O 口输入。

2. 单片机控制系统构成方式

用户在构成单片机控制系统时，可以采用三种方式。

（1）专用系统　这种系统的扩展与配置完全按系统的功能要求进行设计。其硬件系统的性能/配置比近似为1，结构简单。系统中不配置系统软件，只有应用软件，系统配置最佳，软、硬件资源均能得到充分利用。但这种系统无自开发能力，需要有较强的硬件开发基础，用于小型系统。

（2）模块化系统　因为单片机控制系统的系统扩展与电路设计具有典型性，所以厂家常将一些典型配置制成用户系列板，供用户构成系统时选择。用户可根据需要选择合适的模块板组合成适合功能要求的控制系统。这种构成方式适用于大、中型单片机的控制系统。

（3）单片单板机系统　这种系统指的是用单片机构成单片单板机。它的硬件按典型系统配置，软件中包含有监控程序，具有自开发能力。这种构成方式能大大减少系统研制时的硬件工作量，且具有二次开发能力。但因这种方式硬、软件配置力求完备，系统不能获得最佳配置，当产品批量大时，软、硬件资源浪费严重，一般情况下不采用。

5.1.4　单片机控制系统的智能化

伴随着社会进步和科学技术的发展，对焊接生产过程自动化各项指标的要求愈来愈高，控制系统向着更加复杂，更加高级的方向发展，对其工作可靠性的要求也愈来愈高。

计算机技术和自动控制理论的进步有力地推动着计算机控制技术的发展，无论是运动控制还是过程控制，常规控制都日益被计算机控制所代替。

单片机因具有体积小，成本低廉，构成系统简单方便等特点，正在各个控制领域发挥着越来越大的作用。

单片机控制系统除采用常规控制算法外，近年来陆续引进了诸如模糊逻辑控制、神经网络等智能控制方法，将单片机控制系统提高到了一个新水平。单片机控制系统的发展目标就是实现智能化控制。

模糊控制是智能控制的一种，因其理论研究较成熟，实现较容易，且适应面宽，已经获得了广泛的应用。模糊控制在焊接领域也有了较广泛的应用，焊接电弧弧长的单片微机模糊控制即是典型一例。

焊接电弧弧长的单片机模糊控制基本工作过程是：电弧引燃后，由单片机控制固定在步进电动机—机械调整机构中的焊枪，使焊接电弧弧长保持一定，电弧燃烧稳定。当弧长变化时，控制系统采用模糊控制对步进电动机—机械调整机构进行自动调节，使弧长恢复原状。

（1）模糊控制器构成　焊接电弧弧长的单片机模糊控制系统采用双输入单输出的模糊控制器，其结构如图 5-6 所示。

如图 5-6 所示，电弧弧长模糊控制器主要由以下几部分组成：离散化与模糊化（精确量

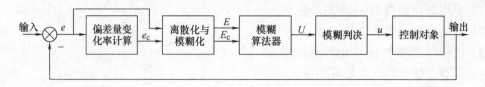

图 5-6　电弧弧长模糊控制器结构图

模糊化)、模糊算法器(模糊推理)及模糊判决(输出信息的模糊决策)。

(2) 精确量的模糊化　以电弧电压(由弧长决定)的偏差 e 及其偏差的变化率 e_c 为语言变量,以输出控制量 u 作为语言变量,分别对应三个模糊集 E、E_c 和 U。为保证系统稳定,将系统输出偏差和系统偏差变化率均作为反馈信息。E、E_c 和 U 的变化范围(论域)都设为 $[-6,+6]$,将 E、E_c 和 U 分别形成七个模糊子集,即 NL、NM、NS、0、PS、PM、PL。

(3) 模糊推理　选择模糊控制规则主要以人的经验为依据。本系统所采用的弧长控制规则如下:若弧压高于给定值,令焊枪向下运动,偏差越大,焊枪向下运动的速度越快;反之,焊枪向上运动,规律同上。根据此规则,经模糊数学运算,即可获得相应的控制策略,使相对于每一对输入量 E 和 E_c 都能得到一个相应的输出量 U。系统采用 Zadehs 推理合成规则获取控制策略 U。

(4) 模糊判决　模糊算法器输出模糊量 U,必须将其经模糊判决转换成相应的精确控制量 u 才能实现控制。从数学意义讲,模糊判决是一个由模糊集合到普通集合的映射。模糊判决有很多方法,如最大隶数度法、加权平均法和取中位数法等。这些方法中,加权平均法与概率中求数学期望的性质类似。由于调整加权系统能改善系统的响应特性,因此应用较多。

5.2　常用单片机

目前,用于构成单片机控制系统的单片机有多种型号,以下介绍一些最常用的单片机。

5.2.1　MCS—51 系列单片机

MCS—51 系列单片机是八位机,是在生产过程、智能仪器及机电化领域中应用十分广泛的一种单片机,是当前的主流机型之一。

MCC—51 单片机包含三种基本型号的产品:8031、8051 及 8751。三者之间除片内程序存储器有区别外,其它结构和功能均相同。其区别是 8031 片内不含程序存储器,8051 内部含 4KB ROM,8751 内部含 4KB EPROM。

一般来讲,8751 因价钱较高,适用于开发样机,小批量生产和需要在现场进一步完善的场合。8051 适用于低成本,大批量生产场合,但因片内 ROM 中的程序是厂家在制作芯片时预先烧制的,用户很难应用。而 8031 的程序存储器需外接,用户编制和修改程序很方便,且低价,因而应用十分普遍。下面以 8031 单片机为例介绍 MCS—51 系列单片机。

1. 8031 的特点和结构

8031 具有以下特点:

1）采用高性能的 HMOS 工艺生产。

2）内部含有一个 8 位的 CPU。

3）内部含有两个 16 位定时器/计数器。

4）具有二级中断优先处理结构。

5）有 4 个 8 位并行 I/O 端口，输入/输出能力强。

6）有可编程的全双工串行接口。

7）有专门的位处理机，位处理功能强。

8）程序及数据存储器的寻址空间均为 64K。

9）含基本指令 111 种，大部分指令为 1 字节或 2 字节，最长为 3 字节。

10）当单片机的晶振频率为 12MHz 时，绝大多数指令执行时间为 1～2μs，最长为 4μs。

11）含乘除法指令及多种形式的位操作类、逻辑运算类指令。

8031 单片机的内部结构如图 5-7 所示。

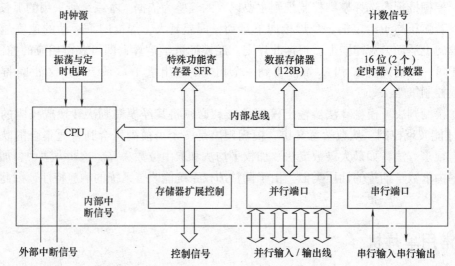

图 5-7　8031 单片机内部结构示意图

如图 5-7 所示，8031 单片机内部除含有 CPU、存储器及输入输出端口外，还包含定时器、计数器、中断控制和时钟振荡电路等。

CPU 由运算器 ALU 和控制器组成。ALU 除能进行四则运算外，还可以进行布尔（位）运算。控制器用于产生指令执行的同步信号及微操作信号，使单片机各部分有序协调工作。

存储器包括程序存储器和数据存储器两部分，前者用于存储程序；后者用于存储中间或结果信息。程序存储器的寻址空间为 64K，地址从 0000H～FFFFH。数据存储器由两部分构成：片内数据存储器和片外数据存储器。片内存储器容量为 256B（字节），分为两部分：数据 RAM 和特殊功能寄存器（SFR）空间。前者寻址空间为 00H～7FH（128B），后者寻址空间为 80H～FFH（128B）。外部数据存储器寻址空间也为 64K，范围同样为 0000H～FFFFH。

输入/输出端口有两类：并行口和串行口。并行口包括 P0、P1、P2、P3，共 4 个 8 位端口。除 P1 口外，其余都是双功能口，既可作为输入/输出口，又具有第二功能。P0 口可用于分时传送低八位地址 A0～A7 及数据 D0～D7；P2 口用于提供高八位地址 A8～A15；P3

口用于传送控制信号，各引脚功能见表 5-1。

表 5-1　P3 口各引脚对应的控制信号

引脚编号	控制信号	说　明
P3.0	RXD	串行数据输入
P3.1	TXD	串行数据输出
P3.2	$\overline{INT_0}$	外部中断 0
P3.3	$\overline{INT_1}$	外部中断 1
P3.4	T0	定时器 0 输入
P3.5	T1	定时器 1 输入
P3.6	$\overline{WR}$	写存储器信号
P3.7	$\overline{RD}$	读存储器信号

　　串行口占用 P3 口的 P3.0（RXD）及 P3.1（TXD）。它可采用全双工方式工作，共有四种工作方式：方式 0、方式 1、方式 2 和方式 3。在方式 0 时，串行数据的输入/输出都通过 RXD 端，而由 TXD 端提供串行时钟；方式 1 时，数据发送/接收分别通过 RXD 与 TXD，数据传送格式为 10 位，且传送比特率（字节数/秒）可变；方式 2 时，数据发送/接收同样分别由 TXD 与 RXD 完成，但数据格式为 11 位，比特率不可变，为振荡频率的 1/32 及 1/64；方式 3 基本与方式 2 相同，但其比特率可变。

　　定时器/计数器有两个，分别为定时器 T0 和定时器 T1，都是 16 位。它们既可以工作在定时器方式，也可以工作在计数器方式。无论是以哪种方式工作，定时器 0 和定时器 1 都具有四种工作方式：方式 0~方式 3。在方式 0 时，定时器以 13 位方式定时或计数。在方式 1 时，定时器以 16 位方式定时或计数。当为方式 2 时，定时器的高 8 位用于存放初值，定时器的低 8 位用于定时或计数。计数产生溢出时，自动将高 8 位内容装入低 8 位，重新开始对低 8 位计数。工作于方式 3 时，定时器 1 不工作，定时器 0 分为两个独立的高、低 8 位计数器进行定时或计数。

　　中断控制由中断系统实施。8031 单片机的中断系统简单实用，具有以下特点：有 5 个固定的可屏蔽中断源，三个在芯片内部，两个在芯片外部，它们在程序存储器中都有相应的固定中断入口地址，由此进入中断服务程序；五个中断源均有两级中断优先级，能形成中断嵌套；有两个特殊功能寄存器用于进行中断允许和中断优先级控制。

　　时钟振荡电路用于产生单片机的时钟信号，用以提供单片机内各种微操作的时间基准。8031 单片机的时钟信号可通过两种方式获得：内部振荡方式和外部振荡方式。当在时钟引脚接入晶体振荡器（晶振）或陶瓷振荡器时，即为内部振荡方式。这种方式利用单片机芯片内的高增益反相放大器构成自激振荡器而产生振荡时钟脉冲。外部振荡方式是将外部时钟信号引入单片机芯片内，通常用于使单片机的时钟与外部信号保持同步。

2. MCS—51 单片机的指令系统

　　MCS—51 系列单片机共有 111 种指令，可以归纳为 6 种类型：数据传送与交换类、算术运算类、逻辑运算与循环类、程序转移及子程序调用类、位操作类及 CPU 控制类。

　　MCS—51 系列单片机的指令系统有以下特点：

　　1）指令执行时间短。111 种指令中，64 种执行时间为 1 个机器周期（1M，M 为英文单词机器周期的缩写，下同），45 种为 2 个机器周期（2M），2 种为 4 个机器周期（4M）。

2）指令短，占用内存少。111 种指令中，49 种为单字节，45 种为双字节，17 种为三字节。

3）一条指令即可实现 2 个一字节数据的乘除运算。

4）有丰富的位操作类指令。能对内部数据存储器（内部 RAM）和特殊功能寄存器（SER）中的位地址进行多种形式的位操作。

5）直接利用数据传送指令实现端口的输入/输出操作。

单片机指令系统的上述特点，使其具有极强的实时控制和数据运算功能，在实时控制领域具有不可替代的作用。

指令系统是指令的集合，而指令又是由操作码和操作数两部分构成的。操作码表示指令操作的性质，是指令的核心。可以说，掌握了操作码就等于掌握了指令。指令的操作码是由助记符表示的，孤立地记忆助记符，种类繁多，困难很大。与英文单词构成相似，操作码助记符的构成具有类似的规律，可以将其归纳为以下三种类型：直接型、部分型、复合型。

（1）直接型助记符的构成　直接型助记符的构成相当简单，直接用英文单词表示。如单词 ADD 就是加法指令的助记符。此类助记符在 MCS—51 指令系统中共有 8 个，如 ADD（加法）、POP（弹出堆栈）、PUSH（压入堆栈）等。

（2）部分型助记符的构成　部分型助记符是由英文单词开头部分字母构成的。此英文单词或者直接表示指令的功能，如助记符 MUL（乘法）是由单词 MULTIPLY 的前三个字母构成的；或者用单词的引申含义表示指令的功能，如助记符 MOV，它由单词 MOVMENT（移动）的前三个字母构成，这里用该单词的引申含义表示指令的功能——数据传送。除此以外还有助记符 DIV（除法）、INC（加 1）、DEC（减 1）等。MCS—51 指令系统共有部分型助记符 5 个。

（3）复合型助记符的构成　复合型助记符是由若干个单词或其部分字母复合而成的，以复合后的组合含义表示指令的功能。如助记符 ORL 是由单词 OR（或）与单词 LOGICAL（逻辑）的第一个字母组成，它们的组合含义逻辑或（或逻辑）即表示指令的功能。此类助记符在 MCS—51 指令系统中数量最多，除 ORL 外，还有 ANL（逻辑与）、NOP（空操作）、RETI（中断返回）、SETB（置位）等 29 个。

MCS—51 单片机指令系统速查表如附录所示[8]。

5.2.2　AT89 系列单片机

AT89 系列单片机是美国 ATMEL 公司推出的，产品主要有 AT89C51、AT89C52、AT89C1051 及 AT89C2051 等型号。

该系列以 MCS—51 系列单片机为内核，二者软件完全兼容，其片内程序存储器采用闪存技术（Flash），具有电可编程、电可擦除，且编程、擦除时间短（4KB 存储器编程约 3s、擦除约 10ms）及可反复进行编程且数据不易挥发的特点。此外还具有很强的保密性，如 AT89C51、AT89C52 设有三级加密，AT89C1051 及 AT89C2051 设有二级加密，能有效防止用户程序被仿制。AT89 系列的低工作电压、低功耗及高运算速度也是其特色之一。AT89 系列的上述特点使其能方便地应用于家电产品及其它控制领域。

1．AT89 系列的主要特性

AT89 系列单片机的主要特性见表 5-2。

表 5-2　AT89 系列单片机主要特性

主 要 特 性	AT89C51	AT89C52	AT89C1051	AT89C2051
与 MCS—51 产品的兼容性	全兼容	全兼容	全兼容	全兼容
电可擦除/改写次数/次	1000	1000	1000	1000
工作电压范围 Vcc/V	2.7 ~ 6	2.7 ~ 6	2.7 ~ 6	2.7 ~ 6
编程电压/V	12/5	12/5	12/5	12/5
16 位定时器/计数器/个	2	3	2	2
中断源/个	5	8	5	5
全静态工作方式频率/Hz	0 ~ 24M	0 ~ 24M	0 ~ 24M	0 ~ 24M
可编程 I/O 线/条	32	32	15	15
低功耗（休眠与掉电模式时钟频率为 12MHz 时）/mA	$5/40 \times 10^{-3}$	$6.5/40 \times 10^{-3}$	$1/20 \times 10^{-3}$	$1/20 \times 10^{-3}$
存储器配置/B	4K E²PROM 128RAM	8K E²PROM 128RAM	1K E²PROM 128RAM	2K E²PROM 128RAM
模拟比较器/个	无		1	1
封装形式/脚	20：DIP；44：PLCC，TQFP		20：DIP/SOIC	20：DIP/SOIC

由表 5-2 可见，AT89 系列单片机的编程电压范围很宽，使用两节电池即可。其工作频率为 MCS—51 系列的两倍，高达 24MHz。在硬件结构方面，除片内程序存储器形式有所区别外，AT89C51 与 8751，AT89C52 与 8752 基本相同。

2．结构框图与引脚配置

（1）结构框图　AT89C51、AT89C52 与 MCS—51 系列中的 8051 及 8052 相同，两者互相兼容。AT89C1051 和 AT89C2051 的结构框图与 MCS—51 系列的产品有区别，如图 5-8 所示。

（2）引脚配置　AT89C51、AT89C52 与 MCS—51 系列中的 8051 及 8052 也完全相同，如图 5-9 所示。如图 5-9 所示，AT89C51 及 AT89C52 的引脚为 40 条。AT89C1051 及 AT89C2051 的引脚配置如图 5-10 所示。

由图 5-10 可见，AT89C1051 及 AT89C2051 与 MCS—51 系列单片机的引脚相比（见图 5-9），减少了两个 I/O 口：P0 及 P1，且 P3 口也减少了一条口线（P3.7），因此其引脚缩减为 20 条。在 AT89C1051 及 AT89C2051 的 20 条引脚中，作为 I/O 口线的有 15 条，其中又有 8 条具有第二功能。这 8 条具有第二功能的口线中，P3 口的 P3.0 ~ P3.6 的第二功能与 MCS—51 完全相同，P1 口的 P1.0 及 P1.1 具有模拟比较器功能。

P1.0 及 P1.1 作模拟比较器使用时，P1.0（AINO）为同相输入端，P1.1（AIN1）为反相输入端。比较结果由 P3.7 的状态表示：若 P3.7 为 1（高电平），说明 P1.0 电位比 P1.1 高。但 P3.7 没有作为引脚引出，其状态是通过位寻址方式在片内特殊功能寄存器（SFR）中读出的。

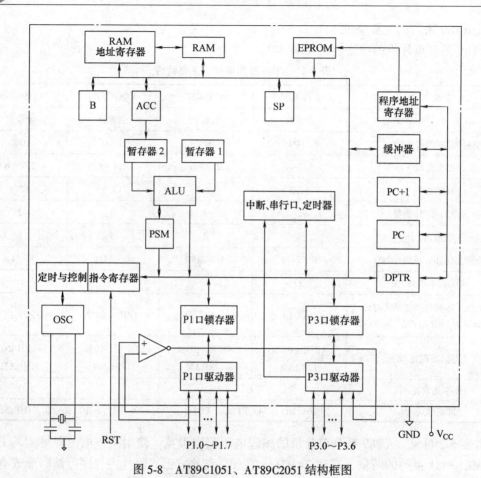

图 5-8　AT89C1051、AT89C2051 结构框图

<table>
<tr><td>P1.0</td><td>1</td><td></td><td>40</td><td>V_{CC}</td></tr>
</table>

P1.0 ☐ 1　　　　　　　40 ☐ V_CC
P1.1 ☐ 2　　　　　　　39 ☐ P0.0
P1.2 ☐ 3　　AT89C51　38 ☐ P0.1
P1.3 ☐ 4　　AT89C52　37 ☐ P0.2
P1.4 ☐ 5　　及　　　　36 ☐ P0.3
P1.5 ☐ 6　　8031　　　35 ☐ P0.4
P1.6 ☐ 7　　(8051)　　34 ☐ P0.5
P1.7 ☐ 8　　(8751)　　33 ☐ P0.6
RST/VPD ☐ 9　　　　　 32 ☐ P0.7
RXD/P3.0 ☐ 10　单　　 31 ☐ $\overline{EA}$
TXD/P3.1 ☐ 11　片　　 30 ☐ ALE/$\overline{PROG}$
$\overline{INT0}$/P3.2 ☐ 12　机　 29 ☐ $\overline{PSEN}$
$\overline{INT1}$/P3.3 ☐ 13　　　 28 ☐ P2.7
T0/P3.4 ☐ 14　　　　　27 ☐ P2.6
T1/P3.5 ☐ 15　　　　　26 ☐ P2.5
$\overline{WR}$/P3.6 ☐ 16　　　　25 ☐ P2.4
$\overline{RD}$/P3.7 ☐ 17　　　　24 ☐ P2.3
XTAL2 ☐ 18　　　　　　23 ☐ P2.2
XTAL1 ☐ 19　　　　　　22 ☐ P2.1
V_SS ☐ 20　　　　　　　21 ☐ P2.0

图 5-9　AT89C51 及 AT89C52 引脚配置图

RST — 1　　　　　　　20 — V_CC
PXD/P3.0 — 2　　　　 19 — P1.7
TXD/P3.1 — 3　　　　 18 — P1.6
XTAL1 — 4　　　　　　17 — P1.5
XTAL2 — 5　AT89C　　16 — P1.4
　　　　　　1051/2051
$(\overline{INT0})$/P3.2 — 6　　15 — P1.3
$(\overline{INT1})$/P3.3 — 7　　14 — P1.2
(T0)/P3.4 — 8　　　　13 — P1.1(AIN1)
(T1)/P3.5 — 9　　　　12 — P1.0(AIN0)
GND — 10　　　　　　 11 — P3.6

图 5-10　AT89C1051 及 AT89C2051 引脚配置图

5.2.3　MCS—96 系列单片机

MCS—96 系列单片机是 Intel 公司在 20 世纪 80 年代初推出的十六位单片机。MCS—96 系列单片机有多种产品，既有芯片内不含 A/D 转换器的 8096、8094、8396、8394；也有芯片内含 A/D 转换器的 8097、8095、8098、8397、8395 及 8398。其中 8094、8394、8095、8395、8098 及 8398 为 48 引脚，其余为 64 引脚。

在 MCS—96 系列单片机中，8098 为其典型的标准产品，具有集成度高、速度快的特点。它在高精度、实时性的工业控制过程及仪表中得到了广泛应用。

1. 8098 单片机的主要性能

8098 单片机的内部不含 ROM，它的主要性能如下：

1）含 232B 寄存器阵列。这 232 个 RAM 单元，既可按字节或字存取，又可按双字存取。

2）采用寄存器—寄存器结构，无专门的累加器。

3）芯片内含 10 位 A/D 转换器。

4）有两个 8 位及两个 4 位 I/O 端口，共 24 根 I/O 线。

5）有 20 个中断源，可分为八种类型。

6）有脉宽调制 PWM 输出，能提供一组可改变脉宽的可编程矩形脉冲串，实现 D/A 转换。

7）有高速 I/O 子系统（HSI/HSO）；4 个 HSI（高速输入）引脚，6 个 HSO（高速输出）引脚，其中有两个引脚二者共用。

8）有一全双工串行口及专门的波特率发生器，可与其它处理器及系统进行异步串行通信。

9）有一个 16 位监视定时器（Watchdog Timer），可对软、硬件故障进行检测。

10）有两个 16 位定时器/计数器。

2. 8098 单片机的结构及引脚配置

（1）结构　8098 单片机的结构如图 5-11 所示。

由图 5-11 可见，8098 单片机由以下几部分组成：寄存器阵列、寄存器 ALU、存储控制器、高速 I/O 口、A/D 转换器、并串行 I/O 口、监视定时器、脉宽调制器等。

寄存器阵列指的是地址从 0018H~00FFH（24~255）的 232 个 RAM 单元。其中，地址 0018H~0019H 用于存储堆栈指针，001AH~00EFH 用作数据 RAM，00F0H~00FFH 用作掉电 RAM。

寄存器 ALU 可简写为 RALU。RALU 中含 17 位 ALU、程序状态字（PSW）、程序计数器（PC）及三个暂存寄存器。RALU 完成大多数算术/逻辑运算。

存储控制器用于控制地址和数据的传送、读写、实现内部及外部的存储器操作。

高速 I/O 口由两部分组成：HSI（高速输入）与 HSO（高速输出），HSI 用于记录事件发生的时间，HSO 则在预定时间触发事件。

A/D 转换器为一 10 位的逐次逼近式转换器，它用 4 个 T 状态（时钟周期）进行采样（S）及保持（H），88 个 T 状态进行 A/D 转换，当时钟振荡频率为 12MHz 时，转换时间为 22μs。

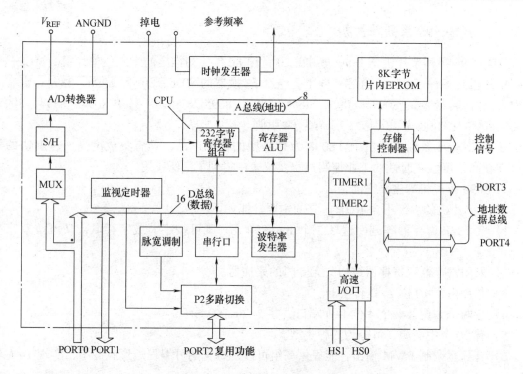

图 5-11　8098 单片机的结构框图

并串行 I/O 口中，并行 I/O 口有两种形式：8 位及 4 位。P1 口以及 P2 口为 4 位 I/O 口，且有第二功能，P3 口和 P4 口为 8 位 I/O 口；串行 I/O 口的功能与 MCS—51 系列单片机相同。

脉宽调制（PWM）输出由 P2.5 执行，脉宽调节范围在 0～255T 之间任意选择。

监视定时器（Watchdog Timer）又名看门狗，为一 16 位计数器，每个 T 状态计数 1 次，且在其溢出前必须清零。

（2）引脚配置　8098 单片机的引脚配置如图 5-12 所示。

如图 5-12 所示，8098 单片机为 48 引脚的 DIP（双列直插式）结构。

3. 指令系统

MCS—96 系列单片机与 MCS—51 系列单片机一样，各产品间除硬件结构有些区别外，其指令系统是相同的。MCS—96 系列单片机指令系统指令丰富，共包含 101 种基本指令 330 条。这些指令按其功能可分为十二种类型：数据传送指令、算术指令、逻辑指令、数据传送指令、转移和调用指令、条件转移指令、位测试转移指令、循环控制指令、单寄存器指令、移位指令、专用控制指令和规格化指令。

MCS—96 系列单片机指令系统中指令助记符的构成方法与 MCS—51 相同，同样可归纳为三种类型：直接型、部分型和复合型。其中，直接型指令助记符有 6 种，如 ADD、AND 等；部分型指令助记符有 14 种，如 SUB、CMP（比较）、LD（传送、装载）等；复合型指令助记符种类最多，有 81 种，如 CMPB（字节数据比较）、SCALL（短调用）等。

4. 80C196KB 简介

80C196KB 是 Intel 公司在 8098 单片机基础上开发的。它具有以下特点：

1）内部有 8KB EPROM。

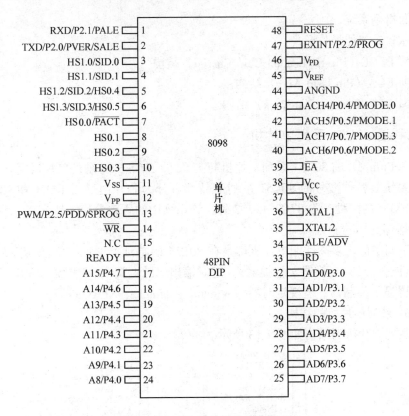

图 5-12 8098 单片机的引脚配置

2）内部有 232B 寄存器阵列。

3）内部含有 S（采样）/H（保持）功能的 A/D。

4）内部含有捕捉功能的 16 位可逆计数器。

5）有 5 个 8 位 I/O 口。

6）有 PWM 输出。

7）有掉电/休闲方式。

8）支持 $\overline{\text{HOLD}}/\overline{\text{HLDA}}$：总线协议。

80C196KB 与 8098 单片机内部结构基本相同，管脚功能有所差别。与 8098 单片机相比，80C196KB 单片机新增了 5 个管脚功能，改变了两个管脚功能。

新增管脚功能有：

1）$\overline{\text{HOLD}}$：总线保持输入，请求控制总线。共用 P1.7 脚。

2）$\overline{\text{HLDA}}$：总线保持肯定输出，释放总线。共用 P1.6 脚。

3）$\overline{\text{BREQ}}$：总线请求输出。共用 P1.5 脚。

4）T2UPDN：定时器 T2 方向控制。共用 P2.6 脚。

5）T2CAP：P2.7 脚信号的上升沿时捕捉 T2 的值，且装入 T2。共用 P2.7 脚。

改变功能的管脚有：

1）CLKOUT：内部时钟发生器输出。频率为时钟频率的二分频，占空比为 50%。

2）NMI：正跳度，通过 203EH 单元产生中断向量。

软件方面，80C196KB 在 8098 单片机 100 条指令的基础上增加了 6 条新指令，组成了

106 条指令的指令系统。

80C196KB 有三种封装形式：

1）68 脚 PLCC（Plastic Leaded Chip Carrier）结构。

2）68 脚 PGA（Pin Grid Arry）结构。

3）80 脚 QFP（Quard Flat Pack）结构。

5.2.4　飞利浦 80C51 系列单片机

飞利浦（Philips）的 80C51 系列单片机与 Intel 的 MCS—51 系列单片机完全兼容，具有相同的指令系统。各种型号的 80C51 系列产品都可分为芯片内部无 ROM 和 EPROM 及有 ROM 和 EPROM 的两种。除 87C751/752 外，该系列中的所有单片机都具有寻址 64KB 程序存储器及数据存储器的能力。

80C51 系列中的许多高性能单片机都是在 80C51 的基础上增加一定的功能部件构成的。主要功能部件有：A/D 转换器、捕捉输入/定时输出、脉宽调制（PWM）输出，I²C 串行总线接口、视屏显示控制器、监视定时器（Watchdog Timer）、EPROM 等。

1. 80C51 系列单片机的结构

80C51 系列单片机的结构如图 5-13 所示。

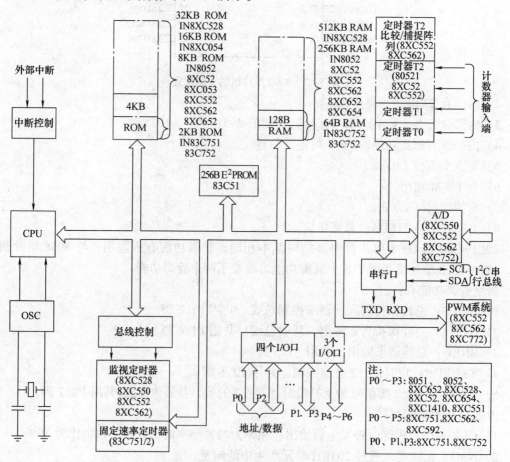

图 5-13　80C51 系列单片机结构框图

由图 5-13 所示，80C51 系列单片机主要由以下几部分组成：中断控制、存储器（RAM、ROM 及 EPROM）、定时器、CPU、总线控制、监视定时器、I/O 口（并行与串行）、PWM 等。

2. 80C51 系列单片机的特点和应用

飞利浦的 80C51 系列单片机种类齐全，功能强，对一般应用系统，都有与其相适应的单片机，使系统达到最高的性能价格比。

80C51 单片机应用系统具有一系列满足实际应用的特点，这些特点主要有：

（1）I^2C 串行总线　I^2C 串行总线是器件与器件（IC 与 IC，简称 I^2C）之间的通信总线，使用两根线（时钟线 SCL 和数据线 SDA）就可实现器件间的串行通信。

I^2C 串行总线是多主机总线，总线上可连接多个单片机和外围电路。它们通过竞争占据总线，任何时候总线上的信息都不会被破坏。

（2）高速 I/O 部件　高速 I/O 也称捕捉输入/定时输出。其功能是捕捉外部定时事件（通常指外部输入电平跳变）的发生时间，使输出控制信号精确定时。在实时控制系统中，高速 I/O 部件是非常有用的。MCS—96 和 Motorola 的许多单片机都有此部件。

（3）A/D 转换器　80C51 系列单片机中的 83C552 等具有 8 路 10 位 A/D 转换器，其转换精度高于 MCS—96 中的 A/D，且比外接专用的 A/D 转换器电路价格低，使用方便。

（4）脉宽调制（PWM）输出　由软件控制脉冲的频率及占空比，通过外部滤波电路即可得到平滑的模拟电压，既可用作 A/D 转换器，又能直接控制直流电动机的转速。

（5）监视定时器　80C51 系列中的大多数单片机都含监视定时器，可在系统工作不正常时使系统自动恢复到正常状态，并可触发外接的报警器，增加了系统工作的可靠性，非常适合实时控制系统。

80C51 系列单片机应用系统的设计较灵活，用户可在众多产品中随意选择，系统扩展也比其它系列单片机方便。80C51 系列单片机已广泛应用于焊接自动化等简单以及复杂的控制系统中。

5.2.5　MC6805 系列单片机

MC6805 系列单片机是 Motorola 公司生产的 8 位单片机产品，有几十种型号，包括 6805P、6805R、68HC05A、68HCL05C、146805G 等十几个子系列。MC6805 系列中各单片机结构基本相同，指令系统也基本相同，各具体型号的单片机都是在基本结构的基础上加上自身特殊结构形成的，无本质区别，只是应用场合有所区别而已。

1. 结构

MC6805 系列单片机中的典型产品是 MC6805R3，它的内部含有 A/D 转换器。

MC6805R3 的结构如图 5-14 所示。

由图 5-14 可见，MC6805R3 主要由下述部件组成：CPU、存储器（RAM、ROM）、并行 I/O 口、A/D 转换器、定时器等。

CPU 由 ALU、累加器 A 等组成，用于进行运算及控制。

存储器由三部分组成：112B（字节）RAM、3768B ROM 和 192B 自控 ROM。

并行 I/O 口包括四部分：PA、PB、PC、PD。PA、PB、PC 为双向 I/O 口，PD 为单向 I/O 口，只能用于输入。PD 口既可用于输入数据，也可用于输入 A/D 转换器的模拟信号及

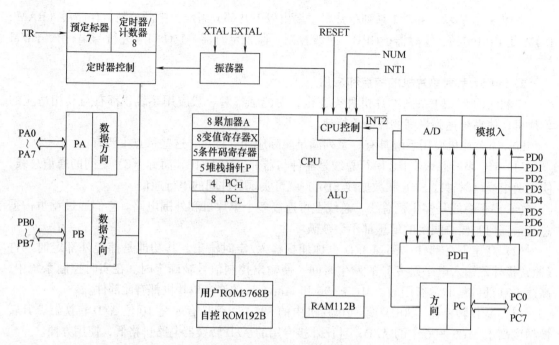

图 5-14 MC6805R3 的结构框图

参考电压和$\overline{INT2}$上的中断信号。MC6805 系列单片机采用存储型 I/O 结构，即所有 I/O 口和相关 I/O 部件都占用存储器地址，I/O 口与存储器统一编址。

A/D 转换器为 8 位，是逐步逼近型。模拟信号有 4 个输入通道，可由软件选择。A/D 转换时间为 30M（M 为机器周期），如时钟频率为 12MHz，则转换时间为 30μs。

定时器由一个可编程 8 位计数器及一个可编程 7 位预定标器组成，预定标器用于延长定时器定时时间。

2. 特点

MC6805R3 具有以下特点：

1）含有 8 位定时器及 7 位预定标器，可使定时器扩展为 15 位。

2）采用存储器型 I/O 结构，使指令系统精简，只有 59 种基本指令。

3）可进行位测试及分支转移。

4）内部既含 RAM，又含 ROM。

5）有自检验功能，能自动检验 I/O 口、内部存储器、定时器、中断系统及 A/D 转换器的功能。

5.2.6 μPD7811 单片机

μPD7811 是日本电气公司（NEC）生产的 8 位单片机，它属于 μCOM78 系列。μCOM78 系列单片机基本结构也都是相同的。

μPD7811 单片机的结构如图 5-15 所示。

如图 5-15 所示，μPD7811 单片机由以下几部分组成：CPU、存储器、I/O 口、定时器、定时/计数器、A/D 转换器及中断控制部件。

CPU 由运算部件（包括 ALU、寄存器阵列及辅助寄存器阵列等）和控制部件（包括指

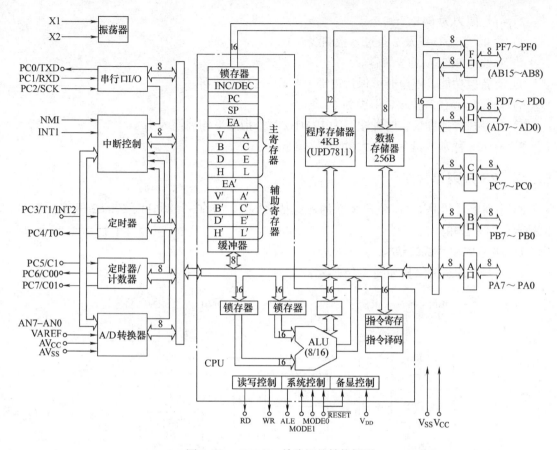

图 5-15　μPD7811 单片机的结构框图

令寄存器、指令译码器及读/写、系统控制等）组成。

存储器由两部分组成：4KBROM 和 256BRAM。ROM 地址为 0000H～0FFFH，RAM 地址为 FF00H～FFFFH。

I/O 口同样由两部分组成。并行 I/O 口和串行 I/O 口。并行 I/O 口有五个：PA、PB、PC、PD 及 PF。PA、PB、PC 及 PD 都是有位控功能的双向口，且 PD 口还可用作低位地址/数据复用线，PC 口可用于传送控制信号及一些特殊信号。PF 口用作高位地址总线。串行 I/O 口具有全双工功能，其数据传送波特率由软件设定。串行 I/O 口有三种工作方式：同步、异步及 I/O 方式。

有两个 8 位定时器、既可串联，又可并联工作，且可产生不同的中断。

定时器/计数器是一个 16 位加法计数器，内含两个 16 位寄存器，用以存放定时或计数的数据。定时器/计数器也能产生两种中断。

A/D 转换器为 8 位 8 通道，可以采用两种方式工作：选择或扫描。选择方式为在 8 个通道中选一个，扫描方式是对 4 个通道进行扫描和转换。一般情况下，A/D 转换速度约 50μs。

中断控制部件用于对 12 种中断进行管理。这 12 个中断控制分别是，3 种外部中断、8 种内部中断及软件中断。此外，还有 6 种中断优先级。

μPD7811 有以下特点：

1）内部含 16 位 ALU。

2）寻址能力为 64K。

3）含 44 条 I/O 线及 2 条过零检测线。

4）总线与 8085A 总线兼容。

5）有备援功能，停电时可保持内部 RAM 中 32B 内容不变。

6）内部含 I/O 口较多，引脚为 64 条。

7）指令执行速度快，时钟频率为 12MHz 时，指令平均周期为 $1\mu s$。

8）有 158 种基本指令，含大量 16 位操作指令。

5.2.7　Z8 系列单片机

Z8 系列单片机是 Zilog 公司生产的，包括 Z8601、Z8603、Z8611、Z8682 等多种型号，也是常用的 8 位单片机。

1. Z8 系列单片机的结构

Z8 系列单片机的结构如图 5-16 所示。

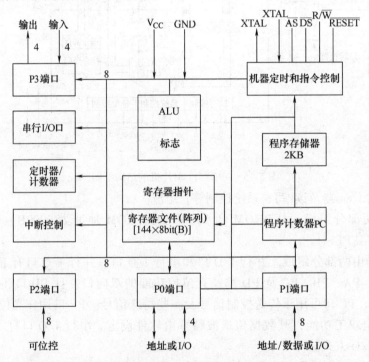

图 5-16　Z8 单片机的结构框图

由图 5-16 可见，Z8 单片机的结构图由下述几部分组成：ALU、寄存器阵列、程序存储器（ROM）、并行 I/O 口、机器定时和指令控制、串行 I/O 口、定时器/计数器及中断控制等部件。

Z8 系列单片机中的典型产品是 Z8601 和 Z8611，它们除 ROM 容量有区别外，其它结构均相同，Z8601 内部 ROM 为 2KB，Z8611 为 4KB。以 Z8601 为例介绍 Z8 单片机结构。

CPU 由 ALU、定时及控制、寄存器阵列构成。寄存器阵列共有 144B，其中 124B 为通用寄存器，16B 为状态和控制寄存器，4B 为 I/O 口寄存器。寄存器阵列是 Z8 单片机结构的重要特点。因为 ALU 将寄存器阵列视为累加器直接进行运算，所以速度快，且灵活。

程序存储器的寻址空间为 64K，包括两部分：内部 ROM 2KB，地址为 0000H ~ 07FFF；外部程序存储器 62KB，地址为 0800H ~ FFFFH。在内部 ROM 中，在 0000H ~ 000BH 之间放中断向量，000CH 为复位入口。

并行 I/O 口共 4 个：P1、P2、P3、P4。通过软件编程，既可以使口线为输入或输出线，又可使其输出定时、状态信号，也可作为中断输出。

串行 I/O 口为全双工异步通信接口，数据传送速率由定时器/计数器 T0 的频率确定。

定时器/计数器有两个：T0 和 T1 都是 8 位，它们分别由一个 6 位预定标器驱动，可以进行间隔定时及事件记数。

中断系统含 6 级 8 种中断：4 个外部中断和 4 个内部中断。中断优先权分 6 级，由中断优先寄存器设定。

2. Z8 单片机特性

1）含 144B 的内部 RAM 寄存器阵列。

2）含 2KB 或 4KB 内部 ROM。

3）有 32 条可编程 I/O 口线。

4）有 6 级向量中断。

5）有 BASIC/Debug 解释程序。

6）有 43 种基本指令。

5.2.8　单片机技术的新发展

伴随着电路集成技术的发展，单片机技术每十年左右登上一个新台阶。单片机芯片的集成度及其性能、功能将达到一个新水平。

单片机技术的发展主要体现在以下两个方面，一方面是新型单片机的问世，另一方面是引入新技术。

1. 新型单片机

新问世的单片机既涵盖了 8 位机、16 位机，又包括了 32 位机。

（1）8 位机　现阶段单片机的发展方向仍以 8 位机为主，16 位机、32 位机为辅。自 8 位机诞生至今，其性能和功能都有了长足的发展，涌现了许多新型的 8 位机。以 Intel 公司的 8051 单片机兼容性为例，Atmel 公司在 2001 年推出了 T89C51AC2 单片机。这种型号的单片机内含 32KB Flash ROM 及 2KB E^2PROM，还含有一个硬件"看门狗"和一个 10 位 A/D 转换器。新型机在存储容量、功能和性能方面都比传统单片机有了显著的提高。

目前世界上生产 8051 单片机的厂家已超过 20 家，8051 单片机的衍生产品超过 350 种，仅 PHILIPS 公司一家的产品就近百种。新型 8 位机的存储容量可以达到 32MB，运行速度最快达到 200MIPs（兆指令秒）。

（2）16 位机　著名的单片机厂商 Intel 公司和 PHILIP 公司近年来分别推出了 8XC251 和 XC51 × A16 位单片机。同时，Intel 公司对 MCS—96 单片机的结构进行了新的改进。新的 16 位单片机在数据吞吐能力、寻址能力和存储空间方面大大提高。新型机采用先进的 $0.2 ~ 0.8\mu m$ 工艺技术，其片内集成有 Flash ROM、RAM 及 A/D，PWM 以及 CAN（Controller Area Network——控制器局域网）。新型机的速度达到 230MIPS，寻址能力达到 24 位线地址规模。由于可以采用低的工作电压（如 PHILIPS 公司的 80C51XA 单片机工作电压为

2.7V，有些芯片仅为1.8V），因而能大大降低单片机的功耗。

（3）32位机　随着时间的推移，各种型号的32位单片机也陆续问世。NEC公司在2002年推出了型号为V850ES/SA2及V850ES/SA3两款32位单片机。这两种型号的单片机内部结构和功能完全相同，仅管脚数目不同。前者为100个管脚，后者为121个管脚。它们的主要特点有：

1）片内含有256KB Flash ROM及16KB RAM。

2）低工作电压（2.2V）。

3）属于RISC（精简指令集系列）单片机。

2．单片机新技术

单片机芯片的高集成化及高性能化为引入新技术奠定了基础。单片机新技术有：

1）嵌入RTOS（Real-Time Mulei-Tasking Operation System——实时多任务操作系统）技术。

2）在并行总线基础上开发了各种串行总线，形成了一些工业标准，并集成了网络的低层协议，如CAN总线。

5.3　单片机控制系统设计

5.3.1　系统设计的基本要求

1）可靠性高。

2）自诊断功能强，能自动进行故障检测及处理。

3）通用性好，应具有尽量广的适应范围，且功能易扩展。

4）操作维修方便。

5）性能价格比高。

5.3.2　总体（系统）设计

1．总体（系统）设计方案论证

1）对操作对象工作过程进行深入调查研究，掌握现场具体情况。

2）了解设计要求，如信号种类（模拟、数字……）、数量以及工作环境等。

3）综合考虑成本、可靠性、可维护性及经济效益等各种因素。

4）参考国内外同类产品资料，提出合乎实际的技术指标。

5）编写设计任务说明书，画总体结构框图。

6）进行方案论证，确定最终设计方案。

2．总体设计

（1）编写设计任务书　在进行单片机系统总体设计时，首先应编写设计任务书，明确设计的任务和内容。

设计任务书应包含以下内容：

1）控制系统要完成的任务及应具有的功能。

2）确定需要满足的性能指标。

3）规定相关的物理特性，如体积、质量及工作环境等。

4）进行系统成本估算，确定合理的经济指标。

5）确定系统的组成方案。

组成单片机控制系统有多种可供选择的方案：专用单片机系统，这种控制系统具有成本低，性能价格比高的优点，但存在无自开发能力的缺点；单板单片机系统，这种控制系统研制周期短，但功能扩展受限制，适用于小批量生产；由单片机和集成电路（IC）组件构成的控制系统，这种系统功能理想，但研制周期长，适用于批量生产。

上述三种控制系统各有利弊及其适用范围，用户可根据具体情况进行选择。

（2）总体（系统）设计应考虑的问题 在系统设计中要注意考虑单片机机型、相应的支持芯片以及软、硬件分工等问题。

1）选择符合要求的单片机机型及相应的支持芯片。单片机机型的选择要结合以下因素考虑：

① 供货渠道是否有保证。

② 能否实现要求的技术指标（精度、速度和功能及可靠性等）。

③ 研制周期是否能保证。

支持芯片的选择，首先要考虑其是否与所选单片机兼容，其次再考虑供货渠道、成本等因素。

2）综合考虑软、硬件分工问题。一般为了降低系统成本，若能采用软件实现的尽量采用软件，但是软件承担的任务要适当，以确保系统具有实时性。

5.3.3 系统硬件设计

1. 硬件设计的任务

硬件设计有以下任务：

1）确定程序存储器容量、型号。

2）确定数据存储器容量、型号。

3）确定 I/O 口数量及通道的类型（开关量、模拟量或特殊输出）。

4）根据系统要求的速度、精度等指标，确定 A/D，D/A 芯片的型号。

5）进行程序存储器、数据存储器、I/O 口及 A/D、D/A 芯片及其相关外围电路的设计，包括地址分配、译码及总线驱动器等的设计。

2. 硬件设计的主要内容

硬件设计工作有以下两部分内容：

（1）系统扩展 当单片机的内部资源不能满足控制系统要求时，就要进行系统扩展，即选择相应的外围芯片，并进行设计。

系统扩展包括三方面的内容：

1）存储器容量扩展。

2）I/O 口扩展。

3）定时器/计数器及中断系统扩展。

这些扩展都是通过总线实现的。

（2）系统配置 根据控制系统的功能要求配置外设，同时设计合理的接口电路。

进行硬件设计时，应兼顾驱动能力、抗干扰性能（EMI）及性能匹配等因素，只有这样，设计出的控制系统才比较理想。

3．硬件设计举例

（1）光耦合器驱动接口　光耦合器是单片机控制系统中常用的接口器件之一，这是因为光耦合器具有以下特点：

1）光耦合器的信号传递通过电—光—电形式，发光与受光部分不接触，绝缘电阻可达 $10^{10}\Omega$ 以上，且能承受 2000V 以上的高压。

2）光耦合器的发光二极管作开关应用时，具有耐用，可靠性高及速度快的优点，响应时间一般在几微秒之内，有些甚至小于 10ns。

3）光耦合器中的发光二极管为电流驱动器件，动态电阻小，具有很强的噪声抑制能力。

晶闸管输出型光耦合器单片机驱动接口如图 5-17 所示。

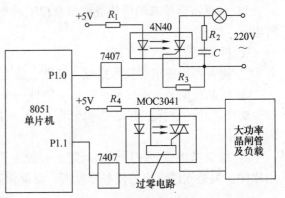

图 5-17 中，4N40 是常用的晶闸管输出型光耦合器，其输入端为红外发光二极管，输出端为光敏晶闸管。当输入端有 15 ～ 30mA 电流时，光敏晶闸管导通。输出端额定电压为 400V，额定电流有效值为 300mA，输入与输出端间的隔离电压为 1500 ～ 7500V。

图 5-17 所示的接口电路，8051 单片机 P1 口中的 P1.0 通过同相缓冲/驱动器 7407 驱动 4N40。当 P1.0 输出低电平时，4N40 输出端的晶闸管导通，220V 电路接通。

图 5-17　晶闸管输出型光耦合器单片机驱动接口

MOC3041 也是晶闸管输出型光耦合器，它的输出端为光敏双向晶闸管。MOC3041 带过零触发电路，输入端控制电流为 15mA，输出端额定电压为 400V，输入输出端间的隔离电压为 7500V。

图 5-17 所示的接口电路中，MOC3041 是由 8051 单片机的 P1.1 口线通过缓冲/驱动器 7407 进行驱动的。

4N40 常用于直接控制小功率电器，如指示灯等，或触发大功率晶体管。MOC3041 通常用于中间控制电路或触发大功率晶闸管。

（2）直流电动机控制接口　图 5-18 所示为控制直流电动机运行的接口电路。

如图 5-18 所示，单片机 P1 口的两条口线 P1.0 及 P1.1 通过光耦合器 MCS6200 实现对大功率直流电动机 M 运行的控制。

MCS6200 内部有两个单向晶闸管，由输入端的两个发光二极管控制。发光二极管 VD_1 导通时，晶闸管 VH_1 接通电源，电动机正转；当 VD_2 导通时，晶闸管 VH_2 接通

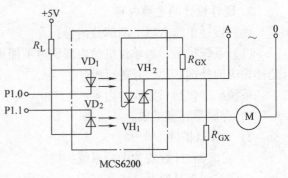

图 5-18　直流电机运行的接口电路

电源，电动机反转。P1.0 及 P1.1 两根口线必须同时为高电平或电平相反，即不能同时为低电平，否则会造成电源短路。需电动机正转时，P1.0 输出低电平，P1.1 输出高电平；反转时二者电平交换。

（3）单片机与 PWM 功率放大器的接口方法　图 5-19 表示一种实用的单片机与 PWM 功率放大器的接口电路。如图 5-19 所示，单片机经运算求得控制量后，先将控制数据送 D/A 转换器 DAC0832，转换为模拟电压后，再实现对 PWM 功率放大器的控制。

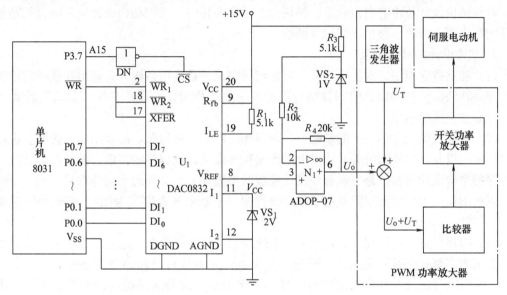

图 5-19　实用的单片机与 PWM 功率放大器的接口电路

图中，单片机的数据总线（由 P0 口提供）与 DAC0832 的数据输入端直接相连。单片机的写信号 $\overline{WR}$ 与 0832 的写控制 $\overline{WR_1}$、$\overline{WR_2}$ 及传送控制 $\overline{XFER}$ 同时相连。单片机的高位地址线 A15 作片选线，当 A15 = 1 时，选中 DAC0832 芯片。

D/A 转换器 0832 和运算放大器 ADOP-07 组成能输出模拟电压的 D/A 转换电路，可以将数字 00H～FFH 转换成 −2.0V～+2.0V 的模拟电压。

当单片机通过 D/A 转换器进行 D/A 转换后得到的是模拟电流信号，经运算放大器 ADOP-07 后变成模拟电压信号，然后控制 PMW 功率放大器，使伺服电动机正、反转或停止。

5.3.4　系统软件设计

1. 软件设计的特点
主要有两个特点：设计方法灵活、技巧性强。

2. 软件设计目标
要求设计的软件要具有可靠性、可修改性、可理解性、可测试性及高效率。

3. 软件总体设计的内容
（1）进行问题定义　明确设计要求，定义系统功能。具体内容为明确软件承担的任务，I/O 数据的速率，状态信号的输入方式，数据处理要求的精度、内部存储器的容量、出错的处理方式以及程序间的联系。

（2）确定软件结构　将软件分为几个独立部分，根据相互间的联系与时间关系进行设计。对不同的关系采用不同的结构。

1）简单系统。通过中断方式分配 CPU 的时间，即合理分配主程序占用的时间和中断服务（处理）程序占用的时间。

2）复杂系统。采用操作系统对 CPU 时间进行合理调度。

4. 软件结构设计技术

软件结构设计技术有自顶向下、模块化、子程序化等。采用结构设计技术的目的是使所设计的程序便于修改、移植、调试及链接。

5. 软件设计的具体步骤

（1）建立数学模型　对复杂系统，根据问题定义，描述出各输入、输出变量间的数学关系。控制算法由任务确定，依据算法写出相应的数学模型。对简单系统，只需明确要求即可，不必建立数学模型。

（2）画流程图　在第一步的基础上，画出相应的程序流程图。流程图用于简明直观地表示操作顺序以及程序段间的关系，可以用作编程参谋及阅读程序的指南。画流程图的过程就是程序的逻辑设计过程，是关系程序设计成败的关键环节，必须给予充分重视。

流程图包括主程序流程图及各子程序流程图（中断服务程序流程图）。画流程图时要做到结构清晰、简捷、合理。

（3）编写汇编语言源程序　这是应用系统研制过程中最重要、也是最困难的环节。由于编写汇编语言源程序时，要经常与硬件发生关系，如 I/O 口及存储器扩展等，因此应正确处理存储空间分配及 I/O 口状态检测问题。为保证程序编写的正确性，编程工作分两步进行：

1）准备工作阶段。编程之前，要进行以下准备工作：合理分配存储空间（数据存储器、程序存储器、I/O 口及堆栈等）；设置相应的状态标志，以便正确检测 I/O 口状态及进行输入、输出操作。

2）编写源程序阶段。在上述工作的基础上，以流程图为蓝本，利用指令表即可进行源程序的编写。

5.3.5　电磁兼容性（EMC）设计

随着社会的进步和科学技术的发展，电磁环境日益恶化。为了抑制这种趋势，逐步改善人类的生存环境，各国制定了一系列规范电力电子设备电磁兼容性的标准。电磁兼容性（EMC）指的是一个电力电子设备既不受外界的电磁干扰，又不对其它设备造成电磁干扰。

单片机的 EMC 问题既有一般电子设备的共性，又有其特殊性。它是一个电磁干扰源，也是电磁敏感源。单片机是低电平电子系统，从 EMC 角度讲，敏感源起主导作用。它的主要电路为数字电路。由于数字电路的逻辑元件都对应一定的阈值电平及相应的干扰容限，因而它不会响应低于容限的干扰，但对高于容限的干扰破坏却无恢复能力。单片机主要处理脉冲信号，易受外界脉冲干扰影响，也产生干扰脉冲影响外界，其脉冲频谱很宽，因而单片机工作在一个非常复杂的电磁环境中。

1. 干扰源

单片机的干扰主要来自应用系统的内部和外部。主要干扰源可归纳为三类：

1）来自信号通道。为进行数据采集和实时控制，开关量和数字量的输入、输出都是必不可少的。在现场，I/O 信号线和控制线长达几米、几十米，甚至几百米，不可避免地会引入干扰。

2）来自电源。由开关通断、电弧火花及大功率电动机的起动或停止产生，这些来自交流电源的干扰对单片机的运行危害更大。

3）来自空间。来自空间的干扰为辐射干扰，主要是射频干扰及雷电脉冲干扰等。

2．干扰作用途径及其后果

干扰可以沿着各种线路侵入单片机系统，也可以以场的形式从空间侵入单片机系统，供电线路是电网中各种浪涌电压入侵的主要途径。系统接地不良或不合理，也是引入干扰的重要途径。各类传感器、输入输出线路绝缘不良也可能引入干扰。以场形式入侵的干扰主要发生在高电压、大电流、高频电磁场附近，它们通过静电感应、电磁感应等形式在单片机系统中产生干扰。

电磁干扰对单片机系统的作用主要体现在三个部位。第一个部位是输入，电磁干扰使模拟信号失真，数字信号出错；第二个部位是输出，电磁干扰使输出信号混乱，不能反映真实的输出；第三个部位是系统内核，电磁干扰使三总线上的数字信号混乱。以上影响会导致控制失误，程序出错，造成一系列严重后果。

3．抑制干扰的硬件措施

（1）信号通道抑制干扰的措施　信号通道包括开关信号通道和模拟信号通道。不同的信号通道，其抑制干扰的措施也不尽相同。

1）抑制开关信号通道电磁干扰有很多方法，通常采用光耦合器进行光电隔离，如图 5-20 所示。

图 5-20 中，TIL111 为光耦合器，由于它的输入回路与输出回路间没有电气联系，也不共地，因此夹杂在输入 u_i 中的各种干扰由于光耦合器的隔离作用而不能进入输出回路。

2）模拟信号通道也是磁电干扰窜入系统的渠道。抑制模拟通道干扰时，应尽量将屏蔽器件设置在执行部件或传感器附近。抑制模拟通道干扰的器件有很多种，如变压器及光耦合器等，但在单片机控制系统中应用最多的仍然是光耦合器。

由于光耦合器输入阻抗 r_0 很小，因而具有很强的抑制干扰能力。如图 5-21 所示，光耦合器的 r_0 通常只有几百欧，而干扰源内阻 r 约为 $100 \sim 1000 \text{k}\Omega$，根据分压原理，馈送到光耦合器输入端的干扰电压很小。

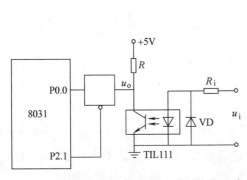

图 5-20　用光耦合器抑制开关通道干扰的电路

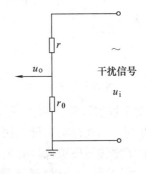

图 5-21　光耦合器抑制干扰原理示意图

因为进入光耦合器输入端的干扰电压很小，能量有限，而光耦合器输入端的发光二极管，只有当通过一定强度的电流时才发光，所以即使干扰信号幅值很高，也会因不能使发光二极管发光而失去作用，从而起到了抑制作用。

一般将光耦合器放在模拟通道的 A/D、D/A 附近，如图 5-22 所示。

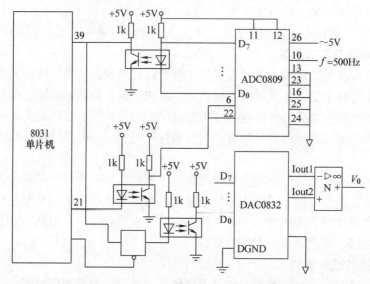

图 5-22　模拟通道抑制干扰电路

（2）供电系统抑制干扰的措施　强电磁干扰窜入单片机实时控制系统有三个渠道：空间感应、连接主机与受控设备间的输入输出通道以及供电系统。其中，供电系统的干扰最突出。

抑制来自供电系统的干扰，通常采用如图 5-23 所示的供电电路。

由于图 5-23 中的低通滤波器 DL 在干扰幅度大时会产生饱和，为此需要在干扰进入 DL 之前使其衰减，即在 DL 与交流稳压器之间设置一电源低通滤波器。它的结构如图 5-24 所示。

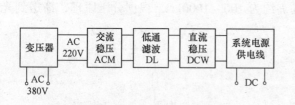

图 5-23　抑制供电系统干扰的供电电路

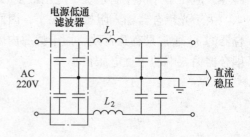

图 5-24　加入电源低通滤波器的 DL 电路

4. 抑制干扰的软件措施

软件抑制干扰同样有多种方法，常用的方法有以下几种：

（1）数字滤波　模拟信号必须经 A/D 转换为数字信号后才能为单片机接受。当模拟信号受到干扰作用后，A/D 的转换结果将偏离真实值。仅采样一次，结果不可靠，必须经多次采样，得到 A/D 转换的数据系列，再通过数字滤波，才能获得可信度较高的结果。

干扰信号分周期性和非周期性两种，采用积分时间为 20ms 整数倍的双积分型 A/D 转换方式能有效抑制 50Hz 工频干扰。对非周期性的随机干扰，通常采用数字滤波方法抑制。数字滤波有很多具体算法，分别适用于不同的情况。

程序判断滤波适用于慢变化物理参数的采样过程，如温度、湿度、液位等。

算术平均滤波连续采样目标参数，以其算术平均值作为有效采样值。该算法适用于抑制随机干扰，采样次数越多，平滑效果越好。

去极值平均滤波比算术平均滤波消除脉冲干扰的效果更好，可使平均滤波的输出值更接近真实值。

加权平均滤波能克服算术平均滤波和去极值平均滤波存在的平滑性和灵敏度间的矛盾。

滑动平均滤波每次只采样一个数据，将这一次采样值和过去的若干次采样值一起求平均，得到的有效采样值即可投入使用。这种算法，当采样速度较慢或目标参数变化较快时，也能保证系统的实时性，前几种平均滤波算法是无法达到这一点的。

（2）指令冗余　指令冗余可以在 CPU 受到干扰，引起程序混乱时尽快将程序纳入正轨。其方法是在编程时尽量多采用单字节指令，且在关键地方人为地插入一些单字节指令（NOP），或将有效单字节指令重复书写。

在双字节指令和三字节指令后面插入两条 NOP 指令，可保护后面的指令不被拆散，而被完整执行，使程序恢复正常。

常在一些对程序流向起决定作用的指令前插入两条 NOP 指令，以保证跑飞的程序回归正确轨道。这类指令有：RET、RETI、ACALL、AJMP、JE、JC、DJNZ 等（所列指令均属于 MCS—51 指令系统，对其它指令系统，基本原则同样适用）。

（3）软件陷阱　指令冗余使跑飞的程序恢复正常应具备两个条件：第一，程序跑飞后仍落在程序区；第二，必须执行到所设置的冗余指令。

当第一个条件不满足时，可以采取设立软件陷阱的方法进行补救。

软件陷阱实际上就是一条引导指令，MCS—51 指令系统采用 LJMP（长跳转）指令，强行将捕获的程序引向指定地址，此处放有专门处理程序出错问题的程序段。

软件陷阱安排在以下地方：

1）未使用的中断向量区。

2）未使用的大片 ROM 空间。

3）表格。

4）程序区。

由于软件陷阱都安排在正常程序执行不到的地方，所以它不会影响执行效率，只要程序存储器有多余空间，以尽量多安排一些软件陷阱为宜。

当第二个条件不满足时，程序陷入一个临时形成的死循环，软件陷阱将失去作用。这时可以采用设置软件监视定时器（软件看门狗）的方法使程序回归正轨。

通常程序都是循环执行，且每次执行时间基本相同。监视定时器的作用就是用于监视程序执行时间，一旦程序因某些原因运行超时，则强行将程序转到初始化重新启动。以 8031 单片机为例，它以定时器 T0 形成软件监视定时器，具体做法是：

1）设 T0 的溢出中断为高级中断，其它中断均为低级中断。

2）软件设定 T0 溢出时间略大于主程序正常运行时间。

3）在主程序中设定，每循环一次即对 T0 的定时时间常数进行刷新。

5.4 单片机控制系统举例

单片机在焊接自动化领域的应用日益深入，越来越广泛，涉及到多方面。例如，单片机控制焊接电弧；单片机控制弧焊过程；单片机控制焊接设备等，例子不胜枚举。本节单片机焊接设备控制系统方面介绍几个实例，提供单片机控制系统设计的基本思路及一些具体方法。

5.4.1 单片机全位置自动焊控制系统

1．概述

许多构件都需要采用全位置焊接。大型储罐、大直径钢管这类焊接结构件，因焊接工作量大，且其焊缝都有一定的规律，以采用自动焊为宜。因此，在焊接三峡电站大直径钢管时，选择了全位置焊接自动化方案，研制了相应的大直径钢管全位置自动焊机。根据引水压力钢管的环焊缝和纵缝焊接实际情况，设计了一套以单片机为核心的控制系统。

这套系统通过软硬件的良好配合能实现所需要的各种功能，同时通过软硬件的抗干扰设计，保证了系统的工作可靠性。

2．总体设计

一般情况下，只有当焊接线能量输入较小和熔滴以短路方式过渡时，才能实现全位置焊接的焊缝成型控制，如 TIG 焊、CO_2 气体保护焊、焊条电弧焊、MAG 焊等。通过对以上焊接方法生产效率，成本及焊接设备等方面的综合比较，选择了 CO_2 气体保护焊。

根据全位置焊接过程的特点，研制了相应的焊接小车。小车车体部分主要由爬行机构、摆动机构及传感器构成。为了确保焊接小车的爬行平稳性，设计了专门的小车爬行轨道。工作时，焊接小车沿铺设的轨道行走，根据焊接工艺要求，控制系统控制焊炬摆动及爬行小车行走，实现各种运动轨迹，如梯形、直线形、锯齿形等。

单片机全位置自动焊控制系统如图 5-25 所示。

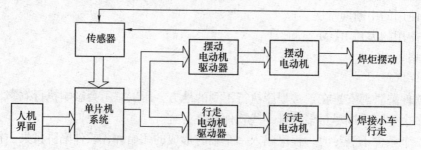

图 5-25　单片机全位置自动焊控制系统

图 5-25 所示系统的核心是单片机系统。单片机系统的功能是分别控制摆动电动机驱动器及行走电动机驱动器，以实现焊炬摆动及焊接小车行走。焊接小车工作时，单片机系统可通过传感器获得焊接小车和焊接过程的当前状态，以便根据需要对焊接小车的工作状态进行调整。

图 5-25 中的人机界面用于在工作前将各焊接参数输入系统中（包括预设的 7×12 组焊

接小车行走速度和焊炬摆动速度），以及显示焊接过程参数和进行焊接操作。

3. 单片机系统设计

图 5-26 表示根据功能要求设计的单片机系统。

图 5-26 中，单片机系统所选单片机型号为 89C51，外部扩展了一片 EEPROM 芯片 24C021，用于存放预置的焊接参数。24C021 芯片除内部含 256B 字节的 E^2PROM 外，还含有精确复位控制器及看门狗定时器。此芯片只有 8 个引脚，体积很小。系统中选用 24C021 作为程序存储器，既可降低电路的复杂程序，又能充分利用其复位定时器和看门狗定时器，保证系统能稳定可靠的工作。

控制焊接小车行走的驱动电动机选择印刷电动机。因印刷电动机无绕组，质量较轻，减轻了焊接小车的总重，惯量小，反应快。

焊接小车上设置两个传感器：一个用于跟踪坡口位置，实现焊接位置自动跟踪，为前置式摆动传感器；另一个用于获得焊接小车当前位置信号，通过位置信号实现焊接参数的自动切换，为位置传感器。

焊炬摆动采用步进电动机为驱动元件。

图 5-26 中预留接口的功能是实现焊接小车与计算机之间的通信，对焊接小车的参数进行设置。

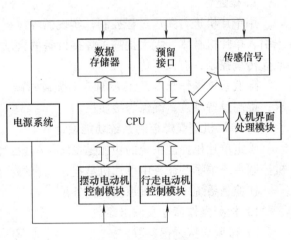

图 5-26　单片机系统

4. 硬软件抗干扰设计

单片机全位置自动焊控制系统处于强电磁干扰环境中。这种干扰信号通常以随机脉冲形式冲击控制系统，干扰系统的正常工作。轻则破坏某些器件的正常工作状态，重则损坏器件。

（1）硬件抗干扰设计　首先分析电磁干扰进入系统的途径。通过分析可知，电磁干扰进入系统主有三个通道：空间（电磁波感应）、连接主机与受控设备的过程通道以及它们的配电系统。与此相应，硬件抗干扰措施有：

1）选择合适的电路安装位置，将电路板置于摆动控制的小车内。由于小车壳体由铝板制成，因此对空间传播的电磁波有良好的屏蔽作用。

2）所有过程通道都采用光耦隔离，以提高通道的信噪比。光耦不仅能起隔离作用，还能遏制过程通道的一些脉冲干扰。

3）合理设计系统的配电系统：采用多级降压，最末一级采用开关电源供电；单片机系统的电源与其它线路电源分开；在单片机系统每一芯片的输入端都接一去耦电容。

（2）软件抗干扰设计　单片机软件系统同样会受到外界电磁环境的干扰，造成如下不良影响：

1）程序跑飞。干扰导致 CPU 程序计数器（PC）的数值发生变化，改变了正确的程序执行顺序。

2）程序跑飞且破坏 RAM 中的内容。这种干扰可能性虽小，但危害性大，使控制过程无法进行。

3）不响应中断。

4）芯片内信息发生变化。

针对以上问题，在软件抗干扰方面采取了以下措施：

采用模块化方式设计软件，将整个软件分为若干相互独立的模块，每个模块间除存在数据交换或传送关系外，无其它关联。

在每个模块物理空间的间隔处设置软件陷阱，一旦程序跑飞，很快即被纠正。

在标志位处理方面采取相应措施：程序中所有标志都用三个标志位，且将这些标志离散放于单片机内部 RAM 中。采用投票方式对标志进行判断，即对该标志的三个标志位同时进行判断。如果程序运行过程中由于干扰使某一标志位被修改，程序可通过对另两个标志位的判断获得正确结果，由此可提高系统运行的可靠性。

5.4.2　单片机自动埋弧焊控制系统

1．概述

用单片机进行弧焊过程控制，实现弧焊过程自动化是一件很有意义的工作。近年来，由于引入单片机技术，大大提高了焊接设备的自动化水平。所研制的自动焊控制系统用单片机取代传统控制，有以下优点：

降低系统操作难度及工人的劳动强度；减小控制系统体积，能适应狭小空间的焊接要求；提高设备精度，确保焊接质量。

2．单片机埋弧焊控制系统功能设计

确定单片机控制系统的功能是系统结构设计的关键。系统功能一旦确定，即可确定单片机控制系统中哪些任务由单片机承担，又有哪些任务由数字或模拟电路完成。

在控制系统中单片机承担的任务是：

1）检测操作命令及输出参数。

2）微调焊接过程参数。

3．单片机埋弧焊控制系统的结构设计

根据系统应有的功能，设计了单片机埋弧焊控制系统的硬件结构，如图 5-27 所示。

由图 5-27 可见，系统的硬件结构主要由 MCS—51 单片机，并行输入输出接口电路、光电隔离电路、A/D 通道、D/A 通道及控制器组成。其中 MCS—51 单片机的型号为 8031，它具有体积小、抗干扰能力强等优点，适宜于单机控制或信息处理。

为了提高系统的工作可靠性，在单片机与模拟电路之间采用了光电隔离，从而有效减少了系统间的相互干扰。

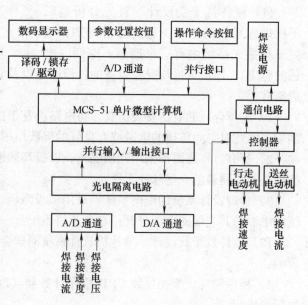

图 5-27　单片机埋弧焊控制系统的硬件结构

单片机埋弧焊控制系统的工作原理如下：

单片机通过两套 A/D 通道，分别预置焊接参数（焊接电流、电弧电压和焊接速度）或实时检测现场的焊接参数。

预置和实测的焊接参数通过串行口，经译码、锁存、驱动器由 LED 显示。

起焊、停焊、空载抽丝、送丝和行车等操作命令经过并行口送入计算机。

单片机通过对预置参数和实测现场参数的比较，可判断焊接过程参数的准确性和稳定性，并经 D/A 通道，通过控制器对参数进行微调。

4．单片机自恢复功能的设计

在工作现场，存在各种各样的随机干扰，这些干扰会影响单片机系统的正常工作。系统一旦工作失常，即使干扰消失，也不能自动恢复正常工作。由此可见，设计单片机自恢复功能很有必要。

单片机的自恢复功能用硬件方式实现，其方法是设计一套以模拟电路为基础的单片机工作状态检测系统。当检测系统工作时，单片机发出复位信号，利用单片机的复位功能，重新恢复正常工作。

5．单片机埋弧焊控制系统软件设计

单片机系统的功能是通过软件实现的。根据系统功能设计了相应的软件，流程图如图 5-28 所示。

5.4.3　单片机控制多特性自动埋弧焊机[17]

1．概述

自动埋弧焊效率高，质量好，广泛应用于压力容器、石油、机械等行业。国内埋弧焊机的控制多采用模拟电路，其性能、功能及焊接稳定性等方面都有待提高。

随着数字技术的发展，数字化是焊机控制的必然趋势，采用单片机是实现焊机控制数字化的选择之一。研制单片机控制的多特性自动埋弧焊机具有重要的现实意义。该焊机的电源外特性和送丝速度以及焊接速度都采用数字控制算法调节，引弧、焊接、收弧等操作由程序控制，而且具有数字化操作界面。

2．焊接电源主电路结构

图 5-29 表示焊接电源主电路结构。

如图 5-29 所示，焊接电源主电路采用六相半波可控整流电路。整流变压器一次侧共 6 个绕组，每个绕组电压为220V。电源输出设计为两路：一路直接输出，用于粗丝大电流埋弧焊；另一路经滤波电抗器输出，用于细丝小电流埋弧焊、气体保护焊及焊条电弧焊等场合。图 5-29 中的 40、50和 50、51 分别是焊接电流和电弧电压的取样信号点。电源空载电压为 72V，额定电压为 44V，额定电流为 1000A，额定负载持续率为 100%。

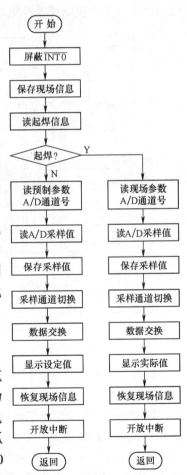

图 5-28　单片机埋弧焊控制系统

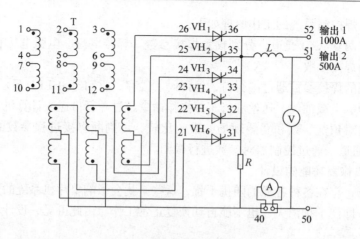

图 5-29 焊接电源主电路结构

3．电源控制系统硬件结构

（1）单片机系统　单片机系统是电源控制系统的核心。而单片机 80C196 又是单片机系统的核心，单片机系统硬件组成如图 5-30 所示。

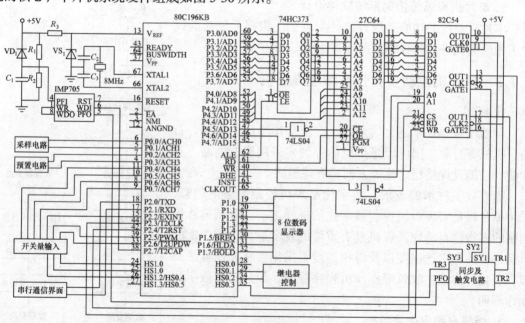

图 5-30 单片机系统硬件组成

如图 5-30 所示，单片机 80C196KB 为 16 位单片机，其外部总线为 8 位。图 5-30 中的 27C64 是容量为 8KB 的程序存储器，82C54 为 16 位定时器/计数器，74HC373 是 8 位锁存器。焊接电流和电弧电压信号经采样电路分别送至单片机模拟通道 ACH1（P0.1）和 ACH0（P0.0）。ACH2 和 ACH3 接参数预置电路，用于预置和调节焊接电流和电弧电压。单片机的高速输入口 HS1 与 P0、P2 的部分口线构成开关输入电路。P1 口接 8 位 LED 显示器，与开关输入电路一同形成人机界面。单片机的串行口 RXD、TXD 通过高速光耦构成通信接口，与埋弧焊过程控制系统交换数据。IMP705 芯片完成系统复位，电源监控等功能。

计数器 82C54 与单片机的定时器 2（T2）组成 3 路同步触发脉冲电路。82C54 的计数器

O 工作于方式 3（输出方波脉冲），其计数脉冲输入端与单片机的时钟输出 CLKOUT 相联。82C54OUTO 端输出的脉冲作为其计数器 1、2 及单片机定时器 2 的计数脉冲。82C54 计数器 1、2 分别从 OUT1 及 OUT2 输出低电平脉冲，经功率放大后形成晶闸管的触发脉冲 TR1、TR2。系统时钟为 8MHz，单片机时钟为 4MHz，则晶闸管控制角为 $t_0 \times t_1 \times 0.25\mu s$，其中 t_0 为计数器 0 的时间常数，t_1 为计数器 1 或计数器 2 的时间常数。第三路触发脉冲 TR3 来自单片机高速输出口 HS0.3。

通过采用 2 个计数器级联实现晶闸管导通角调节，能保证系统具有良好的动态性能。因控制系统采样周期通过 t_0 和 t_1 灵活选择不受同步信号及计数器周期限制，故能快速调节移相角，提高系统动态性能。

IMP705 能在系统上电时封锁触发脉冲，避免电源合闸瞬间晶闸管的误触发。

（2）同步及触发电路　电源控制系统的另一组成部分是同步及触发电路，如图 5-31 所示。

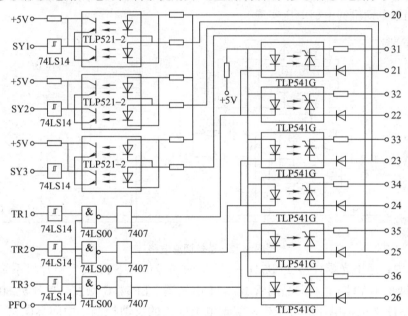

图 5-31　同步及触发电路

如图 5-31 所示，光耦 TLP541G 提供主晶闸管的触发脉冲，其输出连接主晶闸管的控制极。来自单片机系统的触发脉冲 TR1、TR3 经缓冲器 7407 缓冲后触发光耦 TLP541G，继而由光耦触发主晶闸管，主晶闸管导通后则关断光耦。系统上电后，PF0 信号通过与非门 74LS00 封锁触发脉冲，防止晶闸管误触发。

同步信号直接取自主晶闸管的阴极（52）。电压过零时光耦 TLP521—2 中的晶体管截止，输出高电平，经施密特触发器 74LS14 整形后得到同步脉冲 SY1～SY3。同步脉冲与触发脉冲的周期均为 180°，由于脉冲宽度约为 $100\mu s$，所以触发脉冲的最大移相范围可达 178°。因六相半波整流的自然换相点相位为 30°，故其控制角由软件限制在 30°～178°范围内。

4．多外特性的实现

为了使焊机既适用于自动埋弧焊，又能适用于碳弧气刨、焊条电弧焊及气体保护焊等工艺，设计了恒流、陡降、缓降和恒压 4 种电源外特性。前两种外特性采用电流反馈，后两种外特性采用电压反馈，并采用了 PI 调节器进行控制。

5. 自动埋弧焊过程控制系统

（1）单片机系统　自动埋弧焊过程控制系统的核心同样是80C196KB单片机，单片机系统的硬件组成基本与图5-30所示相同。不同之处在于扩展了三路采样电路，用于对电弧电压、送给电动机和小车驱动电动机的电枢电压进行采集；设置了三个预置电路，预置或调节小车速度、电弧电压、焊接电流或送丝速度；增加了8位LED显示器，显示电弧电压、焊接电流和送丝速度；系统复位、电源监控和WDT（看门狗）功能由X24045芯片实现，并利用其中的E^2PROM记忆及锁定焊接参数；设置"启动"、"停止"、"送丝"、"抽丝"4个操作按钮，以及小车"前进/后退"、"自动/手动"、焊接参数"记忆/提取"、送丝方式"等速/变速"等选择开关。

（2）调速电路　有两个调速电路：送丝电动机调速电路和小车行走电动机调速电路。

送丝电动机调速电路如图5-32所示。送丝速度的调节通过双向晶闸管BTA41调节110V直流伺服电动机的电枢电压实现。

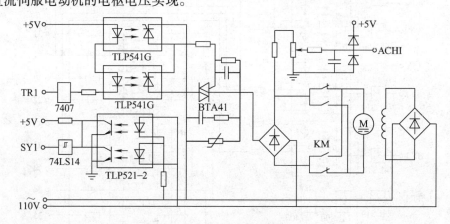

图 5-32　送丝调速电路

图5-32中，经由光耦合器TLP521—2获得的同步信号SY1接到单片机系统中定时器/计数器82C54的GATE1。双向晶闸管BTA41由光耦TLP541G触发。单片机80C196KB的模拟通道ACH1对电枢电压进行采样，实现电枢电压的反馈控制。中间继电器KM用于进行送丝和抽丝切换，KM是由单片机80C196KB的高速输出口线HS0.1通过固体继电器进行控制的。

（3）通信接口　电源与埋弧焊过程控制系统之间采用串行通信方式交换数据。串行通信接口设计为异步方式。通信波特率为2400bit/s，在通信过程中同时进行奇偶校验及求和校验，以使数据传送正确无误。

（4）过程调节原理　电弧电压反馈、送丝速度和焊接速度的控制均采用PI算法。当电源外特性为恒压或缓降时，系统自动选择等速送丝方式，由控制电弧电压反馈的PI调节器保持送丝速度恒定；当电源外特性为恒流或陡降时，系统自动选择双闭环PI调节：先由控制电弧电压反馈的PI调节器确定给定的送丝速度，再由控制电枢电压反馈的PI调节器调节送丝速度。

5.4.4　单片机焊接转胎转速控制系统

高质量的焊接胎夹具对于自动化焊接生产是必不可少的，它的应用使特定位置、复杂形状焊缝的自动化焊接成为可能。焊接胎夹具主要有三方面的作用：夹持工件、工件变位（使焊缝处于最佳焊接位置）和转动工件（给定焊速）。当电弧能量参数一定时，使焊速稳定是获得高质量焊缝的重要保证。平面螺旋焊缝自动焊时的焊速稳定性对焊接质量影响更大，采用单片机对焊接转胎转速进行控制不仅可保证焊接质量，而且还能提高焊接生产率。

1. 转胎调速控制原理

焊接胎夹具（变位机）机械结构原理如图 5-33 所示。

由图 5-33 可见，焊接胎夹具由八部分组成。其工作原理是直流电动机输出经减速器减速后驱动转胎转动。转胎转轴上固定一光电编码器，提供焊炬相对于转胎的位置信息。交流电动机控制转胎变位。测速发电机通过减速器与直流电动机输出轴相联，反馈转胎速度。

焊接时，将具有平面阿基米德螺旋线型焊缝的工件夹持在转胎上，再转动转胎，使焊炬自动跟踪焊缝。转速 n 的表达式为

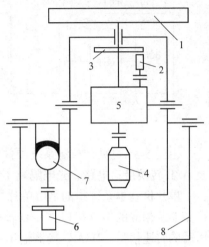

$$\begin{cases} n = \left(\dfrac{V_H}{2\pi} \right) / r_i \\ r_i = r_{i-1} + (B / N) \end{cases} \quad (5\text{-}1)$$

式中　　V_H——给定焊速（$mm \cdot min^{-1}$）；

　　　　r_i——焊炬所在即时圆周的半径（mm）；

　　　　B——螺线间矩（mm）；

　　　　N——圆周等分数。

图 5-33　焊接胎夹具机械结构原理
1—转胎　2—测速电机　3—光码盘
4—直流电动机　5—减速机
6—交流电动机　7—摆线针轮减速器
8—底座

由于焊接过程中，焊炬所在即时圆圆周 r_i 不断增大，为保证焊速恒定，应使转胎转速按式（5-1）所示的规律递减。上述功能由单片机转胎转速控制系统实现。单片机焊接转胎转速控制系统原理框图如图 5-34 所示。

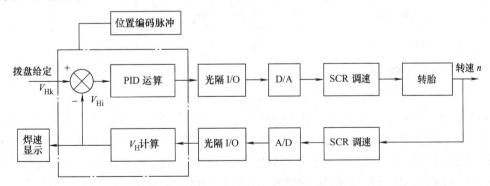

图 5-34　单片机转胎转速控制系统原理框图

控制系统工作原理如下：焊接过程中，单片机实时检测转速 n_i，同时根据光电编码位置信号计算焊炬所在圆周的即时半径 r_i 及实际焊速 V_{Hi}，将 V_{Hi} 与给定焊速 V_{Hk} 进行比较，获得的差值经 PID 运算产生相应的控制量输出，驱动晶闸管（SCR）调整转胎转速，确保转速稳定。

2. 控制系统硬件

控制系统硬件构成见图 5-35。

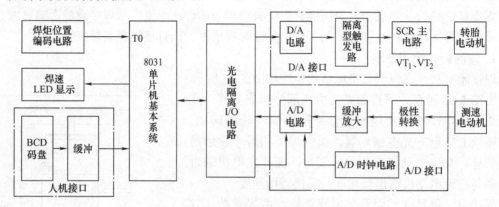

图 5-35　控制系统硬件构成

由图 5-35 可见，控制系统硬件主要由 8031 单片机基本系统、焊炬位置编码电路、D/A 及 A/D 转换接口电路、光电隔离 I/O 接口电路及人机接口等构成。

单片机基本系统指的是由单片机最小系统经扩展后形成的系统，包括复位电路、时钟、存储器及相应的 I/O 接口。A/D 转换采用 0809 芯片，转换来自测速发电机并经极性转换分压后的转速信号。D/A 转换器输出触发晶闸管所需的控制量，它输出的控制量（移相电压）经缓冲器送至隔离型 SCR 触发电路，产生移相脉冲触发晶闸管 VT_1、VT_2，控制转胎电动机的转速。焊炬位置光电编码电路用于确定焊炬的位置，其工作原理如图 5-36 所示。

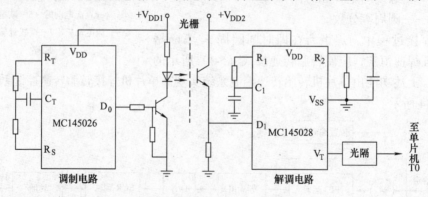

图 5-36　光电编码电路原理

图 5-36 中，光电发射管与接收管均为红外型。光电编码电路为有效消除周围环境对光接收电路的干扰，采用调制—解调方式工作。调制电路和解调电路分别是单片机集成电路芯片 MC145026 及 MC145028。信号经调制后由 MC145026 的 D_0 输出，经放大后驱动红外发光二极管。解调器 MC145028 的 D_1 端接收来自红外晶体管的调制编码信号。当接收到的信号与调制器的时钟频率一致时，MC145028 的 V_T 端电平由低变高，输出一高电平，经光耦合隔离后送入单片机的 T_0 端。人机对话接口通过 BCD 码拨盘设定初始半径、螺线间距及焊接速度，通过数码显示电路实时显示焊接速度。

3. 控制系统软件

（1）控制算法　系统控制软件采用三字节浮点运算方法。需要计算的参数有转胎转速

n_i，实际焊接速度 V_{Hi}、PID 控制量 V_i，输出控制量 Dout。

具体算法如下：

1）计算 V_{Hi}（mm·min^{-1}）。在一个定时控制周期内，先根据 A/D 转换结果（测速反馈量）D_{fd} 计算转速 n_i（r·min^{-1}），再据此计算 V_{Hi}，即

$$\begin{cases} V_{Hi} = 2\pi n_i r_i = K_1 n_i r_i \\ n_i = K_2 D_{fd} \end{cases} \tag{5-2}$$

式中，常数 K_2 由实验确定，$K_1 = 2\pi$。

2）采用增量式 PID 算法，即：

$$\begin{cases} V_i = V_{i-1} + \Delta U \\ \Delta U = K_p(\Delta e_i + K_I \cdot e_i + K_D \cdot \Delta^2 e_i) \end{cases} \tag{5-3}$$

式中，K_p、K_I、K_D 分别是比例、积分及微分系数，由实验整定；V_{i-1} 及 V_i 为前次和本次的控制量。

3）输出控制量转换。PID 运算的结果虽然与焊速有关，但焊速控制需通过调节转胎转速实现，因此进行控制前必须将 PID 运算结果转换成与相应转速 n_{out} 对应的控制量 Dout。

$$\begin{cases} Dout = K_d n_{out} + B_d \\ n_{out} = \dfrac{V_i}{2\pi} / r_i \end{cases} \tag{5-4}$$

式中　K_d、B_d——常数，由实验数据回归计算获得；

　　　　V_i——PID 运算结果（mm·min^{-1}）；

　　　　r_i——圆周即时半径（mm）。

（2）程序流程图　主程及调速控制子程分别如图 5-37 及图 5-38 所示。

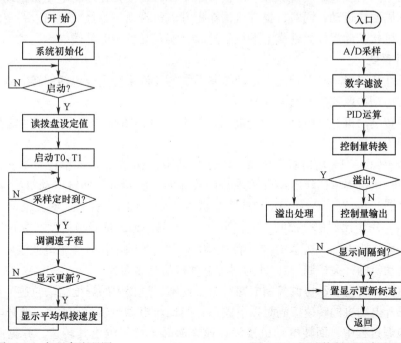

图 5-37　主程序流程图　　　　　　图 5-38　调速控制子程序流程图

5.4.5 单片机埋弧焊机马鞍形焊缝主运动控制系统

马鞍形曲线焊缝是接管与筒体两柱面正交时形成的一条相贯线，为三维空间曲线。如果要实现马鞍形曲线的焊接，焊枪除在水平方向进行回转运动外，还须在垂直方向进行上下往复运动，即提升运动，且二者还应满足一定的协调关系。要实现如此复杂的控制，采用单片机控制是最佳方案之一。

1. 焊机马鞍形焊缝主运动控制系统构成

焊机马鞍形焊缝主运动控制系统由以下三部分构成：

1）机座。包括三爪卡盘、支座和定轴，用于将焊机定位安装在工件上，以及支撑其它部件。

2）回转机构。包括横梁及固定在其上的回转电动机，回转减速箱和旋转变压器，用于带动焊枪做圆周回转运动。

3）提升机构。包括提升电动机，提升减速箱和曲柄—滑杆机构，用于使焊枪在垂直方向做上下往复活动，与回转机构一起构成焊接主运动系统。

2. 机械系统

机械系统包括横梁回转运动系统和焊枪垂直方向运动系统。

（1）横梁回转运动系统 横梁运动系统由横梁、回转减速箱和回转电动机三部分组成。它的功能是当焊机开始工作时，横梁在回转电动机的带动下，带动固定在其上面的焊枪围绕焊机的中心轴做顺时针或逆时针的圆周运动。

（2）焊枪垂直方向运动系统 焊枪垂直运动由提升机构承担。在施焊过程中，提升机构要与回转机构配合，即垂直运动应与圆周运动协调，实现模拟焊缝轨迹的马鞍形曲线运动。

（3）马鞍形曲线运动实现原理 焊机开始工作时，横梁在回转电动机带动下，使焊枪围绕工件做圆周回转运动；同时，提升机构在提升电机带动下，经减速箱以一定的传动比通过曲柄—滑杆机构带动焊枪做垂直上下往复运动，实现马鞍落差补偿。

3. 硬件系统

单片机埋弧焊机马鞍形焊缝主运动控制系统的硬件系统主要包括回转电动机控制电路和回转、垂直运动协调控制电路两部分。

（1）回转电动机控制电路 回转电动机控制电路如图 5-39 所示。其功能是实现焊枪围绕工件的圆周运动。

图 5-39 中 $U_1 \sim U_3$ 均为双定时器 NE556。其中，U_1 左侧接成单稳态触发器，与回转光耦一起为主控微机提供回转电动机转数的计数脉冲，使微机对回转电动机测速。U_2 左侧接成多谐振荡器，与 C_3、R_6、VD_2 形成锯齿波发生器，向 U_3 右侧送触发信号。运算放大器 N_2（LM324）用作比例积分控制器，将来自 U_1 左侧的输出信号与速度拨盘设定的速度相比较运算，然后将输出信号送至 U_3 右侧的控制端，U_3 的输出信号经整流滤波后，通过 VT 实现对回转电动机的开关控制，U_3 即为回转电动机的控制芯片。

（2）回转、垂直运动协调控制电路 为了使施焊过程中的焊枪运动轨迹为马鞍形，回转电动机与提升电动机的转速应满足以下关系：当回转电动机转过 90°时，提升电动机恰好转过 180°。施焊过程中，回转电动机按设计速率旋转，微机测出其转速，并据此计算出提升电动机的转速。

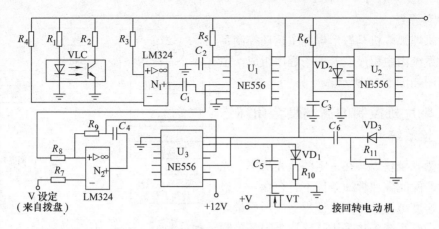

图 5-39　回转电动机控制电路

通过 D/A 转换芯片将控制信号送至提升电动机控制芯片，实现对提升电动机的转速控制。回转，垂直运动协调控制电路如图 5-40 所示。

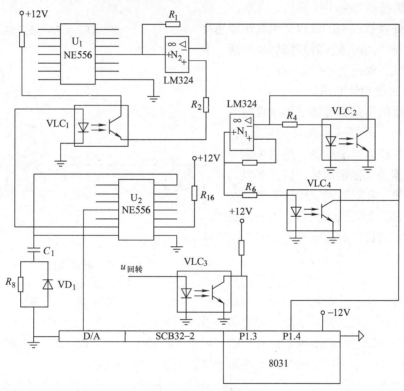

图 5-40　回转、垂直运动协调控制电路

由图 5-40 可见，回转电动机旋转速度信号 $u_{回转}$ 由单片机 8031 的 P1.3 口输入，计算机可据此计算提升电动机的旋转速度，计算结果经 D/A 转换后送至 U_2（定时器 NE556），U_2 的输出脉冲信号经光耦合器 VLC_1 送至 N_2（LM324），与来自 VLC_4 的提升电动机旋转速度信号比较后再送至定时器 U_1（NE556），U_1 输出控制信号控制提升电动机的旋转速度。同时，将由 VLC_4 测得的提升电动机的旋转速度信息输入单片机 8031 的 P1.4 口，对提升电动机的运动进行实时监控，至此，实现了对提升电动机的闭环控制。

4. 软件系统

单片机埋弧焊机马鞍形焊缝主运动控制系统的软件系统由主程序及若干子程序组成。主程序流程图如图 5-41 所示。

5.4.6 单片机控制的高精度全闭环送丝系统

对于激光填丝焊，在一定的激光功率、光束质量、装配间隙和焊速条件下，存在一个最佳的送丝速度范围，可以保证焊缝成形质量。

现有送丝系统多数采用开环或半闭环控制方式，无法确保送丝速度维持在其最佳范围内。为了保证激光填丝焊的质量，开发了由 80C51 单片机控制的全闭环焊丝送进系统。该系统能根据焊接过程中的坡口变化对送丝速度进行实时调整，同时能实时监测焊丝打滑，卡丝等异常情况，对系统适时进行保护。

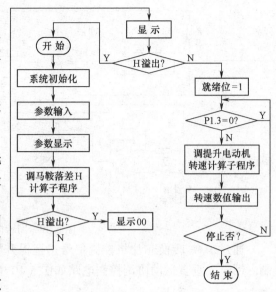

图 5-41　主程序流程图

1. 控制系统设计原理

送丝速度的稳定和准确是形成良好焊缝的重要条件。开环或半闭环控制系统，当送丝轮打滑或焊丝卡死时，虽可采取一定的方法使电动机稳定运转，但因焊丝与送丝轮间已发生相对滑动，所以不能完全消除送丝异常。为了消除异常，需要改进原送丝机构，改进后的送丝机构如图 5-42 所示。

由图 5-42 可见，直流电动机带动两个主动轮旋转，主、从动轮间的啮合力使

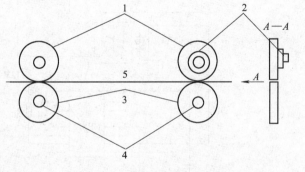

图 5-42　新送丝机构简图
1—从动轮　2—编码盘　3—主动轮
4—控制电动机　5—焊丝

焊丝向前送进。在第 2 个从动轮上安装编码盘。当送丝主动轮与焊丝间产生相对滑动时，因从动轮是由焊丝通过摩擦力带动而旋转的，则主、从动轮转速不再一致。利用编码盘测得此时的从动轮转速，根据一定的数学关系即可计算出实际送丝速度。

激光填丝焊时的焊速可达 $1 \sim 3\text{m/min}$，因此要求送丝系统有较高的动态响应速度。当忽略直流电动机电枢电感和阻尼力矩时，直流伺服电动机的传递函数可近似表示为

$$\frac{W(s)}{V_a(s)} = \frac{K}{T_s + 1} \tag{5-5}$$

由式（5-5）可知，直流伺服电动机通常可近似为一阶惯性环节，其机电时间常数为 $T = RaJ/(CmCe\phi^2)$。如时间常数 T 过大，将限制系统的频带展宽，影响系统的动态响应速度。为了满足填丝激光焊对送丝速度的要求，因此需设计适当的控制器。

因直流电动机控制特性参数未知，系统采用模糊控制实现送丝速度的反馈调节。同时为

了提高系统的动态响应速度，根据电动机的近似输入输出关系预置控制电压，尽可能减小反馈偏差值。表 5-3 表示采用简单模糊控制的送丝速度反馈控制规则。

表 5-3　采用简单模糊控制的送丝速度反馈控制规则

规则编号	1	2	3	4	5	6	7	8	9
速度	偏大	无偏差	偏小	偏大	无偏差	偏小	偏大	无偏差	偏小
速度变化	越来越大			基本无变化			越来越小		
电压调整	减小	减小	不变	减小	不变	增加	不变	增加	减小

送丝反馈控制系统的原理方框图如图 5-43 所示。

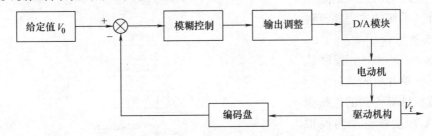

图 5-43　送丝反馈控制系统原理框图

2. 系统硬件组成

系统由上位机，单片机扩展系统、传感器电路、I/O 接口电路等组成，如图 5-44 所示。

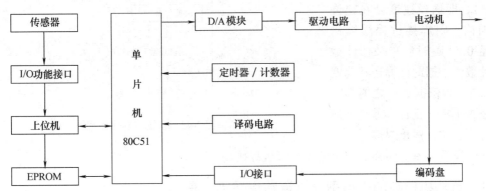

图 5-44　控制系统硬件组成

单片机扩展系统以 80C51 单片机为核心，外围电路有程序存储器 EPROM，D/A 转换电路、定时器/计数器电路及译码电路等。

D/A 芯片选用 DAC0832，其输出模拟信号经放大得到最大为 6V 的电压信号。定时器/计数器采用 16 位芯片 8253。I/O 功能接口电路包括电动机驱动接口和传感器接口两部分。送丝反馈传感器采用 OMRON 的 E6A—CS200 系列编码器，编码器旋转一周输出 200 个脉冲，最高响应转速达 5000r/min。坡口检测传感器选用扫描式激光—PSD 传感器，PSD 为连续的位置传感元件，分辨率高且响应速度快，适用于实时信号采集系统。

系统运行时，上位机根据传感器检测到的坡口信息，按预先给定的数学模型计算出送丝速度，通过串行通信将得到的送丝速度传送给单片机。最终由单片机送丝反馈控制系统保证送丝速度调节的实时性和稳定性。

3. 系统程序设计

系统的功能如下：

1）实时检测坡口宽度，根据坡口信息设定送丝速度的准确值。

2）实现送丝速度反馈控制。

3）对 D/A 转换器的输出进行实时调整，以保证将送丝速度误差在尽可能短的时间内调节到允许范围。

4）判断系统是否正常，当发生打滑、卡丝等异常情况时发报警信号。

根据上述功能对系统的程序进行了设计，系统的主程序流程图如图 5-45 所示。

如图 5-45 所示，主程序执行顺序如下：单片机先通过串行口接收上位机计算得到的送丝速度，经 D/A 转换器转换为模拟量。然后对此模拟量进行判断。以 Flag 为系统监测位，如 Flag = 0，即送丝速度超出允许范围，则发报警信号并结束焊接；如 Flag = 1，即送丝速度处在允许的范围内，则焊接过程继续进行。经 0.5s 延时后，采样计数器的计数值，据此计算送丝速度偏差 ΔV，再依据 ΔV 之值判断送丝是否正常。正常，重复上述过程；不正常，停止焊接。

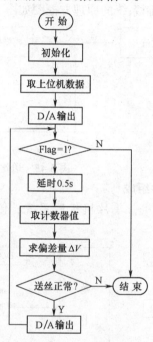

图 5-45　系统主程序流程图

此闭环送丝系统同样适用于电弧焊薄板焊接场合。

5.4.7　单片机控制的中小型储罐自动焊焊接小车

由于中小型石油储罐具有安全可靠、经久耐用、不渗漏、施工方便等诸多优点，因而应用十分广泛。目前，国内中小型石油储罐现场组焊多采用焊条电弧焊，效率低、劳动强度大、成本高。采用自动焊技术能显著提高组焊效率，大大降低焊工的劳动强度及生产成本，也是焊接技术的发展方向。综上所述，研究开发中小型石油储罐自动焊设备，尤其是智能化的自动化设备具有重要的工程实用意义。

中小型石油储罐自动焊设备由焊机、送丝机构、焊接小车及控制系统等部分组成，通常采用 CO_2 气体保护焊工艺。整个焊接系统中，焊接小车是关键装置之一，它的性能对焊接质量有直接影响。

焊接小车包括行走驱动机构和摆动机构两部分，固定于磁吸柔性轨道之上。两部分机构的功能分别是：均匀调节行走驱动机构的小车速度，即实现对焊接速度的调节；摆动机构主要用于调节焊枪左右摆动速度、摆动幅度及在坡口边缘的停留时间。通过两个机构的协调控制，可有效克服焊速不稳定对焊缝质量的影响，获得熔透均匀，成形良好的焊缝。

1．焊接小车伺服控制系统

为了获得高质量的焊缝，设计了采用脉宽调制（PWM）技术的伺服控制系统。通过与快速响应的小型直流伺服电动机相配合，能获得较宽的频带，既有利于提高系统的控制性能，实现快速动作和高精度随动，又能做到焊接小车在高、低速运行时电流脉动量都很小。

伺服控制系统的结构框图如图 5-46 所示。

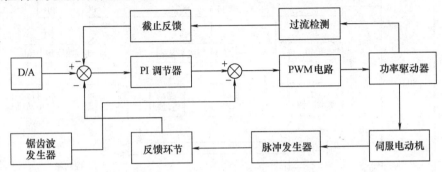

图 5-46　伺服控制系统结构框图

图 5-46 中伺服控制系统共由 10 部分组成，核心部分为 PWM 电路及 PI 调节器。PWM 电路采用桥式结构和电压驱动方式。PI 调节器用于校正环节，使系统整定为二阶系统，既保证系统具有较强的抗干扰能力，又做到超调量小。伺服控制系统以光电脉冲发生器作为速度检测元件，以速度检测电路获得的与速度相应的脉冲信号作速度反馈量，通过反馈环节实现控制系统的闭环控制。

2．焊接小车单片机系统硬件组成

整个单片机控制系统的总体结构如图 5-47 所示，其系统由控制箱、近程操作盒以及辅助设备三个基本部分组成。

（1）操作盒　操作盒内部是以 8031 单片机为核心，通过功能扩展后形成的单片机应用系统。操作盒通过 5m 长的电缆与控制箱相连。

操作盒面板上有 30 个按键：24 个为编程键，6 个为控制按键。另外还有一个 8 位数码显示器。操作盒可实现焊接初始状态调整、焊接过程控制及标准参数的编程。标准参数主要包括焊接速度、左右摆动速度、摆动幅度、焊枪在坡口边缘停留时间以及坡口边缘的焊接速度。标准参数设置后可长期保留，机内可存储 100 套焊接标准参数。操作盒在焊接过程中可以调节焊接速度、焊枪摆动速度和幅度，以及进行焊枪对中调整。

（2）控制箱　由图 5-47 可见，控制箱主要包括单片机扩展系统、行走电动机和摆动电动机伺服控制系统。单片机扩展系统以 8031 单片机为核心，根据功能要求进行了系统扩展。如扩展了一片程序存储器 27C128（16KB），两片数据存储器 6264（8KB），一片 I/O 接口芯片 8255 及一片定时器/计数器芯片 8253。控制箱与近程操作盒间通过标准 RS—232C 总线进行串行通信。

8255 是 Intel 公司生产的可编程并行接口芯片，有三个 I/O 口：PA、PB 和 PC。其中，

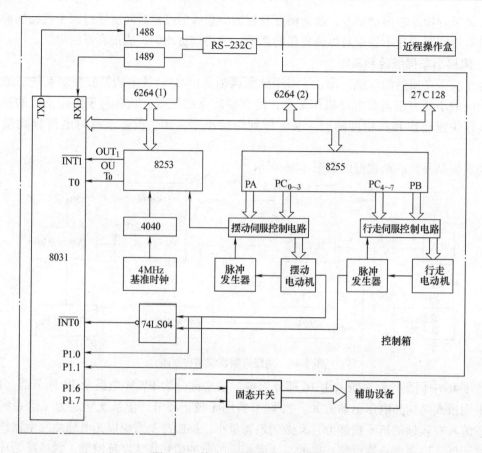

图 5-47 单片机控制系统总体结构

PB 口和 PC 口的 $PC_4 \sim PC_7$ 分别作为小车行走伺服控制系统的数据输出端口及状态控制线；PA 口和 PC 口的 $PC_0 \sim PC_3$ 分别作为小车摆动机构伺服控制系统的数据输出端口及状态控制线。

8253 为可编程计数器，含有三个 16 位计数器。每个计数器均可按十进制或二进制计数，因此有六种工作方式。三个计数器中，计数器 0 用于对焊接过程中焊枪在坡口边缘停留时间进行精确定时，定时脉冲由 4MHZ 基准时钟经 CD4040 十二位串行计数器分频获得；计数器 1 用于对摆幅控制器的输入进行计数，摆幅量大小与摆动伺服电动机的摆动量有关，为了便于计数，在电动机的同轴上装一光电脉冲发生器，则脉冲信号的数量可间接反映摆动伺服电动机的摆幅量。利用 8031 单片机的 $\overline{INT1}$（外部中断 1）实现摆幅量的中断控制，中断输入信号来自 8253 芯片的 OUT_1 引脚。

8031 单片机的 $\overline{INT0}$（外部中断 0）用作系统故障中断源，$\overline{INT0}$ 的输入由行走伺服控制系统的中断信号与摆动伺服控制系统的中断信号经与 74LS04 相与后得到。两个伺服控制系统的中断信号还分别接到 P1 口的 P1.0 和 P1.1，由程序查询中断源，用于对行走伺服电动机和摆动伺服电动机进行故障诊断。

8031 单片机 P1 口的 P1.6 提供启动/停止送丝系统的开关信号，P1.7 用于控制保护气体。

控制系统软件采用模块化程序设计技术设计。按系统功能要求，将软件分成若干相对独立的程序模块。

软件分为两大类：一类是实现实质性操作的应用软件；另一类为系统软件，协调各程序模块，实现系统管理。

系统主程序流程图如图 5-48 所示。

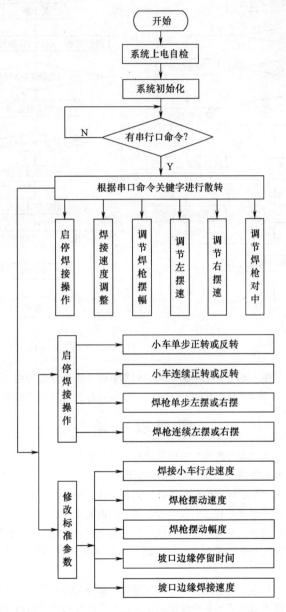

图 5-48　系统主程序流程图

开机后，系统先进行全面上电自检：CPU 指令系统、内外数据存储器（RAM）、中断程序等。自检完成后，进行程序初始化工作：设堆栈指针，为数据缓冲区设初值，清零各标志寄存器。最后根据串行口中断命令执行各功能模块。外部中断 1 和定时器 0 的中断程序流程图如图 5-49 所示。

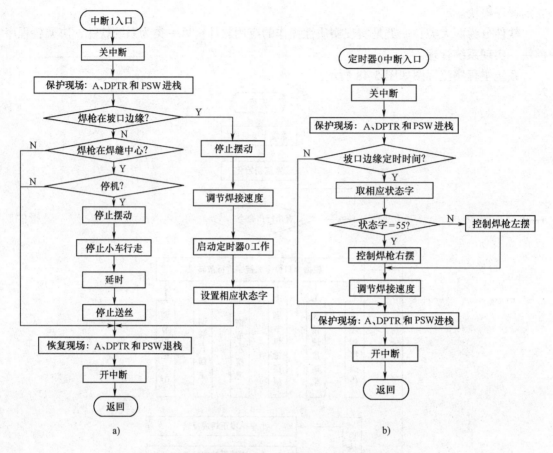

图 5-49　外部中断 1 和定时器 0 的中断程序流程图

a) 外部中断 1 中断程序流程图　b) 定时器 0 中断程序流程图

复 习 思 考 题

1. 单片机控制系统主要由几部分组成？各部分的作用是什么？

2. 单片机的最小系统及典型系统如何构成，举例说明。

3. 为什么要进行单片机控制系统的设计？设计的内容是什么？

4. 何谓单片机控制系统的电磁兼容性？如何抑制系统的电磁干扰？

5. 单片机全位置自动焊控制系统可用于哪些场合？它由几部分组成？各有何作用？

6. 单片机埋弧自动焊控制系统的原理是什么？结合控制系统硬件结构图说明几个主要组成部分的作用？

7. 三相晶闸管整流电路结构主要有几种？多特性埋弧自动焊为何采用六相半波晶闸管整流电路？

8. 单片机控制多特性埋弧自动焊的多特性指的是什么？它的多特性是如何实现的？

9. 结合图 5-40 说明焊枪回转、垂直运动控制电路的工作原理。

10. 图 5-47 中的 1488、1489、8253 及 8255 分别是什么芯片？起什么作用？如何应用？

第6章 焊接自动化中的 PLC 控制技术

可编程（序）控制器是以微处理器为核心，综合计算机技术、自动控制技术和通信技术发展起来的一种新型工业自动控制装置。它采用可编程存储器作为内部指令记忆装置，具有逻辑、排序、定时、计数及算术运算等功能，并通过数字或模拟输入输出模块控制各种形式的机器及过程。因为早期的可编程序控制器（Programmable Controller，英语缩写为 PC），只是用于基于逻辑的顺序控制，所以称为可编程序逻辑控制器（Programmable Logic Controller），简称 PLC。随着现代科学技术的迅猛发展，可编程控制器不仅仅是只作为逻辑的顺序控制，而且还可以接收各种数字信号、模拟信号，进行逻辑运算、函数运算和浮点运算等。更高级的可编程控制器还能够进行模拟输出，甚至可以作为 PID 控制器使用，但是习惯上还是简称可编程控制器为 PLC。

目前 PLC 广泛应用于石油、化工、冶金、采矿、汽车、电力等行业。在焊接自动化领域的应用越来越普遍。PLC 与数控机床、工业机器人并称为加工业的三大支柱。

本章重点介绍 PLC 控制的基本概念、焊接自动化中的 PLC 控制技术及其基本应用。

6.1 可编程控制器

6.1.1 可编程控制器概论

1. 可编程控制器的产生及发展

可编程控制器的诞生是生产发展的需要与技术进步结合的产物。20 世纪 60 年代，生产过程及各种设备的控制主要是由继电器和接触器等器件来完成。继电器和接触器控制简单、实用，但存在着固有缺陷。由于它是靠布线组成各种逻辑来实现控制的，需要使用大量的机械触点，因此可靠性不高；当改变生产流程时要改变大量的硬件接线，甚至要重新设计系统。继电器控制的功能只限于一般布线逻辑、定时等，它的体积一般比较庞大，而且整个控制系统的加工周期长。随着经济的发展，生产产品的多样化，生产流程的不断改善，迫切需要一种使用方便灵活、性能完善、工作可靠的新一代生产过程自动控制系统。1969 年，美国数字设备公司（DEC 公司）首先研制成功第一台可编程控制器，用它取代传统的继电器控制系统，成功地应用于美国通用汽车公司的汽车自动装配线上。从此，这种新型的工业控制装置很快就在美国其它工业领域得到了推广应用。1971 年，日本从美国引进了这项新技术，开始生产可编程控制器。1973 年，西欧国家也开始研制生产可编程控制器。我国从 1974 年开始研制可编程控制器，1977 年开始应用于工业生产。

2. 可编程控制器的特点

1）可靠性高，抗干扰能力强。工业生产对控制设备的可靠性提出很高的要求，既要有很强的抗干扰能力，又能在恶劣环境中可靠地工作，平均故障间隔时间长，故障修复时间短。由于 PLC 本身不仅具有较强的自诊断功能，而且在硬件、软件上均采取了一系列措施以提高其可靠性，因此 PLC 控制优于一般的微机控制。

2）控制程序可变，具有很好的柔性。在生产工艺流程改变或生产线设备更新的情况下，一般不必更改 PLC 的硬件设备，只需修改"软件程序"就可以满足要求。因此，PLC 在柔性制造单元（FMC）、柔性制造系统（FMS），以及工厂自动化（FA）中被大量采用。

3）编程简单，使用方便。目前大多数 PLC 均采用继电器控制形式的"梯形图编程方式"，既继承了传统控制线路的清晰直观，又考虑到大多数工矿企业电气技术人员的读图习惯和微机应用水平，所以 PLC 控制易于接受，使用方便。

4）功能完善。现代 PLC 具有数字和模拟量输入输出、逻辑和算术运算、定时、计数、顺序控制、功率驱动、通信、人机对话、自检、记录和显示等功能，使设备控制水平大大提高，在很多场合可以替代微机控制。

5）扩展方便，组合灵活。PLC 产品具有各种扩展单元，可以方便地根据控制要求进行组合，以适应控制系统对输入输出点数、输入输出方式以及控制模式的需要。

6）减少了控制系统设计及施工的工作量。由于 PLC 主要是采用软件编程来实现控制功能，因此其硬件电路及布线非常简单，从而大大减少了设计及施工的工作量。PLC 又能事先进行模拟调试，减少了现场的工作量。PLC 监视功能很强，又采用模块功能化，从而减少了系统维修的工作量。

7）体积小、质量轻、节能。一台收录机大小的 PLC 具有相当于三个 1.8m 高继电器柜的功能，两者相比，PLC 可以节电 50% 以上。

3. 可编程控制器的基本类型

（1）按 PLC 结构进行分类　按 PLC 结构分类，可以分为整体箱式和模块组合式两种。

整体箱式 PLC 是把各组成部分安装在少数几块印制电路板上并连同电源一起装配在一个壳体内形成一个整体。这种 PLC 结构简单，节省材料，体积小，通常为小型 PLC 或低挡 PLC。由于该类 PLC 的输入/输出（I/O）点数固定且较少，因此使用的灵活性较差。

模块式 PLC 是把 PLC 划分为相对独立的几部分制成标准尺寸的模块，主要有 CPU 模块（包括存储器）、输入模块、输出模块、电源模块等，然后把各模块组装到一个机架内构成一个 PLC 系统。这种结构形式可根据用户需要方便地组合，对现场的应变能力强，还便于维修。目前，模块式 PLC 应用较多。

（2）按控制规模分类　PLC 的控制规模主要指 PLC 中控制开关量的 I/O 点数。按 PLC 控制规模分类，可分为小型机、中型机及大型机三类。

1）小型 PLC：其 I/O 点数小于 256 点。

2）中型 PLC：其 I/O 点数在 256 ~ 2048 之间。

3）大型 PLC：其 I/O 点数在 2048 点以上。

I/O 点数也称为 PLC 的容量。容量的大小不仅表示了 I/O 点数，而且也反映了 PLC 的运算能力、编程语言等方面功能的强弱。一般情况下，容量越大的 PLC 在运算能力、编程语言等方面的功能越强。

4. 可编程控制器的应用

PLC 通常应用于以下几个方面：

（1）顺序控制　这是目前 PLC 应用最广泛的领域，它取代了传统的继电器顺序控制。PLC 可以应用于单机控制、多机群控制、生产自动线控制等。在焊接变位机、自动焊机、焊接生产线等方面都有 PLC 应用成功的例子。

（2）运动控制　PLC 制造商目前已提供了拖动步进电动机或伺服电动机的单轴或多轴位置控制模块。利用这些模块，不仅可以控制电动机的起动、停止，而且可以进行电动机速度和加速度的控制，使电动机运动平稳，运动位置控制准确。

（3）过程控制　PLC 能控制大量的物理参数，例如温度、压力、速度和流量等。PID 模块使 PLC 具有了闭环控制的功能。当由于控制过程中某个变量出现偏差时，采用 PID 模块，通过控制算法能计算出正确的输出，把变量控制在设定值上。

（4）数据处理　在机械加工中，出现了把支持顺序控制的 PLC 和计算机控制（CNC）设备紧密结合的趋势，可以利用 PLC 的数据处理结果进行控制。提高 PLC 数据处理功能是将来 PLC 发展的趋势之一。

（5）群控　由于 PLC 联网、通信能力很强，并不断有新的联网结构出现。利用 PLC 强大的通信能力，可以实现几个、几十个，甚至几百个 PLC 的通信，也可以进行 PLC 和计算机之间的通信，可用计算机参与编程及对 PLC 进行控制管理、交换数据和相互操作等，从而实现群控。

6.1.2　可编程控制器的工作过程

1. PLC 的工作机制

PLC 采取扫描工作机制，就是根据设计，连续和重复地检测系统输入，求解目前的控制逻辑，修正系统的输出。在典型的 PLC 扫描机制中，I/O 服务处于扫描周期的末尾，也是扫描计时的组成部分，这种扫描称为同步扫描。扫描循环一周所用的时间为扫描时间。PLC 的扫描时间一般为 10～100ms。PLC 中一般都设有一个"看门狗"计时器，它测量每一扫描循环的长度，如果扫描时间超过预设的长度（例如 150～200ms），它便激发临界警报。在同步扫描周期内，除去 I/O 扫描之外，还有服务程序、通信窗口、内部执行程序等。

扫描工作机制是 PLC 与通用微处理机的基本区别之一。

2. PLC 的工作过程

图 6-1 是 PLC 与 I/O 装置连接原理图。输入信号由按钮开关、限位开关、继电器触点、传感器等各种开关装置产生，通过接口进入 PLC。它们经 PLC 处理产生控制信号，通过输出接口送给输出装置，如线圈、继电器、电动机以及指示灯等。

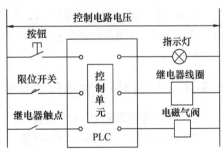

图 6-1　PLC 与 I/O 装置连接原理图

PLC 的工作过程基本上就是用户程序的执行过程，是在系统软件的控制下顺次扫描各输入点的状态，按用户程序解算控制逻辑，然后顺序向外发出相应的控制信号。为提高工作的可靠性和及时接收外来信号，在每个扫描周期还要进行故障自诊断和处理、接收编程器或计算机的通信请求等。PLC 的工作过程一般是：

　上电初始化→与外部设备通信→输入现场状态→解算用户逻辑→输出结果→自诊断

　上述过程循环往复。

（1）自诊断　自诊断功能可使 PLC 防患于未然。PLC 每次扫描用户程序以前，都对 CPU、存储器、输入/输出模块进行故障诊断。若自诊断正常，便继续扫描；而一旦发现故障或异常现象则转入处理程序，保留现行工作状态，关闭全部输出，然后停机并显示出错误信息。

（2）与外部设备通信　自诊断正常后，PLC 即扫描编程器、上位机等通信接口，如有通信请求便作响应处理。

在与编程器通信过程中，编程器把编程指令和修改参数发送给主机，主机把要显示的状态、数据、错误码等返回给编程器进行相应指示。编程器还可以向主机发送运行、停止、读内存等监控命令。

在与上位机通信过程中，PLC 将接收上位机发来的指令进行相应操作，如把现场的 I/O 状态、PLC 的内部工作状态、各种数据参数发送给上位机以及执行起动、停机、修改参数等命令。

（3）输入现场状态　PLC 扫描各输入点，读入各点的状态和数据，如开关的通/断状态、A/D 转换值、BCD 码数据等，并把这些状态值和数据写入输入状态表和数据存储器中的暂存单元中，形成现场输入的"内存映像"，这一过程称为输入采样或输入刷新。在一个扫描周期内，"内存映像"中的内容不变，即使外部实际开关状态已发生了变化也只能在下一个扫描周期中刷新。PLC 在解算用户逻辑时所用的输入值是该输入的"内存映像"中的值，而不是当时现场的实际值。所以 PLC 的输出总是反映输入的变化，但在响应的时间上略有滞后。

（4）解算用户逻辑（执行用户程序）　从用户程序存储器的最低地址（0000H）存放的第一条程序开始，按用户程序进行逻辑运算和算术运算。在解算过程中所用到的特殊功能继电器的值为相应存储单元的值，而输入继电器、输出继电器则用其内存映像值。

（5）输出结果（输出刷新）　是将扫描过程中解算逻辑的最新结果送到输出模块取代前一次扫描解算的结果。解算用户逻辑到用户程序结束为止，每一步所得到的输出信号被存入输出状态寄存表并未送到输出模块。待全部解算完成后打开输出门一并输出，所有输出信号由输出状态表送到输出模块，其相应开关动作，驱动用户输出设备即 PLC 的实际输出。

在依次完成上述五步操作后，PLC 又从自诊断开始下一次扫描。如此不断反复循环扫描，以实现对过程及设备的连续控制，直到收到停止命令，或遇到其它如停电、故障等现象时才停止工作。

6.1.3　可编程控制器的硬件构成

1. 可编程控制器的系统配置

PLC 是专为工业生产过程控制而设计的，实际上也就是一种工业控制专用计算机，所以也包括硬件和软件两大部分。PLC 的硬件构成（系统配置）大体有如下几种：

（1）基本配置　这种配置控制规模小，所用的模块也少，对于箱体式 PLC，则仅用一个 CPU 箱体，箱体内含有电源，内装 CPU 板、I/O 板及接线器、显示面板、内存块等；对于模块式 PLC，则有 CPU 模块、内存模块、电源模块、I/O 模块，以及底板或机架等。

（2）模块以及底板或机架的配置　箱体式 PLC，除了 CPU 箱体，还有 I/O 扩展箱体。I/O 箱体只有 I/O 板及电源，无 CPU、内存。I/O 箱体有不同的规格和型号，以供选择使用。

模块式 PLC 的扩展有两种：当地扩展和远程扩展。当地扩展只用一些仅安装有 I/O 模块及为保证其工作的其它模块的底板或机架。将它们接入基本配置后形成的 PLC，其控制规模较为可观。远程扩展所增加的机架可远离当地，近的有几十米或上百米，远的可达数千米。

（3）特殊配置　这里的特殊配置指的是除进行常规的开关量控制之外，还能进行有关模拟量控制或其它作特殊使用的开关量控制的配置。这种配置要使用特殊的 I/O 模块，也叫功能模块。这些模拟量可以是标准电流或电压信号，也可以是温度信号或其它信号。可以是只能读或写上述模拟量的模块，也可以是能按一定算法（如 P、I、D 算法）实现控制的模块，这种模块一般配有自身的 CPU，能实现智能控制，故也称为智能模块。

（4）冗余配置　冗余配置指的是除所需的模块之外，还附加有多余模块的配置。如采用三冗余配置，即三套模块同时工作，其结果是依三者的多数决定。这样的系统故障率比无冗余配置的系统低得多。冗余配置多用于非常重要的场合。

除了以上四种配置，PLC 要不要组网，如何组网，也是在配置时要考虑的重要方面。组网可使 PLC 与 PLC，或与其它控制器、计算机进行数据交换，增强控制能力。

2. 可编程控制器（PLC）基本配置的硬件构成

图 6-2 为 PLC 的硬件系统简化框图。

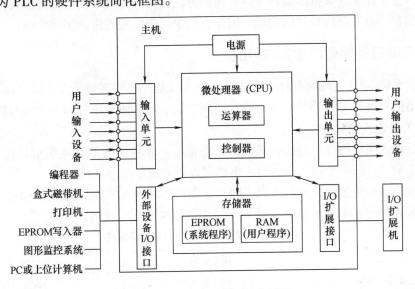

图 6-2　PLC 的硬件系统简化框图

PLC 的基本配置由主机、I/O 扩展接口及外部设备组成。主机和扩展接口采用微机的结构形式。主机内部由运算器、控制器、存储器、输入单元、输出单元以及接口等部分组成。

（1）中央处理器（CPU）　PLC 的中央处理器包括运算器、控制器。CPU 在 PLC 中的作用类似于人体的神经中枢，是 PLC 的运算、控制中心，用来实现逻辑运算、算术运算，并对全机进行控制。

（2）存储器　存储器简称内存，用来存储数据或程序。它包括可以随机存取的存储器（RAM）和在工作过程中只能读出、不能写入的只读存储器（ROM）。

PLC 配有系统程序存储器和用户程序存储器，分别用以存储系统程序和用户程序。

（3）输入/输出（I/O）模块　I/O 模块是 CPU 与现场 I/O 设备或其它外部设备之间的

连接部件。PLC 提供了各种操作电平和具有输出驱动能力的 I/O 模块以及用于各种用途的 I/O 功能模块供用户选用。

(4) 电源　PLC 配有开关式稳压电源的电源模块，用来对 PLC 的内部电路供电。

(5) 其它外部设备　根据需要可选配其它外部设备，例如磁带机、打印机、EPROM 写入器、显示器等。

3. 编程器

编程器是专门用于用户程序编制的装置。它可以用于用户程序的编制、编辑、调试和监视，还可以通过其键盘去调用和显示 PLC 的一些内部状态和系统参数。它经过接口与 CPU 连接，完成人—机对话连接。

通常有两种形式的编程器：一种是简易的盒式编程器，输入程序时以 PLC 的汇编语言（助记符语句表）方式（有的也可以图形方式）通过有限的专用键来输入，显示方式采用小液晶屏。它适合于现场调试或规模比较小的应用程序的输入和调试。另一种是具有 CRT 显示方式的台式编程器（也称为开发系统）。输入程序时可以用梯形图，也可以用其它汇编语言，程序的编辑、存储都非常方便，它适用于在实验室研制开发规模较大的应用程序。目前许多厂商开发了用于计算机的编程软件，因而可以利用计算机来代替编程器编程。

由于编程器具有调试程序的功能，因此也经常用于监视系统的工作状况。

6.1.4　可编程控制器的输入/输出模块

I/O 模块是 CPU 与现场 I/O 设备或其它外部设备之间的连接部件（接口）。PLC 的对外功能，就是通过各类 I/O 模块的外接线，实现对工业设备或生产过程的检测与控制。

1. 开关量输入模块

开关量输入模块的作用是接收现场的开关信号，并将输入的高电平信号转换为 PLC 内部的低电平信号。每一个输入点的输入电路可以等效成一个输入继电器。

开关量输入模块按照使用的电源不同，分别为直流输入模块、交流输入模块和交直流输入模块。表 6-1 是某种 PLC 的开关量输入模块的品种及基本规格。

表 6-1　开关量输入模块的品种及规格

模块规格	操作电平	每块的输入点数
直流输入模块	5V　TTL	16/32/48
直流输入模块	10～50V	32
直流和交流输入模块	12V	8/16/32
直流或交流输入模块	24V/48V/115V/220V	8/16/32

2. 开关量输出模块

开关量输出模块的作用是将 PLC 的输出信息传给外部负载（即用户输出设备），并将 PLC 内部的低电平信号转换为外部所需电平的输出信号。每个输出点的输出电路可以等效成一个输出继电器。

开关量输出模块按照负载使用的电源（即用户电源）不同，分为直流输出模块、交流输出模块和交直流输出模块。

按照输出开关器件的种类不同，又分为晶体管输出方式、晶闸管输出方式及继电器输出方式。晶体管输出方式的模块只能带直流负载，属于直流输出模块。晶闸管输出方式的模块只能带交流负载，属于交流输出模块。继电器输出方式的模块可带直流负载，也可带交流负载，属于交直流输出模块。表 6-2 是某种 PLC 的开关量输出模块的品种及基本规格。

表 6-2　开关量输出模块的品种及基本规格

模块规格	操作电平	每点最大输出电流	每块的输入点数
直流输出模块	5V　TTL	50mA	16/32
直流输出模块	10～50V	250mA	16/32
直流输出模块	12V/24V/48V	0.5～2A	8/16/32
交流输出模块	115（220）V	2A	8/16
继电器输出模块	24V/48V/115V/220V	阻性负载 4A，感性负载 0.5A	5/6/8

3. 模拟量输入/输出模块

在工业控制中，经常遇到一些连续变化的物理量（称为模拟量），如电流、电压、温度、压力、流量、位移、速度等。若要将这些量送入 PLC，必须先将这些模拟量变成数字量，才能为 PLC 所接收，然后才能进行运算或处理。这种把模拟量转换成数字量的过程叫模/数转换（Analog to Digit），简称 A/D 转换。

在工业控制中，还经常遇到要对电磁阀、液压电磁铁等一类执行机构进行连续控制，这就必须把 PLC 输出的数字量变换成模拟量，才能满足这类执行机构的动作要求。这种把数字量转换成模拟量的过程叫数/模转换（Digit to Analog），简称 D/A 转换。

在 PLC 中，实现 A/D 转换和 D/A 转换的模块称为模拟量 I/O 模块。

每块模拟量 I/O 模块有 2/4/8 路输入或输出通道，每路通道的 I/O 信号电平为 1～5V/0～10V/−10～+10V，电流为 2～10mA。

4. 其它输入/输出模块

PLC 除提供以上所述的接口模块外，还提供其它用于特殊用途的接口模块，如通信接口模块、动态显示模块、步进电动机驱动模块、拨码开关模块等。

6.1.5　可编程控制器的编程语言

PLC 是专为工业生产过程的自动控制而开发的通用控制器，其控制主要通过 PLC 特有的语言进行"软件编程"来实现。如同普通计算机一样，PLC 也有其编译系统，它可以把 PLC 编程语言中的文字符号和图形符号编译成机器代码。

由于 PLC 的主要使用对象是广大工程技术人员及操作维护人员。为了满足他们的传统习惯和掌握能力，通常 PLC 不采用微机的编程语言，而常常采用面向控制过程、面向对象的"自然语言"编程。PLC 常用的编程语言有梯形图 LAD（Ladder Diagram）、利用助记符编写的语句表 STL（Statement List）、顺序功能图 SFC（Sequential Function Chart）、逻辑方程式或布尔代数式等。也有的 PLC 用高级语言，如 BASIC 语言、C 语言。各厂家的编程语言一般只能在本厂的 PLC 上使用。

1. 梯形图

梯形图在形式上类似于继电器控制电路，如图 6-3 所示。它是用各种图形符号连接而成的。其图形符号分别表示常开触点、常闭触点、线圈和功能块等。梯形图中的每一个触点和线圈均对应有一个编号。不同机型的 PLC，其编号方法不一样。

对于同一控制电路，继电器控制原理和 PLC 梯形图的输入、输出信号基本相同，控制过程等效。二者的区别在于继电器控制原理图使用的是硬件继电器和定时器，靠硬件连接组成控制线路；而 PLC 梯形图使用的是内部继电器、定时器和计数器，靠软件实现控制。由此可见，PLC 的使用具有很高的灵活性，程序修改过程非常方便。图 6-3 是一个继电器线路图和与其等效的 PLC 梯形图。图 6-3a 中，SBT 为常开按钮，SBP 为常闭按钮，KM 为继电器线圈。按下起动按钮 SBT，继电器 KM 的线圈通电，其常开触点 KM 闭合。因为常开触点 KM 与起动按钮 SBT 并联，所以即使松开起动按钮 SBT，已经闭合的常开触点 KM 仍然能使继电器 KM 的线圈通电。这个常开触点称做"自锁"触点。停止时，按下停止按钮 SBP，继电器 KM 的线圈失电。图 6-3b 中 X000 为常开输入触点，X001 为常闭输入触点，Y000 表示输出，其输出 Y000 的工作状态受 X000、X001 信号控制，逻辑上与图 6-3a 相同。图 6-3a 中的开关 SBT、SBP 均为物理实体，而图 6-3b 中的 X000、X001 等表示的可能是外部开关（或硬开关），也可能表示内部软开关或触点（内部软继电器触点）。

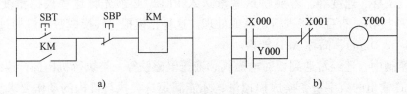

图 6-3　继电器线路与 PLC 梯形图
a) 继电器线路图　b) 梯形图

梯形图是各种 PLC 通用的编程语言。尽管各厂家所生产的 PLC 所使用的符号及编程元件的编号方法不尽相同，但梯形图的设计与编程方法基本上大同小异。这种语言形式所表达的逻辑关系简明、直接，是从继电器控制系统的电路图演变而来的。PLC 的梯形图编程语言隐含了很多功能强而使用灵活的指令。它是融逻辑操作、控制于一体的一种面向对象的、实时的、图形化的编程语言。由于这种语言可完成全部控制功能，因此梯形图是 PLC 控制中应用最多的一种编程语言。

PLC 梯形图有如下特点：

1）在编程时，应对所使用的元件进行编号，PLC 是按编号来区别操作元件的，而且同一个继电器的线圈和触点要使用同一编号。

2）梯形图左右两条垂直线分别称为起始母线、终止母线。梯形图按自上而下，从左到右的顺序排列。每个继电器线圈为一个逻辑行，称为一个梯形。每个逻辑行必须从起始母线开始画起，结束于终止母线（终止母线可以省略）。两母线之间为触点的各种连接。

3）梯形图的最右侧必须连接输出元素或功能块。输出元素包括输出继电器、计数器、定时器、辅助继电器等，一般用圆圈表示，相当于继电器的线圈。

4）梯形图中，一般情况下（除有跳转指令和前进指令的程序段外），某个编号的继电器线圈只能出现一次，而触点可无限次使用。

5）图形中的继电器往往不是继电器控制线路中的物理继电器，它实际上是存储器中的位触发器，因而称为"软继电器"。相应某位触发器为 1 时，表示该继电器的线圈得电，其常开触点闭合，常闭触点断开。

6）输入继电器用于接收来自 PLC 外部的信号，由此信号决定其状态，而不能由其内部其它继电器的触点驱动。故梯形图中只出现输入继电器的触点，而不出现其线圈。

7）输出继电器是 PLC 作为输出控制用的，它只是输出状态寄存表中的相应位，不能直接驱动现场执行部件。现场执行部件是由输出模块去驱动。当梯形图中的输出继电器得电闭合时，输出模块中的功率开关闭合。由于每个输出继电器只有一个功率开关，因此只能驱动一个外部设备。

8）PLC 中的内部继电器不能作输出用，它们只是一些逻辑运算过程中的中间存储单元的状态，其触点可供 PLC 内部编程使用。

9）梯形图中的触点可以任意串、并联，但输出线圈只能并联，不能串联。

2. 助记符语言

助记符语言是 PLC 命令的语句表达式，类似于计算机汇编语言的形式。它是用指令的助记符来编程的。PLC 的助记符语言却比一般的汇编语言通俗易懂。

PLC 控制中用梯形图编程虽然直观、简便，但它要求 PLC 配置具有 CRT 显示方式的台式编程器或采用计算机系统以及专用的编程与通信软件方可输入图形符号。这在有些小型机上常难以满足；或者受控制系统现场条件的限制，系统调试不方便，故常常需要借助助记符语言进行编程，然后通过简易的盒式编程器将助记符语言的程序输入到 PLC 中，进行现场调试、完善程序。简易的盒式编程器一般只能采用助记符语言进行编程。

不同型号的 PLC，其助记符语言不同，但其基本原理是相近的。

助记符语言的指令与梯形图指令有严格的对应关系，二者之间可以相互转化。编程时，一般先根据要求编制梯形图，然后再根据梯形图转换成助记符语言。

以日本三菱公司生产的 FX_{0N} 系列 PLC 为例，对应于图 6-3 的助记符语言为

LD	X000（表示逻辑操作开始，常开触点与母线连接）
OR	Y000（表示常开触点并联）
ANI	X001（表示常闭触点串联）
OUT	Y000（表示输出）

由此可见，助记符语言编写的 PLC 控制程序是由若干条语句组成的，因而又称其为语句表。在一般情况下，助记符语言中的每条指令是由操作码和操作数两部分组成。操作码用助记符表示，又称编程指令，表示 CPU 要完成某种操作；而操作码指定某种操作对象或所需数据，通常是编程元件的编号或常数。

语句是程序中的最小独立单元，每个操作功能由一条或几条语句来执行。每条语句表示给 CPU 一条指令，规定 CPU 如何操作。

3. 顺序功能图（SFC）

顺序功能图是一种描述顺序控制系统功能的图解表示法，主要由"步"、"转移"及"有向线段"等元素组成。如果适当运用组成元素，就可得到控制系统的静态表示方法，再根据转移触发规则进行模拟系统的运行，就可得到控制系统的动态过程，并可以从运动中发现潜在的故障。顺序功能图用约定的几何图形、有向线和简单的文字说明来描述 PLC 的处理过程和程序的执行步骤。本书对此语言不做重点介绍，如果需要请参考其它书籍或 PLC 说明书。

6.2 日本三菱 FX_{0N} 系列可编程控制器

不同生产厂家、不同型号 PLC 的基本功能和指令系统大同小异。现以日本三菱公司生产的 FX_{0N} 系列 PLC 为例，介绍其系统构成、指令系统和编程方法。

6.2.1 型号说明

FX_{0N} 系列 PLC 型号说明如下：

FX_{0N}—□□□—○

FX_{0N}：系列名称

第一个 "□"：输入/输出的总点数。例如，24：输入 14 点，输出 10 点。

第二个 "□"：单元类型。例如，M：基本单元；E：扩展单元；EX：输入扩展模块；EY：输出扩展模块。

第三个 "□"：输出形式。例如，R：继电器输出；T：晶体管输出。

○：电源形式 例如，D：DC 电源；无：AC 电源。

例如，FX_{0N}—24MR 表示：FX_{0N} 系列 PLC，它是基本单元，输入输出总点数为 24 点，采用继电器输出方式，供电电源为交流电源。

6.2.2 系统配置

FX_{0N} 系列 PLC 的型号规格见表 6-3，其主要性能指标见表 6-4。

表 6-3 FX_{0N} 系列 PLC 的型号规格

类型	型号	输入点数	输出点数	电源电压	输出类型（备注）
基本单元	FX_{0N}—24M（R、T）	14	10	AC100 ~ 240V	R：继电器输出 T：晶体管输出
	FX_{0N}—40M（R、T）	24	16		
	FX_{0N}—60M（R、T）	36	24		
	FX_{0N}—24MR-D	14	10	DC24V	
	FX_{0N}—40MR-D	24	16		
	FX_{0N}—60MR-D	36	24		
扩展单元	FX_{0N}—40ER	24	16	AC100 ~ 240V	继电器输出
扩展模块	FX_{0N}—8EX	8	—	不需要	—
	FX_{0N}—8EYR	—	8		继电器输出
	FX_{0N}—8EYT	—	8		晶体管输出
	FX_{0N}—16NT	8	8		—
特殊功能模块	FX_{0N}—3A				2 路模拟量输入 1 路模拟量输出

表 6-4　FX$_{0N}$系列 PLC 的主要性能指标

项目		性能指标	备注
运算控制方式		对所有程序进行反复运算处理	
I/O 控制方式		批处理方式（执行 END 指令时）	
运算处理速度		基本指令 1.6μs	
编程语言		继电器符号语言＋梯形图（可用 SFC 表达）	
程序容量		2000 步　内置 EEPROM	或者选用 EPROM
指令种类		基本指令 20 条，步进指令 2 条，应用指令 36 种 51 条	
辅助继电器 M	通用	M0 ~ M383 共 384 点	
	保持用	M384 ~ M511 共 128 点	
	特殊用	M8000 ~ M8254 共 57 点	
状态寄存器 S	初始化用	S0 ~ S9 共 10 点	
	通用	S10 ~ S127 共 118 点	
	保持用	（S0 ~ S127）有掉电保持	
定时器 T	100ms	T0 ~ T62 共 63 点	
	10ms	T32 ~ T62 共 31 点	M8028 置 1 时
	1ms	T63	
计数器 C	通用	C0 ~ C15 共 16 点　16 位加计数器	
		C16 ~ C31 共 16 点　16 位加计数器	掉电保持型
	高速计数器	C235 ~ C254 共 13 点	
数据寄存器 D、V、Z	通用	D0 ~ D127，D128 ~ D255 共 256 点	后者保持用
	特殊用	D8000 ~ D8255 共 28 点	
	文件寄存器	D1000 ~ D2499 最多 1500 点	取决于存储器容量
	变址用	V、Z 共两点	
指针	跳转用	P0 ~ P63 共 64 点	
	中断用	I00□ ~ I30□共 4 点	上升沿□-1 下降沿□-0
嵌套	主控用	N0 ~ N7 共 8 点	
常数	K 十进制	16bit：－ 32768 ~ 32768；　32bit：－ 2147483648 ~ 2147483647	
	H 十六进制	16bit：0 ~ FFFFH；　32bit：0 ~ FFFFFFFFH	

　　每个 PLC 控制系统必须有一个基本单元。基本单元内置电源，输入、输出电路以及 CPU 与存储器。FX$_{0N}$系列的基本单元既能独立使用，又可以将基本单元与扩展单元、扩展模块组合使用。扩展单元内部没有 CPU、ROM 和 RAM 等，所以不能单独使用，只能与主机（基本）单元相连使用，作为主机单元输入输出点数的扩充。通过基本单元加上不同扩展单元相连使用，可以方便地构成 24 ~ 128 点输入、输出的 PLC 控制系统。为了适应不同工

业控制的需要，还可以选用一些扩展模块和特殊功能模块，如输入/输出扩展模块、模拟量输入/输出模块等。

6.2.3 FX$_{0N}$系列 PLC 内软继电器的功能及编号

1. 输入继电器 X

PLC 的输入端子是从外部设备接收信号的窗口，与输入端子连接的输入继电器是光电隔离的继电器，输入继电器的编号与接线端子的编号一致。输入继电器是虚拟继电器，只能由外部信号驱动，而不能由程序内部的信号驱动，因此，在程序中输入继电器只有触点，不可能有线圈。其常开和常闭触点（软触点）在 PLC 程序中可以重复使用，且使用次数不限。一般情况下，输入电路的时间常数小于 10ms。

输入继电器编号取决于 PLC 的型号，FX$_{0N}$系列 PLC 的输入继电器的编号如下：

24 型：X000 ~ X007，X010 ~ X015

40 型：X000 ~ X007，X010 ~ X017，X020 ~ X027

输入性能指标见表 6-5。

表 6-5　输入性能指标

输入电流	X000 ~ X007 DC24V 7mA	X010 ~ DC24V 5mA
输入 ON 电流	≥4.5mA	≥3.5mA
输入 OFF 电流	<1.5mA	<1.5mA
响应时间	约 10ms 0 ~ 15ms 内	约 10ms
电路隔离	光电隔离	

2. 输出继电器 Y

PLC 的输出端子是向外部负载输出信号的窗口。输出继电器只有一个主触点，该主触点连接到 PLC 的输出端子上，用于控制用户的输出设备。其余的常开和常闭触点供内部程序使用，且使用次数不限。外部信号不能直接驱动输出继电器，而只能在程序内部用指令驱动。

PLC 的输出形式主要有三种形式：继电器输出、晶体管输出和晶闸管输出。

（1）继电器输出　继电器输出是最常用的一种 PLC 输出形式。采用固态继电器作为继电器输出元件。当 PLC 有输出时，接通或断开输出电路中的继电器线圈，继电器的触点闭合或断开，通过该触点控制外部负载电路的通断。

继电器输出型 PLC 在 AC250V 以下电路电压时可驱动的负载为：纯电阻负载 2A/点；感性负载 80VA 以下。它耐受电压范围宽，导通压降小，价格便宜。既可以控制交流负载，也可以控制直流负载，但其触点寿命短，转换频率低，响应时间平均为 10ms。

（2）晶体管输出　晶体管输出是无触点输出，它通过光耦合器使晶体管截止或饱和以控制外部负载电路，并同时对 PLC 内部电路和输出电路进行光电隔离。晶体管输出型每个点可以输出 0.5A 电流，但是有温度上升限制，每 4 点输出总电流不得大于 0.8A（每点 0.2A）。它寿命长，噪声小，可靠性高，频率响应快，响应时间为 0.2ms，可以高速通断，但其价格高，过载能力差。

（3）晶闸管输出　晶闸管输出也是无触点输出，它采用光触发型双向晶闸管，每个点可以输出 0.5A 电流。它寿命长，响应速度快，响应时间为 1ms，但过载能力差。

FX_{0N} 系列输出继电器的编号如下所示：

24 型：Y000 ~ Y007，Y010 ~ Y011

40 型：Y000 ~ Y007，Y010 ~ Y017

表 6-6 列出了 FX_{0N} 系列 PLC 常用的继电器输出和晶体管输出的性能指标。

表 6-6　FX_{0N} 系列 PLC 常用继电器和晶体管的输出性能指标

继电器输出性能指标		晶体管输出性能指标	
额定电流	2A/点（8A/4 点）	额定电流	0.5A/点（0.8A/4 点）
负载电压	交流 240V，直流 < 30V	负载电压	直流：5 ~ 30V
最大负载	80VA（感性）100W（灯）	最大负载	12W（感性）15W（灯）
响应时间	约 10ms	响应时间	< 1ms
电路隔离	机械隔离	电路隔离	光电隔离

3. 辅助（中间）继电器 M

PLC 中有许多辅助继电器，由程序驱动。每一个辅助继电器有无数对常开和常闭触点，专供 PLC 编程使用。与输出继电器相同，辅助继电器只能由程序驱动。辅助继电器不能直接驱动外部负载。

辅助继电器有两种类型：

1）通用（一般型）继电器，其编号为 M000 ~ M383（384 点）。

2）保持用继电器（电池保持），其编号为 M384 ~ M511（128 点）。

实际的工业控制中往往会发生电源突然掉电。为了能在电源恢复供电时继续电源中断前的控制，要求系统在掉电瞬间将某些状态和数据存储起来。在 PLC 控制时，已考虑到这一重要因素，PLC 采用电池作为 PLC 掉电保持重要数据与状态的备用电源。

4. 特殊型继电器

特殊型继电器是一些具有完成特殊功能的专用辅助继电器，编号为 M8000 ~ M8004、M8011 ~ M8014、…（共 57 点，具体用途及对应继电器查 PLC 的使用手册）。

5. 定时器 T

FX_{0N} 系列 PLC 内设软件定时器，根据时钟脉冲累计定时。定时器在预置时间内进行计时，计时完成时控制其常开、常闭触点工作。由此可见，PLC 中定时器的作用相当于继电器控制系统中通电延时工作方式的时间继电器。它可以提供无限对常开、常闭延时触点供编程使用。定时器的延时时间是由编程时设定的时间常数值（K）决定。PLC 的程序执行是以扫描方式，从"0"步到"END"步，不断地重复执行。一旦定时器满足条件开始定时工作，就从 0 值开始，每隔单位时间（如 100ms）自动增 1，而与程序运行无关。当定时器的值增至设定值 K 时，其常开、常闭触点动作。

FX_{0N} 系列 PLC 的定时器有三种类型，其时钟脉冲分别为 100ms、10ms、1ms。以 100ms 为单位的定时器为 T0 ~ T62，共 63 点，其中 T32 ~ T62 由特殊辅助继电器 M8028 控制，当 M8028 置 0 时，以 100ms 为单位定时；当 M8028 置 1 时，以 10ms 为单位定时。以 1ms 为单位的定时器只有 T63。

6. 计数器 C

计数器的计数次数是由编程时设定的常数值（K）决定。计数器有通用型和高速型两类，通用型又分为通用和掉电保持功能两种。掉电保持功能是指在中断电源的情况下，计数器当前的值仍然保持不变。

普通计数器由于受系统扫描周期长短的影响，要求计数脉冲具有一定的宽度，否则频率太高，脉冲太窄，计数器将无法响应。高速计数器是按中断原则计数，因而它独立于扫描周期。FX$_{0N}$系列的 PLC 有 4 个高速计数器输入端 X0 ~ X3，即最多同时用 4 个高速计数器。

FX$_{0N}$系列 PLC 的通用型计数器为 C0 ~ C31（32 点），其中 C16 ~ C31 为保持用计数器；高速型计数器为 C235 ~ 254（共 13 点，编号为 C235 ~ C238、C241、C242、C244、C246、C247、C249、C251、C252、C254）。

7. 寄存器

在一个复杂的 PLC 控制系统中需要大量的工作参数和数据。这些参数和数据需要存储在数据存储器中。FX$_{0N}$系列 PLC 中有通用寄存器、特殊用寄存器、文件寄存器、变址寄存器等。FX$_{0N}$系列 PLC 还有各种状态寄存器，包括初始化用寄存器、通用寄存器、保持用寄存器等。状态寄存器是很重要的状态元件，它与步进指令 STL 组合使用，可以用于步进顺控指令。

6.2.4 PLC 的外部接线

PLC 控制系统是软硬结合的控制系统。尽管其硬件电路比较简单，但是设计合理的硬件电路以及正确的 PLC 外部接线也是非常重要的。

以 AC 电源供电、继电器输出形式的 PLC 为例，将典型的 PLC 控制系统的外接电源以及输入、输出电路连接方法表示在图 6-4 中。

由图 6-4 可见，外电源通过 L、N 脚输入到 PLC；系统内部的 + 24V 直流电源可供外部输入、输出设备使用。X000、X001 等为输入端口，COM 为公共端。输入端可以连接开关 SB1 和 SB2 以及接近开关等传感器。图中的输入器件都利用了 PLC 系统内部的 + 24V 直流电源供电。也可以由外部电源供电。PLC 是输入端主要用于连接用户的操作按钮、传感器检测信号等系统控制的输入信号。

图中 Y000、Y001、Y002 等为输出端口，COM 为公共端。与输入端不同的是，输出端口分组共享公共端 COM0、COM1 等。输出端口主要用于控制系统控制的对象，实现所需要的控制动作。图 6-4 中的控制对象有电磁离合器 YC、指示灯 HL1、控制电动机正反转的接触器 KMF 和 KMR、电磁阀 YV（用于气动夹具或保护气体的控制）以及弧焊电源的遥控开关 SB 等。控制对象也就是输出设备的供电一般需要外加电源供电。外加电源可以是交流电源也可以是直流电源。

如果采用晶体管输出形式的 PLC，可以通过输出触点输出脉冲。当 Y000 用作脉冲列输出，Y001 用作 PWM 输出时，应连接上拉电阻，并使负载电流 ≥0.2A，否则，会延长接通一断开时间，并无法获得高频脉冲。

采用何种形式的输出形式时要根据控制要求和负载特点来选择。

在 PLC 安装、连接外部控制器件时，还应考虑其抗干扰措施，有关此方面的问题请参考相关文献资料。

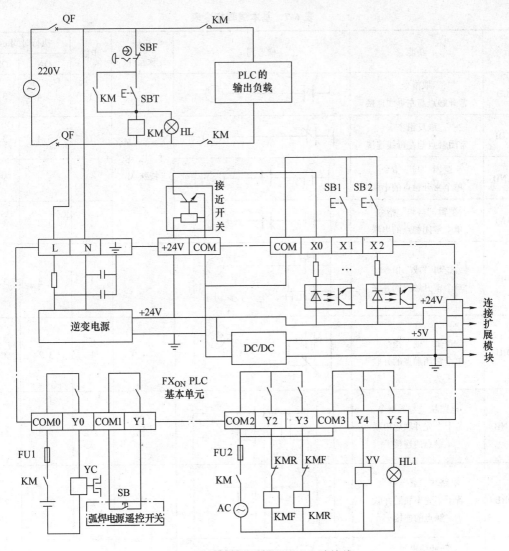

图 6-4　外接电源及输入输出电路接线

6.3　可编程控制器的指令及其应用

不同机型的 PLC 有不同的指令系统，但是指令的基本功能大同小异。本书以日本三菱公司生产的 FX_{0N} 系列可编程控制器为例，介绍 PLC 的指令。

PLC 的指令按功能可分为基本指令和特殊功能指令。基本指令是指直接对输入输出进行简单操作的指令，包括输入、输出及逻辑"与"、"或"、"非"等；特殊功能指令是指完成一些特定动作的指令，例如程序的跳转，程序的循环、中断，数据传送与比较等。本节主要介绍 FX_{0N} 系列的各种基本指令的功能和用法。

6.3.1　基本指令

FX_{0N} 系列 PLC 有 20 条基本指令，表 6-7 为其基本逻辑指令表。

表 6-7　基本逻辑指令表

指令	功能	梯形图	目标软元件	步数	执行时间 μs	
					ON	OFF
LD	取指令 常开触点与左母线连接			1	3.4	3.4
LDI	取反指令 常闭触点与左母线连接		X、Y、M、 T、C、S、 特殊 M	1	3.4	3.4
AND	逻辑"与"指令 单个常开触点的串联			1	3.2	3.2
ANI	逻辑"与非"指令 单个常闭触点的串联			1	3.2	3.2
OR	逻辑"或"指令 单个常开触点的并联			1	3.2	3.2
ORI	逻辑"或"指令 单个常闭触点的并联			1	3.2	3.2
ANB	电路块"与"指令 若干个先并联后串联 触点的连接		无	1	2.2	2.2
ORB	电路块"或"指令 若干个先串联后并联 触点的连接		无	1	2.2	2.2
PLS	脉冲输出指令 脉冲上升沿触发线圈	PLS YM	Y、M	2	21.8	21.8
PLF	脉冲输出指令 脉冲下降沿触发线圈	PLF YM	Y、M	2	21.8	21.8
MPS	进栈指令 运算记忆，用于储存结果		无	1	2.0	2.0
MRD	读栈指令 读出记忆，用于读出结果		无	1	2.0	2.0
MPP	出栈指令 读出记忆并复位，用于读出 并消除结果		无	1	2.0	2.0

（续）

指令	功能	梯形图	目标软元件	步数	执行时间 μs ON	执行时间 μs OFF
SET	置位指令 驱动输出置位，线圈 保持通电	SET　YMS	Y、M	1	3.6	2.0
			S	2	7.0	2.8
			特殊 M	2	7.8	2.6
RST	复位指令 驱动输出复位，线圈 保持断电	RST　YMSCDVZ	Y、M	1	3.6	1.8
			S	2	6.2	2.8
			特殊 M	2	7.8	2.6
			C、T	2	22.4	19.6
			D、V、Z	3	9.2	3.0
OUT	输出指令 将逻辑运算的结果驱动 指定线圈		Y、M	1	3.2	3.2
			S	2	7.0	7.2
			特殊 M	2	8.2	7.8
			T-K	3	25.2	21.0
			C-K（16 位）	3	17.8	15.6
			C-K（32 位）	5	16.0	8.6
NOP	空操作	无	无	1	1.6	1.6
END	结束指令 程序结束	END	无	470		

1. 输入、输出性指令（LD、LDI、OUT）

● LD：取指令，用于提取常开触点的状态。梯形图中常开触点与左母线连接。

● LDI：取反指令，用于提取常闭触点的状态。梯形图中常闭触点与左母线连接。

● LD、LDI 用于提取 PLC 输入继电器常开触点和常闭触点的信号，也可以用于提取 PLC 内部计数器、定时器、辅助继电器以及输出继电器的常开触点和常闭触点的信号。

● OUT：输出指令，用于将逻辑运算的结果驱动一个指定线圈，例如输出继电器、辅助继电器、定时器、计数器、状态寄存器等线圈，但不能用于控制连接可编程控制器输入触点上的检测结果。梯形图中 OUT 控制的线圈与右母线连接。

OUT 指令可以连续使用若干次，相当于线圈并联，但是不能串联使用。

在对定时器、计数器使用 OUT 指令时，必须设置常数 K。

2. 逻辑"与"、"与非"指令（AND、ANI）

● AND：逻辑"与"指令，用于单个常开触点的串联，完成逻辑"与"运算。

● ANI：逻辑"与非"指令，用于单个常闭触点的串联，完成逻辑"与非"运算。

AND、ANI 指令串联触点时，是从该指令的当前步开始，对前面的 LD、LDI 指令串联连接。AND、ANI 指令均用于单个触点的串联，串联触点数目没有限制，指令可以重复使用。

它们的适用范围与 LD、LDI 相同。

3. 逻辑"或"、"或非"指令〔OR、ORI〕

● OR：逻辑"或"指令，用于单个常开触点的并联，完成逻辑"或"运算。

● ORI：逻辑"或非"指令，用于单个常闭触点的并联，完成逻辑"或非"运算。

OR、ORI 指令并联触点时，是从该指令的当前步开始，对前面的 LD、LDI 指令的触点进行并联连接。该指令并联连接次数不限，其适应范围与 LD、LDI 相同。

4．END

● END：结束指令，用于程序的结束，无目标元素。一般表示程序的结束。

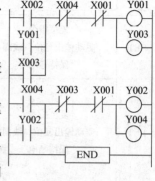

图 6-5　小车往返控制梯形图

PLC 在运行时，CPU 读输入信号，执行梯形图电路并输出驱动信号。当执行到 END 指令时，END 指令后面的程序跳过不执行，然后回到程序开始端，如此反复扫描执行。由此可见，具有 END 指令时，不必扫描全部 PLC 内的程序内容，因此具有缩短扫描时间的功能。

● 举例：焊接小车往返控制的梯形图如图 6-5 所示，相应的助记符语句表见表 6 8。

表 6-8　语句表

步序	语　句		备　注
0	LD	X002	输入 X002 连通（小车起动开关闭合）
1	OR	Y001	或者输出 Y001 连通（自锁）
2	OR	X003	或者输入 X003 连通（限位开关 1 闭合）
3	ANI	X004	并且输入 X004 切断（限位开关 2 断开）
4	ANI	X001	并且输入 X001 切断（小车停止开关断开）
5	OUT	Y001	驱动输出线圈 Y001（行走接触器 1 通电）
6	OUT	Y003	驱动输出线圈 Y003（指示灯 1 亮）
7	LD	X004	输入 X004 连通（限位开关 2 闭合）
8	OR	Y002	或者输出 Y002 连通（自锁）
9	ANI	X003	并且输入 X003 切断（限位开关 1 断开）
10	ANI	X001	并且输入 X001 切断（小车停止开关断开）
11	OUT	Y002	驱动输出线圈 Y002（行走接触器 2 通电）
12	OUT	Y004	驱动输出线圈 Y004（指示灯 2 亮）
13	END		程序结束

程序中的 X001、X002、X003、X004 作为输入端子分别连接在外部开关触点上，其中 X002、X001 分别连接焊接小车行走起动、停止开关；X003、X004 分别连接到焊接小车行走往返位置的限位开关上。

Y001、Y002 作为输出端子分别连接控制小车行走电动机正反转的接触器，控制小车的行走和行走方向；Y003、Y004 分别连接显示小车行走方向的指示灯，用来显示小车行走的方向。

在 X001、X002、X003、X004 连接可以自动复位的电器开关的情况下，编程中使用输入继电器 X 的常开触点，是指外部开关连通时，输入继电器 X 常开触点连通，梯形图中使用 LD 或 AND 指令；使用其常闭触点，相当于外部开关断开时，输入继电器 X 常闭触点连通，在梯形图中需要其输入状态求反后再存入 PLC 中，即使用 LDI 或 ANI 指令。驱动输出 Y001、Y002 等，相当于给输出所连接的外部设备控制信号，如果外部设备是指示灯，当驱动输出时，指示灯接通电源发光；如果外部设备是接触器，当驱动输出时，接触器线圈接通电源工作。

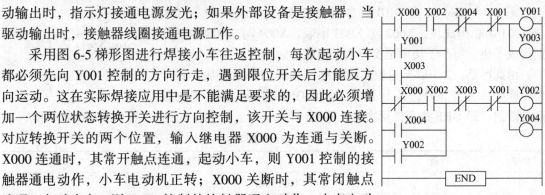

图 6-6　具有方向控制的小车
往返控制梯形图

采用图 6-5 梯形图进行焊接小车往返控制，每次起动小车都必须先向 Y001 控制的方向行走，遇到限位开关后才能反方向运动。这在实际焊接应用中是不能满足要求的，因此必须增加一个两位状态转换开关进行方向控制，该开关与 X000 连接。对应转换开关的两个位置，输入继电器 X000 为连通与关断。X000 连通时，其常开触点连通，起动小车，则 Y001 控制的接触器通电动作，小车电动机正转；X000 关断时，其常闭触点连通，起动小车，则 Y002 控制的接触器通电动作，小车电动机反转。修改后的控制系统梯形图如图 6-6 所示，相应的助记符语句表见表 6-9。

表 6-9　语句表

步序	语句		备注
0	LD	X000	输入 X000 连通（状态转换开关连通）
1	AND	X002	并且输入 X002 连通（小车起动开关闭合）
2	OR	Y001	或者输出 Y001 连通（自锁）
3	OR	X003	或者输入 X003 连通（限位开关 1 闭合）
4	ANI	X004	并且输入 X004 关断（限位开关 2 断开）
5	ANI	X001	并且输入 X001 关断（小车停止开关断开）
6	OUT	Y001	驱动输出线圈 Y001（行走接触器 1 通电）
7	OUT	Y003	驱动输出线圈 Y003（指示灯 1 亮）
8	LDI	X000	输入 X000 关断（状态转换开关断开）
9	AND	X002	并且输入 X002 连通（小车起动开关闭合）
10	OR	X004	或者输入 X004 连通（限位开关 2 闭合）
11	OR	Y002	或者输出 Y002 连通（自锁）
12	ANI	X003	并且输入 X003 关断（限位开关 1 断开）
13	ANI	X001	并且输入 X001 关断（小车停止开关关断）
14	OUT	Y002	驱动输出线圈 Y002（行走接触器 2 通电）
15	OUT	Y004	驱动输出线圈 Y004（指示灯 2 亮）
16	END		程序结束

5. 电路块并联、串联连接指令（ORB、ANB）

● ORB：电路块“或”指令。

当梯形图的控制线路中出现若干个先串联后并联触点结构时，可将每组串联的触点看成一个块，与左母线相连的最上面的块按照触点串联方式编写语句。下面依次并联的块称做子块,每个子块左边第一个触点用 LD 或 LDI 指令,其余与其串联的触点用 AND 或 ANI 指令。每个子块的语句编写完后,加一条 ORB 指令,表示该子块与上面的块并联。

图6-7 与表6-10 是 ORB 指令用法的例子。图6-7 中,X000 与 X001 串联构成块,X002 与 X003 串联,X004 与 X005 串联分别构成子块。每个子块中至少有两个串联的触点。

由此可见,2 个以上的触点串联连接构成串联电路块,若干个串联电路块并联时,各个子块后面加 ORB 指令。并联子块数没有限制,即 ORB 指令使用次数无限制。

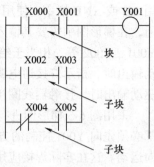

图6-7 ORB 指令用法

表6-10 语句表

步序	语 句		备 注
0	LD	X000	输入 X000 连通
1	AND	X001	并且输入 X001 连通
2	LD	X002	输入 X002 连通
3	AND	X003	并且输入 X003 连通
4	ORB		上述两条件满足其一
5	LDI	X004	输入 X004 连通
6	AND	X005	并且输入 X005 连通
7	ORB		上述两条件满足其一
8	OUT	Y001	驱动输出线圈 Y001

● ANB:电路块“与”指令。

当一个梯形图的控制线路由若干个先并联、后串联的触点组成时,可将每组并联看成一个块。与左母线相连的块按照触点并联方式编写语句,下面依次串联的块称做子块。每个子块最上面的触点用 LD 或 LDI 指令,其余与其并联的触点用 OR 或 ORI 指令。每个子块的语句编写完后,加一条 ANB 指令,表示该子块与左面的块串联。串联子块数没有限制,即 ANB 指令使用次数无限制。

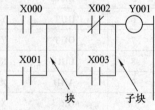

图6-8 与表6-11 是 ANB 指令用法的例子。图6-8 中,X000 与 X001 并联构成块,X002 与 X003 并联构成子块。

图6-8 ANB 指令用法

表6-11 语句表

步序	语 句		备 注
0	LD	X000	输入 X000 连通
1	OR	X001	或者输入 X001 连通
2	LDI	X002	输入 X002 断开
3	OR	X003	或者输入 X003 连通
4	ANB		上述两条件同时满足
5	OUT	Y001	驱动输出线圈 Y001

图 6-9 与表 6-12 是一个多重输入电路的例子。

图 6-9 中输出 Y001 受输入 X000、X001、X002、X003、X004、X005 以及 X006 的控制。这些输入既可以是电器开关的控制量，也可以是经过信号处理后的传感器检测量。该电路中应用了 ANB 和 ORB 指令。其中 X002 和 X003 的常开触点串联构成一个块，X004 的常闭触点和 X005 的常开触点串联构成一个子块，这两个块与 X006 的常开触点并联又构成一个子块，该子块与 X000 和 X001 常开触点并联构成的块相串联。

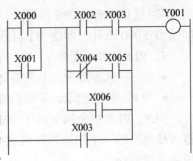

图 6-9　多重输入电路

表 6-12　语句表

步序	语　　句		备　　注
0	LD	X000	输入 X000 连通
1	OR	X001	或者输入 X001 连通
2	LD	X002	输入 X002 连通
3	AND	X003	并且输入 X003 连通
4	LDI	X004	输入 X004 断开
5	AND	X005	并且输入 X005 连通
6	ORB		上述两条件满足其一
7	OR	X006	或者输入 X006 连通
8	ANB		上述两条件同时满足
9	OR	X003	或者输入 X003 连通
10	OUT	Y001	驱动输出线圈 Y001

6．RST、SET 指令

● SET：置位指令，驱动输出置位，输出线圈保持通电。

SET 指令可用于输出继电器 Y，辅助继电器 M 和状态寄存器的置位控制。

● RST：复位指令，驱动输出复位，输出线圈保持断电。

RST 指令可用于输出继电器 Y、辅助继电器 M 和状态寄存器的复位操作；对数据寄存器 D 和变址寄存器 V、Z 进行清零。当 RST 指令用于移位寄存器复位时，将清除所有位的信息。RST 指令还可用于定时器 T 和计数器 C 逻辑线圈的复位，使定时器 T 和计数器 C 的触点断开，当前定时值和计数值为零，定时器 T 和计数器 C 回到设定值，这时 RST 指令优先执行。

使用 SET 和 RST 指令可以方便地在 PLC 程序的任何地方对某个状态或事件设置标志和清除标志。使用 SET 和 RST 指令时没有顺序的限制。

SET 和 RST 指令具有自保持功能。如图 6-10 所示，当 M0 一接通，Y000 置位，即输出 Y000 接通，即使 M0 再断开，Y000 仍保持接通状态。同理，当 M1 一接通，Y000 复位，即输出 Y000 断开，即使 M1 再断开，Y000 仍保持断开状态。

7. PLS、PLF 指令

- PLS：脉冲指令，上升沿微分输出。
- PLF：脉冲指令，下降沿微分输出。

PLS、PLF 指令用于对 Y、M 进行短时间的脉冲控制。使用 PLS 指令，Y、M 仅在驱动输入接通后的一个扫描周期内动作；使用 PLF 指令，Y、M 仅在驱动输入断开后的一个扫描周期内动作。

图 6-10 表示了 RST、SET、PLS 和 PLF 指令使用方法和动作时序图。相应的助记符语句表见表 6-13。

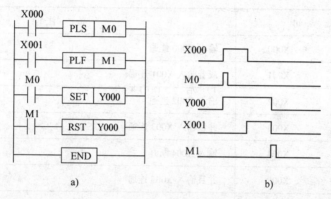

a)　　　　　　　　　　　　b)

图 6-10　RST、SET、PLS 和 PLF 指令使用举例梯形图与时序图

a）梯形图　b）动作时序图

表 6-13　语句表

步序	语	句	备　　注
0	LD	X000	输入 X000 连通
1	PLS	M0	在 X000 的连通的上升沿，M0 输出一短脉冲
3	LD	X001	输入 X001 连通
4	PLF	M1	在 X001 的连通的下降沿，M1 输出一短脉冲
6	LD	M0	辅助继电器 M0 连通
7	SET	Y000	输出 Y000 置位（驱动输出）
8	LD	M1	辅助继电器 M1 连通
9	RST	Y000	输出 Y000 复位（停止驱动输出）
10	END		程序结束

由此可见，一般情况下，使用 RST、SET 指令时，输入往往是脉冲输入，如果是开关通断控制，往往采用可以自动复位的电器开关。在此例中，将 Y000 的置位认为是有驱动输出，Y000 的复位认为是无驱动输出。

用输入 X000 的上升沿微分输出来驱动辅助继电器 M0，M0 导通一个脉冲（PLC 的 1 个扫描周期），使 Y000 置位输出。Y000 置位输出后，即使 M0 关断，只要没有使 Y000 复位的信号，输出 Y000 将保持连通。

用输入 X001 的下降沿微分输出来驱动辅助继电器 M1，M1 导通（PLC 的 1 个扫描周期），使输出 Y000 复位，Y000 断开。

图 6-11 所示是采用脉冲指令设计的脉冲分频电路。将脉冲信号加入 X001 端，在第一个脉冲到来时，利用 PLS 指令在 X001 输入脉冲的上升沿使 M0 产生一个扫描周期的单脉冲，即使 M0 的常开触点连通一个扫描周期。由于此时的 Y000 还未被驱动，其常闭触点连通，故驱动输出 Y000 线圈在下一个扫描周期连通。在第二个扫描周期中，M0 处于断开状态，故其常开触点断开、常闭触点连通，而此时的输出 Y0 线圈处于连通状态，其常开触点连通、常闭触点断开，因此 Y000 将继续保持连通状态，直到 X001 输入第二个脉冲；当 X001 的第二个脉冲到来时，由于 PLS 指令的作用，因而在 X001 输入脉冲的上升沿使 M0 又产生一个扫描周期的单脉冲。在此扫描周期内，M0 的常开触点连通、常闭触点断开。由于此扫描周期中 Y000 仍然处于连通状态，故其常闭触点处于断开状态，因此驱动 Y000 线圈在下一个扫描周期断开。从下一个扫描周期开始，Y000 将保持断开状态，也就相当于控制的初始状态。当 X001 的第三个脉冲到来时，重复上述的过程，循环往复，Y000 输出的脉冲为 X001 输入脉冲的二分频。

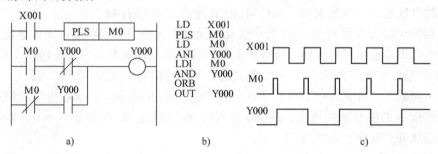

图 6-11　脉冲分频电路

a）梯形图　b）助记符语言　c）动作时序图

8. 主令控制指令（MC/MCR）

● MC：主令控制起始指令（公共串联触点连接）；

● MCR：主令控制结束指令（公共串联触点断开）。

其目的操作数的选择范围为 Y、M。n 为嵌套数，选择范围为 N0 ~ N7。梯形图如图 6-12 所示，语句表见表 6-14。

表 6-14　语句表

步序	语　句		备　注
0	LD	X000	输入 X000 连通
1	MC	N0　M0	公共串联触点 M0 接通
4	LD	X001	输入 X001 连通
5	OUT	Y001	驱动输出 Y001

（续）

步序	语　句		备　注
6	MCR	N0	公共串联触点 M0 断开
8	LD	X002	输入 X002 接通
9	OUT	Y002	驱动输出 Y002
10	END		程序结束

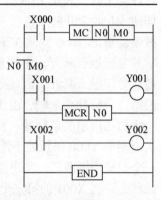

　　MC、MCR 是一触点（称主令触头）控制多条支路连通的指令，必须成对使用。如图 6-12 所示，当输入 X000 连通，公共串联触点 M000 连通，此时将执行 MC 与 MCR 之间的指令，即 MC 与 MCR 之间的程序段中的输出都可能连通。如果此时输入 X001 连通，则驱动输出 Y001；如果输入 X000 未连通，即公共串联触点 M000 未连通，则由 MC 与 MCR 之间的程序段中的输出都不可能连通。如果此时输入 X001 连通，也不能驱动输出 Y001。对于 MC 与 MCR 以外的程序，则不受其控制，即无论公共串联触点 M000 是否连通，当输入 X002 常开触点连通时，都将驱动输出 Y002。

图 6-12　主控指令应用

　　当公共串联触点 M0 断开时，MC 与 MCR 指令之间的计数器、失电保护定时器和用 SET/RST 指令驱动的元件将保持当前的状态；而普通定时器、各个辅助继电器以及输出线圈将处于断电状态。如图 6-12 所示电路中，无论输出 Y001 在输入 X000 断开前是什么状态，当输入 X000 断开后，Y000 都将处于断电状态。

　　使用不同的 Y、M 元件号，可以多次使用 MC、MCR 指令。在 MC 指令内使用 MC 指令时，嵌套级 n 的编号顺次增大，从 N0 到 N7。返回时用 MCR 指令，从大的嵌套级开始解除，即从 N7 到 N0。

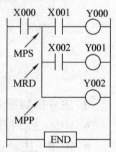

9．MPS、MRD、MPP 指令

　　● MPS：进栈指令，用于储存结果，记忆到 MPS 指令为止的状态，并将其储存。

　　● MRD：读栈指令，用于读出记忆结果，即读出用 MPS 指令记忆的状态。

　　● MPP：出栈指令，读出并复位，即读出用 MPS 指令记忆的结果并清除这些结果。

图 6-13　堆栈
指令应用

　　下面列举一例，其梯形图如图 6-13 所示，语句表见表 6-15。

表 6-15　语句表

步序	语　句		备　注
0	LD	X000	输入 X000 接通
1	MPS		进栈记忆
2	AND	X001	并且输入 X001 接通
3	OUT	Y000	驱动输出 Y001

（续）

步序	语　句		备　注
4	MRD		读栈即读出记忆结果
5	AND	X002	并且输入 X002 接通
6	OUT	Y001	驱动输出 Y001
7	MPP		出栈即读出记忆结果并清除记忆结果
8	OUT	Y002	驱动输出 Y002
9	END		程序结束

　　输入 X000 接通，将 X000 的状态记忆。在 X000 接通的条件下，当输入 X001 接通时，驱动输出 Y000。扫描到读栈指令时，读出记忆情况，如果记忆中输入 X000 接通，当输入 X002 接通时驱动输出 Y001。扫描到出栈指令时，读出记忆情况，并清除记忆情况。当记忆中输入 X000 接通，则驱动输出 Y002，也就是只要 X000 接通，输出 Y002 就被驱动。

　　采用 MPS、MRD、MPP 指令可以简化梯形图和减少编程的语句而实现同样的控制功能。

10. 空操作指令（NOP）

NOP：空操作（无操作）指令。

执行该指令时，不完成任何操作，只是占用一步的步序。可以预先在程序中插入适量的 NOP 指令，以备修改或增加指令用。也可以用 NOP 指令取代已写入的指令，从而有利于程序的修改。

6.3.2　定时器及计数器的使用

1. 定时器的应用

在焊接自动化系统中，延时控制是应用较多的。在 PLC 中有不同的定时器，利用定时器很容易实施延时控制。

（1）通电延时型时间继电器　通电延时型时间继电器控制梯形图及动作时序如图 6-14 所示，语句表见表 6-16。

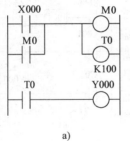

a)

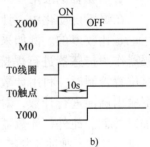

b)

图 6-14　通电延时型时间继电器
a）梯形图　b）动作时序图

表 6-16　语句表

步序	语　句		备　注
0	LD	X000	输入 X000 接通
1	OR	M0	或者 M0 接通
2	OUT	M0	驱动辅助继电器 M0
3	OUT	T0　K100	定时器 T0 计时，计时 10 秒时，T0 输出
6	LD	T0	T0 接通
7	OUT	Y000	输出 Y000

由图 6-14 可见，当输入 X000 接通，辅助继电器 M0 通电，M0 常开触点与 X000 常开触点并联起自锁作用；定时器 T0 线圈通电，但是 T0 触点不动作，当定时器定时到预定值 K100（10s）时，T0 触点才动作；T0 常开触点连通，则驱动输出 Y0。由此可见，在输入 X0 连通以后，延时 10s，Y0 才连通。T0 的常开触点相当于通电延时型继电器的延时连通的常开触点。

（2）断电延时型时间继电器　断电延时型时间继电器控制梯形图、语句表及动作时序如图 6-15 所示。

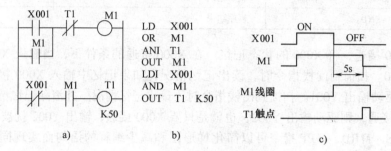

图 6-15　断电延时型时间继电器
a) 梯形图　b) 助记符语言　c) 动作时序图

由图 6-15 可见，当输入 X001 接通，辅助继电器 M1 通电，M1 常开触点立即连通。当输入 X001 断开后，M1 常开触点没有立即断开，而是在定时器 T1 线圈通电延时 5s 以后才断开，相当于断电延时型继电器的延时断开的常开触点。

2．计数器的应用

在焊接自动化中，计数器的应用也是比较多的。例如采用增量编码器作为传感器进行焊接位移、焊接位置控制时，利用计数器对编码器输出脉冲进行计数，对焊接过程加以控制。此外，计数器还可以用于延时控制、脉冲控制等等。

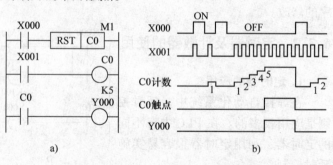

图 6-16　计数器应用梯形图与时序图
a) 梯形图　b) 动作时序图

图 6-16 是计数器基本计数功能应用的梯形图、动作时序图，其语句见表 6-17 中。

表 6-17　语句表

步序	语　　　句		备　　注
0	LD	X000	输入 X000 接通
1	RST	C0	计数器复位（计数器清零）
3	LD	X001	输入 X001 接通
4	OUT	C0　K5	计数器 C0 计数，计数计到 5 时，C0 输出
7	LD	C0	计数器 C0 常开触点接通
8	OUT	Y000	驱动输出 Y001

定时器、计数器可用程序举例中的方法直接设定定时器或计数器的设定值。

6.3.3　功能指令

FX$_{0N}$系列可编程控制器还具有一些功能指令，可以完成一些特定的动作。例如程序的跳转，某段程序的循环，程序的中断，数据的传送与比较，算术与逻辑运算等等。本节仅介绍跳转、循环指令，其它指令请参考相关书籍及 PLC 说明书。

1. 跳转指令

CJ：条件跳转指令。

该指令用于程序跳过顺序程序的一部分，执行下面的程序。操作码 CJ 后面加操作元件，表示当控制线路由"断开"到"连通"时，才执行该指令。操作元件为指针 P0 ~ P63，其中 P63 为 END，无需再标号。

CJ 指令用法如图 6-17 所示。当输入 X000 连通时执行 CJ 指令，程序跳转到与 CJ 指令指定的指针同一编号的标号处，如图 6-17 中的 P10 处。CJ 指令与标号 P10 之间的程序就不再执行，即此时再连通 X001 的常开触点，输出 Y001 不会被驱动。当输入 X000 断开时，不执行 CJ 指令，程序恢复正常的顺序，即 CJ 指令与标号 P10 之间的程序正常执行。此时再连通 X001 的常开触点，将驱动输出 Y001。此指令在编程中非常有用，例如在焊接自动化设备中的手动与自动控制程序的切换，就可以采用跳转指令去执行不同的程序段。

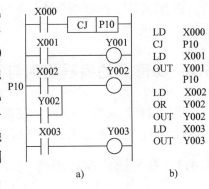

图 6-17　跳转指令应用
a) 梯形图　b) 助记符语言

在一个程序中指针 P 的一个标号只能出现一次，但是在同一程序中，不同跳转指令可以使用相同的指针标号，指针允许重复使用。应该注意的是，在编程时，不同的跳转指令要分别实现跳转。

在程序执行过程中，一旦 Y、M 被 OUT、SET、RST 指令驱动，即使跳转过程中输入发生变化，则仍保持跳转前的状态。例如通过 X001 驱动输出 Y001 后发生跳转。在跳转过程中，即使 X001 变为"OFF"，而输出 Y001 仍然有效。

如果跳转发生时，定时器或计数器正在工作，则会立即中断计数或定时，直到跳转结束后，继续进行定时或计数。但是，正在工作的 T63 或高速计数器，无论有无跳转仍旧连续工作。

一般的功能指令在跳转时不执行。

该指令在采用盒式编程器编程时，需要使用其功能指令（FNC）编号为 00；程序步数为 3。

2. 循环指令

循环指令的循环区起点为 FOR，目标元件可以是常数 K 或 H，也可以是定时器、计数器、寄存器等。

功能指令（FNC）编号为 08；程序步数为 3。

采用目标元件为常数，其次数 n 可以设定为 1 ~ 32767；若设定为 – 32767 ~ 0 时，则视为 n = 1。

循环指令的循环区终点为 NEXT，无目标元件。功能指令（FNC）编号为 09；程序步数为 1。

循环指令用法如图 6-18 所示。

FOR—NEXT 之间的循环处理可重复执行几次，由源数据指定次数。图 6-18 中 A 循环中的目标元件为常数 K4，即 A 循环要执行 4 次。执行完循环，程序就转到紧跟在 NEXT 后面的程序。B 循环中的目标元件为数据寄存器 D0。如果 D0 内寄存的数据为 5，则每执行一次 A 循环，B 程序就要执行 5 次。由于 A 要执行 4 次，因此 B 程序共要执行 20 次。

在 FOR—NEXT 指令中，可嵌套 5 层。

当 NEXT 指令写在 FOR 前面，或缺少 NEXT 指令，或 NEXT 与 FOR 指令数目不一致时，程序都会出错。

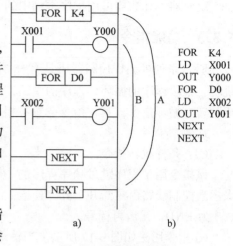

图 6-18　循环指令用法
a）梯形图　b）助记符语言

6.4　梯形图的编程规则与方法

梯形图直观易懂，是 PLC 控制中应用最多的一种编程语言。往往可以与助记符语言语句表联合使用，完成 PLC 控制的软件设计。

6.4.1　梯形图的编程规则

1）在梯形图的某个逻辑行中，有多个串联支路并联时，串联触点多的支路应放在上面。如果将串联触点多的支路放在下方，则语句增多、程序变长，如图 6-19 所示。

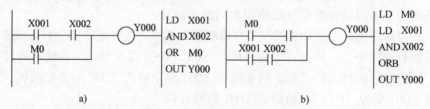

图 6-19　梯形图编程规则
a）合理　b）不合理

2）在梯形图的某个逻辑行中，有多个并联支路串联时，并联触点多的支路应放在左方。如果将并联触点多的支路放在右方，则语句增多、程序变长，如图 6-20 所示。

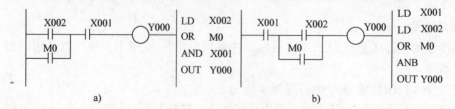

图 6-20　梯形图编程规则
a）合理　b）不合理

3）在梯形图中没有实际电流流动，所谓"电流流动"是虚拟的。其"电流"只能从上到下，从左到右单向"流动"，不允许一个触点上有双向"电流"通过。如图 6-21a 所示，触点 5 上有双向"电流"通过，这是不允许的。对于这样的梯形图，应根据其逻辑功能作适当的等效变换，如图 6-21b 所示，再将其简化成为如图 6-21c 所示的梯形图。

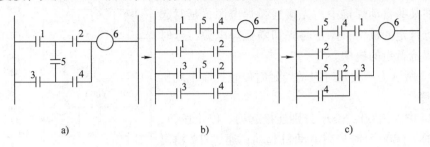

图 6-21 梯形图编程规则

a）不允许 b）等效变换 c）合理

4）设计梯形图时，输入继电器的触点状态全部按相应的输入设备为常开进行设计更为合适，不易出错。因此，也建议尽可能用输入设备的常开触点与 PLC 输入端连接。如果某些信号只能用常闭输入，可先按输入设备全部为常开来设计，然后将梯形图中对应的输入继电器触点取反（即常开改成常闭，常闭改成常开）。

6.4.2 常用基本电路的编程

1. 按钮起动停止程序

如图 6-22 所示，将具有自动复位功能的电器开关与输入接口 X000、X001、X002 连接，焊接电源、电动机或其它用电设备作为负载由输出 Y000 控制。

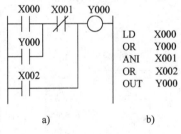

X000 与起动开关相连。当 X0 接通，驱动输出 Y000 控制负载工作，Y000 的常开触点与 X000 常开触点并联起自锁作用。X001 与停止开关相连。当 X001 连通，X001 常闭触点断开，输出 Y000 关断，控制负载停止工作。X002 与点动开关相连。当 X002 连通与关断，输出 Y000 也相应的接通与关断。

图 6-22 按钮起动

a）梯形图 b）助记符语言

2. 电动机异地控制

两个地方共同控制一台电动机的起动与停止的 PLC 控制程序如图 6-23 所示。图中输入都采用具有自动复位功能的开关。一个地方起动、停止开关分别与 X000 和 X001 输入连接；另一个地方起动、停止按钮分别与 X002 和 X003 连接，驱动输出 Y000 控制电动机。

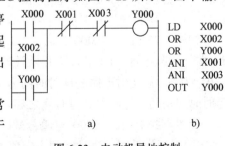

X000 与 X002 并联，用于起动电动机，Y000 常开触点与之并联起自锁作用；X001、X003 串联用于电动机停止控制。

该控制也可以用于焊接电源等用电设备的面板与

图 6-23 电动机异地控制

a）梯形图 b）助记符语言

遥控的复合控制。

3. 延时起动与延时停止控制

在焊接自动控制中对某个控制对象的起动、停止往往需要延时控制。在气体保护焊中，起动时，提前送气，延时引弧；停止时，熄弧后延时断保护气。在某些自动焊接中，先接通弧焊电源，延时起动带动焊枪行走的机构；停止时先切断弧焊电源，延时切断带动焊枪行走的机构。

图 6-24 所示为一种延时起动与延时停止控制电动机的 PLC 程序。

图 6-24 中，X000、X001 分别连接起动、停止按钮，通过 T1 输出 Y000 延时控制电动机起动；通过 T2 输出 Y000 延时控制电动机停止。延时时间分别由程序中 T1 和 T2 的定时时间 K 值来决定。改变延时时间只需要改变 K 值，而不必改变其硬件电路。

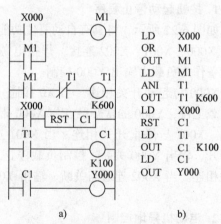

LD	X000
OR	M1
ANI	T2
OUT	M1
OUT	T1 K20
LD	T1
ANI	T2
OUT	Y000
LD	X001
OR	M2
AND	Y000
OUT	M2
OUT	T2 K20

a)　　　　　　　b)

图 6-24　起动停止延时控制

a) 梯形图　b) 助记符语言

4. 长延时程序（定时器、计数器的扩展）

FX_{0N} 系列的 PLC 中定时器最大定时时间为 3276.7s，在自动控制中如果需要更长的定时时间可以将多个定时器或计数器联合使用。

图 6-25 所示为利用双定时器进行长延时控制的程序。图 6-26 所示为利用定时器、计数器进行长延时控制的程序。

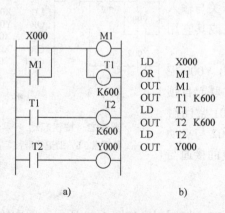

LD	X000
OR	M1
OUT	M1
OUT	T1 K600
LD	T1
OUT	T2 K600
LD	T2
OUT	Y000

a)　　　　　b)

LD	X000
OR	M1
OUT	M1
LD	M1
ANI	T1
OUT	T1 K600
LD	X000
RST	C1
LD	T1
OUT	C1 K100
LD	C1
OUT	Y000

a)　　　　　b)

图 6-25　双定时器长延时控制

a) 梯形图　b) 助记符语言

图 6-26　定时器计数器长延时控制

a) 梯形图　b) 助记符语言

如图 6-25 所示，X000 连通，M1 导通，T1 定时器开始计时。当计时到设定值 60s 时，T1 常开触点连通，T2 定时器开始计时。当计时到设定值 60s 时，T2 常开触点连通，驱动输出 Y000。该延时电路的延时时间为 120s。由此可见，采用两个定时器进行延时控制，其延时时间是两个定时器延时时间之和。

如图 6-26 所示，X000 连通，M1 导通，C1 清零。M1 自锁维持 M1 导通。M1 导通，T1 定时器开始计时。当计时到设定值 60s 时，T1 常开触点连通，T1 常闭触点断开，T1 定时器（线圈）断开、复位。待下一次扫描时，T1 常闭触点又闭合，T1 定时器（线圈）再重新接通。T1 的常开触点每 60s 接通一次，每次接通时间为一个扫描周期。计数器 C1 对这个脉冲信号进行计数。计到 100 次时，C1 常开触点连通，驱动输出 Y000。该延时时间为定时器和计数器设定值的乘积，即 6000s。采用该方法可以成倍增加延时时间。如果需要更长的延时时间，可以再增加定时器和计数器的数量。

5. 单稳态电路

图 6-27 所示是一个由两个定时器构成的单稳态电路。在输入 X000 的上升沿和下降沿，输出 Y000 分别导通 t_1 和 t_2。t_1、t_2 分别由定时器 T1 和 T2 的设定值来决定。

该电路既可以用于对输入状态的检测，也可以用于控制电路的切换。

图 6-28 所示是利用单稳态电路进行引弧及熄弧控制的程序。在 CO_2 气体保护焊中，为了保证引弧可靠和避免熄弧时产生弧坑缺陷，往往在引弧和熄弧时采用慢送丝控制，而在正常焊接时采用较快的送丝速度。众所周知，送丝速度可以利用调节送丝电动机的给定电压来控制。假设引弧和熄弧采用一个送丝速度，正常焊接是另一个送丝速度，那么利用图 6-28 中的 Y000 和 Y001 对送丝电动机的给定值进行切换就可以实现送丝速度的切换。

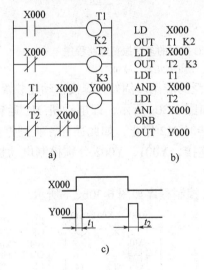

图 6-27　两个定时器构成的单稳态电路

a) 梯形图　b) 助记符语言　c) 时序图

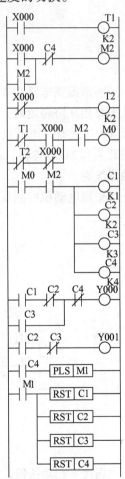

图 6-28　焊接中的
单稳态控制

在 PLC 控制中，在焊接开始时按下焊枪开关，X000 连通，利用单稳态电路，在 M0 上出现第一个脉冲，C1、C2、C3、C4 开始计数，C1 计数到设定值，C1 常开触点闭合，Y000 连通输出，实施慢速送丝引弧。当电弧引燃并稳定后，松开焊枪开关，X000 关断。由于单稳态电路的作用，在 M0 上出现第二个脉冲，C2 开始计数。当 C2 计数到设定值，C2 常闭触点打开，常开触点闭合，Y000 关断，Y001 连通输出，以 Y001 控制的送丝速度进行焊接。当焊接结束时，按下焊枪开关，X000 再次连通，利用单稳态电路，在 M0 上出现第三个脉冲，C3 计数到设定值，C3 常闭触点打开，常开触点闭合，Y001 关断，Y000 连通输出，实施慢速送丝熄弧填弧坑。当弧坑填满后，松开焊枪开关，X000 关断。由于单稳态电路的作用，导致在 M0 上出现第四个脉冲，C4 计数到设定值，C4 常闭触点打开，常开触点闭合，Y000 关断，停止焊接，并使 C1 ~ C4 计数器复位，以便下一次焊接控制。

6. 多谐振荡电路

图 6-29 所示是采用 PLC 控制的多谐振荡电路程序。由图 6-29 可见，当输入 X000 连通后，由于定时器 T1 和 T2 的作用，Y000 出现一个导通时间为 $t_2 + \Delta t$，休止时间为 t_1 的连续脉冲。因为扫描周期 Δt 很小，可以忽略，所以可以认为脉冲的导通时间为 t_2，休止时间为 t_1。t_2 与 t_1 由定时器 T2 和 T1 的设定值来确定。根据图 6-29 中定时器 T2 和 T1 的设定值，此脉冲的导通时间 t_2 为 0.2s、休止时间 t_1 为 0.1s。

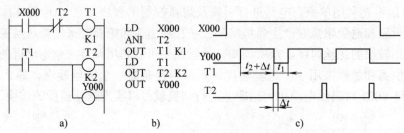

图 6-29　采用 PLC 控制的多谐振荡电路程序

a) 梯形图　b) 助记符语言　c) 时序图

多谐振荡电路在焊接自动化中有着广泛的应用。例如在焊接自动化装置中，有两个电动机需要相互协调运转，其动作要求时序如图 6-30a 所示，即电动机 M1 运转 10s，停止 5s，而 M1 停止时，电动机 M2 运转；M1 运转时 M2 停止，如此循环，直到停止运转。如果起动开关与 X000 连接，停止开关与 X001 连接，Y001、Y002 分别控制电动机 M1、M2 的接触器线圈。

根据电动机控制要求，设计出的 PLC 控制程序如图 6-30b、c 所示。

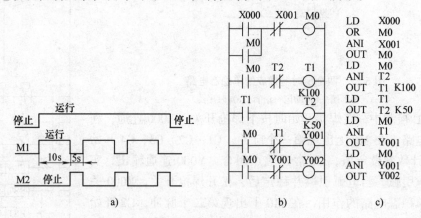

图 6-30　两台电动机顺序控制

a) 时序图　b) 梯形图　c) 助记符语言

当按下起动按钮，X000 连通，T1、T2 组成多谐振荡电路，使 Y001、Y002 得到脉冲式的输出，Y001 与 Y002 状态相反，即 Y001 导通时，Y002 关断；Y001 关断时，Y002 导通。Y001、Y002 分别控制电动机 M1、M2 运转，停止。由于 T1、T2 的设定值分别为 10s 和 5s，因此电动机 M1 运转 10s，停止 5s；电动机 M2 运转 5s，停止 10s，循环往复。当按下停止开关时，X001 连通，其常闭触点断开，辅助继电器 M0 断开，M0 常开触点断开，使 Y001、Y002 都断开，电动机 M1、M2 停止运转。

6.5　可编程控制器控制系统设计

6.5.1　PLC 控制系统设计的基本原则

1. 基本原则

任何一种电气控制系统都是为了实现被控对象（生产设备或生产过程）的工艺要求，以提高生产效率和产品质量。为此目的，在设计 PLC 控制系统时，应遵循以下基本原则：

1）最大限度地满足被控对象的控制要求。

2）在满足控制要求的前提下，力求使控制系统简单、经济，使用及维修方便。

3）保证控制系统的安全、可靠。

4）考虑到生产的发展和工艺的改进，在选择 PLC 容量时，应适当留有余量。

2. 基本内容

PLC 控制系统是由 PLC 与用户输入、输出设备连接而成的。其设计的基本内容包括以下几点：

1）选择用户输入设备（操作开关、限位开关、传感器等），输出设备（继电器、接触器、信号灯、电磁阀等执行元件）以及由输出设备驱动的控制对象，如电动机等。

2）PLC 的选择。PLC 是 PLC 控制系统的核心部件。正确选择 PLC 对于保证整个控制系统的技术性能和经济指标起着重要的作用。选择 PLC，应包括机型、容量、I/O 模块和电源模块等的选择。

3）分配 I/O，绘制 I/O 连接图。

4）设计控制程序。包括设计梯形图、语句表（即程序清单）或控制系统流程图。

控制程序是控制整个系统工作的软件，是保证系统工作正常、安全、可靠的关键。控制系统的设计必须经过反复调试、修改，直到满足要求为止。

5）必要时还需设计控制台（柜）。

6）编制控制系统的技术文件。包括说明书、电气图及电气元件明细表等。

传统的电气图，一般包括电气原理图、电器布置图及电气安装图。在 PLC 控制系统中，这一部分图可以统称为"硬件图"。在传统电气图的基础上，再增加 PLC 的 I/O 连接图。

此外，在 PLC 控制系统中的电气图中还包括程序图（梯形图），可以称它为"软件图"。向用户提供"软件图"，可便于用户在生产发展或工艺改进时修改程序，并有利于用户在维修时分析和排除故障。

3. 设计步骤

设计 PLC 控制系统的一般步骤，如图 6-31 流程所示。

1）根据生产的工艺过程分析控制要求，如需要完成的动作（动作顺序、动作条件、必须的保护等），操作方式（手动、自动、连续、单周期、单步等）。

2）根据控制要求确定用户所需的输入、输出设备。据此确定 PLC 的 I/O 点数。

3）选择 PLC。

4）分配 PLC 的 I/O 点，设计 I/O 连接图（这一步也可以结合第 2 步进行）。

5）进行 PLC 程序设计，同时可进行控制台（柜）的设计和施工。

在设计继电器控制系统时，必须在控制线路（接线程序）设计完后，才能进行控制台（柜）的设计和现场施工。

6.5.2　电弧焊的程序自动控制

目前电弧焊的程序自动控制主要是指焊接过程中的弧焊电源、送丝机构、焊接小车或焊接转胎，以及自动控制的工装夹具等装置按照特定的顺序运行、停止。在某些焊接自动控制中，例如全位置自动焊中，还要根据焊接进程调节焊接参数，所有这些都可以通过 PLC 系统自动完成。

1. 程序自动控制的对象和要求

程序自动控制即以合理的次序使自动焊接系统的各个被控对象进入特定的工作状态。

这些合理的动作次序也就是电弧焊程序自动控制的基本要求。不同的焊接对象，不同的电弧焊方法，不同的焊接条件以及不同的焊接要求，其程序控制会有所不同。

（1）程序自动控制对象　在自动电弧焊程序控制过程中，主要的控制对象包括：

1）弧焊电源。

2）送丝机构的电动机。

3）焊接小车行走或工件移动装置的拖动电动机。

4）气体保护弧焊机中控制保护气体或离子气的电磁阀。

5）非熔化极电弧焊机中的引弧器。

6）工件或焊枪采用气动或液压装置进行自动定位或夹紧的控制阀。

7）焊枪或工件调整定位装置的拖动电动机等。

（2）程序控制要求　为了保证自动电弧焊的顺利实施，不同的焊接方法有不同的程序控

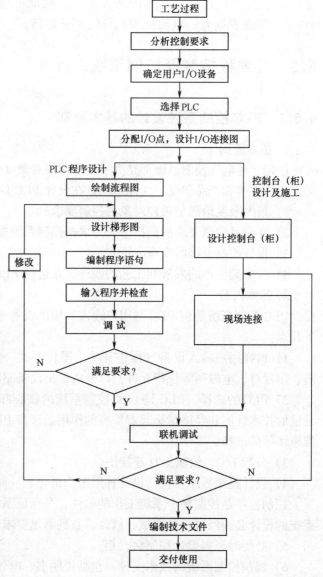

图 6-31　PLC 控制系统的设计步骤

制要求，例如在采用气体保护电弧焊进行自动焊接时，应有以下基本要求：

1）提前和滞后送气。气体保护电弧焊机一般均有这一控制要求。

2）可靠地一次引燃电弧，这是电弧焊中最值得研究的一个程序控制环节。

目前采用的引弧方法有以下几种：

① 爆裂引弧。引弧时先接通电源，然后送进焊丝，与工件发生短路。焊丝与工件间的短路处因高电流密度的局部加热作用，造成焊丝迅速熔化爆裂，从而引燃电弧。此种引弧方法适用于细焊丝熔化极电弧焊。

② 慢送丝引弧。以低于正常焊接时的送丝速度爆裂引弧后，再转换为正常送丝速度。此方法适用于粗焊丝熔化极气体保护焊。自动焊接中，在慢送丝的同时，使焊接小车也缓慢行走，使焊丝端部与工件表面作滑动摩擦，引燃电弧。电弧引燃后，送丝速度及焊接小车行走均变为正常速度。此方法适用于埋弧焊。

③ 回抽引弧。引弧前使焊丝与工件相接触，引弧时先接通弧焊电源，然后回抽焊丝，从而引燃电弧。电弧引燃后，迅速使送丝电动机改变转向，送进焊丝，进入正常焊接。

④ 高频或高压脉冲引弧。同时接通焊接主电源和高频（或高压脉冲）引弧器，引弧后再切断高频（或高压脉冲）引弧器。此方法在国内仅用于引燃非熔化极电弧，国外也有用于埋弧焊等熔化极电弧焊方法的。

转移型等离子弧焊的引弧过程，需要在高频引燃非转移电弧后，再进行非转移电弧到转移电弧的转换控制。

3）熄弧控制。熄弧时要保证填满弧坑，并防止焊丝粘在焊缝上。有些焊机还能控制焊丝端部不结球，以保证在下一次焊接引弧时，不需剪焊丝端部就能可靠地引弧。常用的控制方法有：

① 焊丝返烧熄弧。即先停止送丝，经一定时间后再切断焊接电源使电弧熄灭。这是一般熔化极电弧焊中最常见的方法。

② 电流衰减熄弧。先使焊接电流逐渐减少到一定数值，然后再切断焊接电源，使电弧完全熄灭。

4）焊接过程参数的程序控制。在全位置环缝、厚板多层焊等专用焊机中，为保证不同空间位置上焊缝的均匀成形要求，应根据焊接的空间位置，变更焊接过程的工艺参数（焊接电流、电弧电压、焊接速度等）。这就需要对焊接工艺参数进行必要的切换。

上述程控要求，可以用受控对象某些特征参数的时间函数——程序循环图表示。图 6-32a、b、c 分别为自动钨极氩弧焊、自动熔化极气体保护焊、脉冲钨极氩弧焊自动控制的程序循环图。图 6-32 中，U_H、U、V_f、V_w、I、Q_L、t 分别表示高频引弧电压、电弧电压、送丝速度、焊接速度、保护气流、焊接电流和时间。图 6-32 表示的焊接程序控制循环是上述基本程控要求的组合，它既表示了一台焊机的程序自动控制原理，也是自动焊机程控系统的设计依据。

除满足电弧焊接过程中的程序控制要求外，还应包含必要的指示和保护环节。指示环节除焊接电流、电弧电压外，一般都采用指示灯，也可以采用数显或液晶显示屏等先进设备。保护环节常用的有水流或水压开关、气压开关、过电流及过电压保护等。

还应指出，图 6-32 主要表示的是弧焊电源的程序控制，而自动焊接系统包括弧焊电源、焊接的工装夹具、拖动电路等，因此焊接自动化系统的程序循环图还应包括这些部分的时序

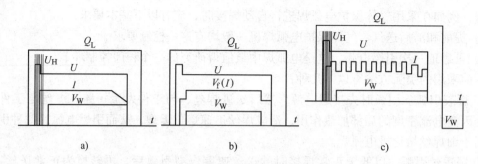

图 6-32　焊接过程程序循环图
a) 钨极氩弧焊自动控制程序循环图　　b) 自动熔化极气体保护焊控制程序循环图
c) 脉冲钨极氩弧焊自动控制程序循环图

控制。

2. 焊接程序控制的原则

同其它生产过程的程序控制系统一样，电弧焊的程序控制系统除了接受必要的外部人工操作指令（起动、停止、急停）外，其余程序转换都是自动进行的。实现转换的原则有以下三种：

1）时间转换。即按照时间间隔进行程序转换。例如，气体保护焊中提前送保护气体和滞后断保护气控制等，在 PLC 中需要采用定时器进行程序转换。

2）行程转换。即按工作行程进行程序转换。例如，全位置环缝焊接过程中焊接参数的分段转换；自动焊接过程焊接起始点、终点控制等。可采用行程（限位）开关、接近开关、编码器等各种位置传感器作为程序转换控制元件。

3）条件转换。以系统达到某种特定条件进行程序转换。例如，电弧引燃、熄灭、工件装卡定位、焊枪到位作为程序转换条件。为此必须采用电弧电压、电流传感器或位置传感器等作为程序转换控制元件。

实际工程中很多程序控制包含以上几种转换的组合。

6.5.3　PLC 在焊接自动化中的应用

1. 环形焊缝的自动焊

图 6-33 所示的是一台环缝焊接的自动焊接专机。要求人工上料，气动装卡，工件的旋转和焊接电源起动与停止的自动控制。根据控制要求进行 PLC 控制系统的设计。

（1）确定控制要求和操作方式　根据生产的工艺过程，分析控制要求，确定需要完成的动作和操作方式。

1）动作顺序：假设焊接工件的材料是不锈钢，采用直流 TIG 焊接，无需填丝。其焊接程序循环如图 6-34 所示。图 6-34 中 Q_j、Q_L、U_H、I、V_W 分别表示控制气动夹具的气体、焊接保护气体、高频引弧电压、焊接电流、焊接转胎旋转等。

2）操作方式：自动控制和手动控制。

① 自动控制：即实现气动夹具、焊接电源、转胎的自动控制。工件自动夹紧，接通焊接电源（由弧焊电源完成提前送保护气、高频引弧、电流递增至正常焊接电流的控制）和接通焊接转胎电动机，转胎旋转，进入正常焊接；工件焊接一圈后，向弧焊电源发出停止焊接信号，由弧焊电源控制焊接电流衰减，停保护气，最终切断焊接电源，在弧焊电源切断焊接

电流时切断焊接转胎电动机电源，当保护气滞后切断后，工件自动松卡。

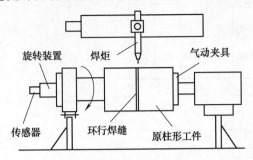
图 6-33　环形焊缝的自动焊

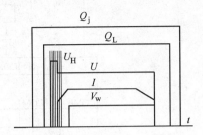
图 6-34　环缝焊接程序循环图

② 手动控制：可以手动控制装卡，实现焊接电源、焊接转胎的程序自动控制。在焊接停止时，需要采用人工监控。手动控制可以用于焊接工艺实验或补焊。

3) 其它要求：需要一些必要的指示灯，如焊接指示灯、工件旋转位置指示灯等。

(2) 系统硬件设计　根据控制要求确定所需的用户输入、输出设备。据此确定 PLC 的 I/O 点数，选择 PLC，设计 I/O 连接图。

在本系统中需要起动按钮 SB1、停止按钮 SB2、气动夹具控制按钮 SB3、弧焊电源通断控制按钮 SB4、转胎电动机旋转控制按钮 SB5，均采用无锁按钮开关；自动/手动控制选择开关 SA1 采用一刀两位的主令开关。气动夹具是通过电磁气阀 YV 进行控制，转胎电动机通过接触器 K 控制，弧焊电源可以与焊接电源的遥控开关 SB 连接。

为了实现自动控制，本系统中采用 E6A2—CS5C 型编码器为传感器，其电源电压为直流 24V，每旋转一周，编码器输出 360 个脉冲。将编码器安装在减速器的输出轴上，便可以检测工件旋转的角度。编码器输出的脉冲通过 PLC 的 X0 口输入。此外，采用三个光电二极管作为指示灯分别显示焊接电源工作、转胎开始旋转、转胎旋转一周的状态。在手动控制过程中，焊接的停止是通过人工观测、人工进行控制的；编码器的作用只是用来检测、显示焊接过程，而不能进行自动控制。

其输入、输出口安排见表 6-18。从表 6-18 中可见，至少需要 7 个输入端口，6 个输出端口，分别接外部设备。外部设备包括控制焊接转胎电动机旋转的接触器 KM、气动夹具控制电磁气阀 YV、弧焊电源遥控开关 SB 以及一些指示灯。根据所需的输入、输出端口数量，可以选用 FX_{0N}—24M 型的 PLC。其硬件的接线图如图 6-35 所示。

表 6-18　I/O 安排一览表

	输入		输出
X0	编码器信号输入	Y0	气动夹具电磁气阀 YV
X1	起动按钮 SB1	Y1	转胎电动机接触器 KM
X2	停止按钮 SB2	Y2	弧焊电源控制 SB
X3	自动/手动控制选择开关 SA1	Y3	焊接指示灯 VL1
X4	气动夹具 SB3	Y4	工件旋转指示 VL2
X5	弧焊电源 SB4	Y5	工件旋转指示 VL3
X6	转胎电动机 SB5		

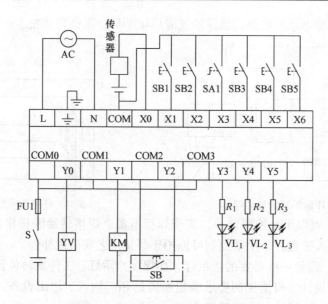

图 6-35　环缝自动焊 PLC 系统接线图

（3）系统软件设计　根据控制要求和硬件系统，进行 PLC 程序设计。

根据焊接工艺及控制要求，可以采用一般的计算机软件编程所采用的软件流程图绘制方法，绘制自动控制程序流程（见图 6-36）。由于 TIG 焊要求引弧前先送保护气，因此在气动夹具夹紧工件后，弧焊电源应该先接通。当提前送气、电弧引燃后，开始焊接时，再驱动焊接转胎电动机工作。

假设提前接通弧焊电源的时间为 5s，用于提前送气、高频引弧及焊接电流递增等过程，也就是说，按动起动按钮后，焊接电源接通，延时 5s 后，接通焊接转胎电动机，带动工件旋转。

由于焊接停止时需要有电流衰减过程，因此应该先发出弧焊电源断电信号，电流衰减，电弧熄灭，此时再停止工件旋转。假设电流衰减时间为 2s，则在发出停止焊接信号后 2s，再发出转胎停转信号。为了保护焊接熔池和刚焊完的焊缝金属不被氧化，保护气不能立即关断，需要延时一段时间再关断。待保护气延时关断后，再断气动夹具的电磁气阀，使工件松卡。

在焊接时，编码器输入计数器中的脉冲达到 360 个时，说明环缝自动焊接一圈，此时首先向弧焊电源发出焊接停止信号，2s 后再发出转胎停转信号，延时 3s 用于保护气体延时关断，再发出卡具松卡信号。这些都需要 PLC 自动完成。

如果是手动，则人为控制焊接过程，当需要焊接停止时，按动停止开关来代替计数器发出的焊接停止信号。

根据工艺和控制流程可以绘制其梯形图。该系统控制的参考梯形图如图 6-37 所示。根据梯形图可以编写语句表（见表 6-19）。在程序输入时，根据不同的输入设备，可以是语句表，也可以是梯形图。

如图 6-37 的梯形图所示，如选择自动焊接，X003 常开触点始终处于连通状态，在程序执行过程中，M0 常开触点始终闭合（也可以用 X003 代替 M0，而不要 M0）。当按下起动按钮时，X001 连通，Y000 通电，气动夹具夹紧工件；同时定时器 T0 开始计时。T0 延时 3s 后，T0 的常开触点连通，Y002 通电，接通弧焊电源，而且焊接指示灯 VL1 亮，同时定时

图 6-36　环缝焊接自动控制流程图

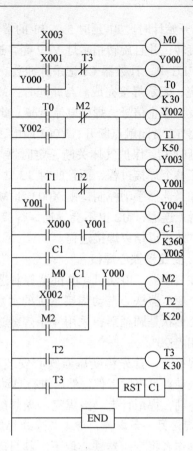

图 6-37　环缝焊接自动控制梯形图

表 6-19　环缝焊接自动控制语句表

步序	指　令		步序	指　令	
0	LD	X003	22	LD	X000
1	OUT	M0	23	AND	Y001
2	LD	X001	24	OUT	C1　K360
3	OR	Y000	27	LD	C1
4	ANI	T3	28	OUT	Y005
5	OUT	Y000	29	LD	M0
6	OUT	T0　K30	30	AND	C1
9	LD	T0	31	OR	X002
10	OR	Y002	32	OR	M2
11	ANI	M2	33	AND	Y000
12	OUT	Y002	34	OUT	M2
13	OUT	T1　K50	35	OUT	T2　K20
16	OUT	Y003	38	LD	T2
17	LD	T1	39	OUT	T3　K30
18	OR	Y001	42	LD	T3
19	ANI	T2	43	RST	C1
20	OUT	Y001	45	END	
21	OUT	Y004			

器 T1 开始计时。T1 延时 5s，T1 的常开触点连通，Y001 通电，焊接转胎电动机通电转动，工件旋转，并且旋转指示灯 VL2 亮，进入正常焊接状态。此时编码器检测脉冲通过 X000 输入到 PLC 中，计数器 C1 记录脉冲数。工件旋转一圈后，计数器 C1 常开触点闭合，指示灯 VL3 亮，表示焊接完成。与此同时，M2 线圈连通，M2 常闭触点断开，Y002 断电，向弧焊电源发出停止信号，焊接电流衰减。此时定时器 T2 开始计时，延时 2s 后，电弧熄灭。这时定时器 T2 常闭触点断开，Y001 断电，工件停止旋转。在 Y001 断电时，定时器 T3 开始计时，延时 3s，保护气体关断，定时器 T3 常闭触点断开，Y000 断电，气动夹具松开工件，完成了整个焊接过程，而且此时 T3 常开触点连通，定时器 C1 复位。

如果选择手动控制，则 X003 和 M0 常开触点始终断开，当程序执行过程中，即使 C1 常开触点连通，M2 也不会导通，焊接过程不能停止，只有在按下停止键 SB2，输入 X002 连通，才可以结束焊接过程。

2. 变压器铁心焊接

在变压器、电动机、电抗器等制造中，经常采用焊接方法对其铁心进行固定。图 6-38 是一个变压器铁心自动焊接系统的示意图。假设变压器铁心形状是圆桶形，采用 4 条焊缝进行固定，每条焊缝相隔 90°。

焊接时，首先将变压器铁心安装在焊接转胎上，利用气动夹具夹紧工件，然后进行自动焊接。焊接时，工件不动，焊炬行走。当焊完一条焊缝后，工件旋转 90°，焊接另一条焊缝，待 4 条焊缝都焊完后，松开夹具，操作者将变压器铁心取下。其自动控制过程的流程图如图 6-39 所示。

在 PLC 控制系统设计时，根据控制要求，确定 PLC 的输入、输出点数，选取 PLC。输入点包括 2 个行程开关、1 个旋转编码器、7 个操作按钮和 1 个工作方式转换开关，共需要 11 个输入点；输出点包括 1 个

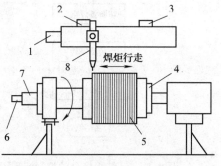

图 6-38　变压器铁心纵缝自动焊接
1—焊炬行走电动机　2—左行程开关
3—右行程开关　4—气动夹具
5—变压器铁心　6—传感器
7—旋转装置　8—焊炬

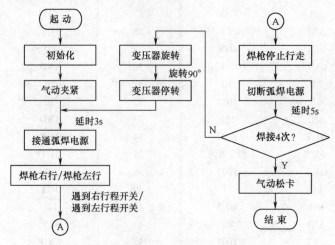

图 6-39　变压器铁心焊接自动控制流程图

电磁阀、1 个指示灯，3 个控制电动机通断的接触器和 1 个弧焊电源控制开关，共 6 个输出点。因此可以选取 FX_{0N}—24MR 型（14 点输入，10 点输出）PLC，其输入输出安排见表 6-20。

表 6-20　I/O 安排一览表

输　　入				输　　出	
X0	起动按钮 SB1	X6	焊接电源控制 SB	Y0	气动夹具电磁阀
X1	停止按钮 SB2	X7	焊枪右行控制 SB3	Y1	弧焊电源控制
X2	右行程开关	X10	焊枪左行控制 SB4	Y2	焊枪右行控制接触器
X3	左行程开关	X11	工件旋转控制 SB5	Y3	焊枪左行控制接触器
X4	编码器信号输入	X12	气动夹具控制 SB6	Y4	焊接指示
X5	自动/手动控制选择开关 SA1			Y5	工件旋转控制接触器

　　根据控制要求绘制 PLC 控制的梯形图。图 6-40 是变压器铁心焊接自动控制的参考梯形图，根据参考梯形图编写语句表见表 6-21。

　　根据要求，变压器铁心焊接的 PLC 控制过程叙述如下：将变压器的铁心安装在焊接转胎上。按动起动按钮，X000 连通，驱动 Y000 使气动夹具工作，夹紧工件。通过 T0 延时 3s，驱动 Y001 和 Y004 接通弧焊电源和焊接指示灯。与此同时，通过辅助继电器 M2 驱动 Y002 使焊炬行走装置右行，焊接开始（此时连接左边行程开关的 X003 常开触点处于连通状态，当焊炬右行后，X003 常开触点断开）。此时，通过辅助继电器 M5 产生单脉冲，将 C1 计数器复位。当焊炬行走装置碰到右边的行程开关 X002 时，辅助继电器线圈 M1 连通，M1 常闭触点断开，Y001、Y004、M2 线圈断电，焊接电源停止工作；Y002 线圈断电，焊炬停止行走。通过 T1 延时 5s，驱动 Y005 使转胎旋转，并使 C2 记数 1 次。转胎旋转时，检

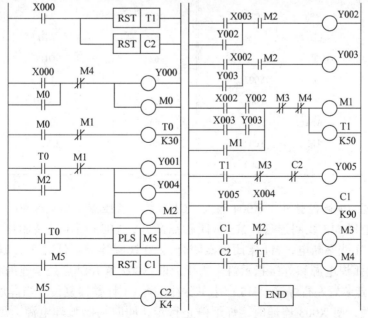

图 6-40　变压器铁心焊接自动控制梯形图

表 6-21　变压器铁心焊接自动控制语句表

步序	指	令	步序	指	令
0	LD	X000	36	OR	Y003
1	RST	T1	37	AND	M2
3	RST	C2	38	OUT	Y003
5	LD	X000	39	LD	X002
6	OR	M0	40	AND	Y002
7	ANI	M4	41	LD	X003
8	OUT	Y000	42	AND	Y003
9	OUT	M0	43	ORB	
10	LD	M0	44	OR	M1
11	ANI	M1	45	ANI	M3
12	OUT	T0 K30	46	ANI	M4
15	LD	T0	47	OUT	M1
16	OR	M2	48	OUT	T1 K50
17	ANI	M1	51	LD	T1
18	OUT	Y001	52	ANI	M3
19	OUT	Y004	53	ANI	C2
20	OUT	M2	54	OUT	Y005
21	LD	T0	55	LD	Y005
22	PLS	M5	56	AND	X004
24	LD	M5	57	OUT	C1 K90
25	RST	C1	60	LD	C1
27	LD	M5	61	ANI	M2
28	OUT	C2 K4	62	OUT	M3
31	LD	X003	63	LD	C2
32	OR	Y002	64	AND	T1
33	AND	M2	65	OUT	M4
34	OUT	Y002	66	END	
35	LD	X002			

测转胎旋转角度的编码器脉冲由 X004 输入，C1 计数。变压器铁心旋转 90°，C1 计数到设定值，使辅助继电器 M3 线圈连通，M3 常闭触点断开，Y005 断电，转胎停止旋转。此外，M3 还使 M1、T1 线圈断电，M1 常闭触点闭合，T0 线圈连通，延时 3s，T0 驱动 Y001 和 Y004 再次接通弧焊电源和焊接指示灯。由于此时 X002 常开触点处于连通状态，M2 驱动 Y003 使焊炬行走装置左行焊接。M5 产生单脉冲，将 C1 计数器复位。当焊炬行走装置碰到左边的行程开关，使 X003 连通时，焊炬停止行走，同时切断弧焊电源，焊接停止。延时 5s，变压器铁心再旋转 90°，同时 C2 又计数 1 次。重复上述控制过程，直至 4 条焊缝焊接完

毕，即 C2 计数第 4 次时，通过 M4 控制焊接转胎不再旋转，而使 Y000 断电，使气动夹具松卡，焊接过程结束，人工取下焊好的变压器铁心。

由以上分析可知，图 6-40 是正常焊接、自动控制模式的梯形图。程序中没有使用 X001、X005、X006、X007、X010、X011、X012 等输入继电器。这些继电器或者是用于手动控制模式，或者是用于焊前调节。可以编写相应的程序，并应用跳转指令实现程序的切换。该部分程序读者可以自己动手进行编制。

3. 双工位环缝自动焊接

图 6-41 是一个双工位环缝钨极氩弧焊自动焊接工作台示意图。在工位 2 采用人工上料

及工件夹紧。工件夹紧后，两工位在旋转工作台带动下旋转 180°，进行工位转换。工位转换的位置控制采用了接近开关，（也可以采用编码器）。工位 1 是焊接工位。工位自动转换完成后，延时 1s，焊枪在气动装置带动下自动伸出到位。延时 2s，起动 TIG 弧焊电源。再延时 3s，起动焊接转胎电动机，焊接工件旋转。环缝焊接位置的控制，选用每转 360 个脉冲的增量编码器，即环缝焊接过程中，工件旋转位置可以通过编码器的输

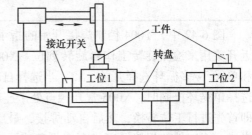

图 6-41　双工位环缝钨极氩弧焊自动
焊接工作台示意图

出脉冲来检测。环缝焊接完成后（即编码器输出 360 个脉冲），切断弧焊电源；延时 3s 停止环缝焊接转胎旋转。再延时 3s 焊枪在气动装置带动下自动回位。延时 1s 工作台旋转 180°，进行工位自动转换，完成一个焊接循环。

图 6-42 是双工位环缝自动焊接参考梯形图。表 6-22 是 PLC 控制的 I/O 口安排一览表。

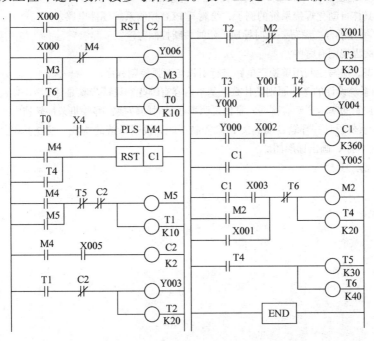

图 6-42　双工位环缝焊接自动控制梯形图

表 6-22　PLC 控制的 I/O 安排一览表

	输　入		输　出
X0	起动按钮 SB1	Y0	焊接转胎电机控制接触器
X1	停止按钮 SB2	Y1	弧焊电源控制开关 SB
X2	编码器信号输入	Y2	焊接指示灯
X3	自动/手动控制选择开关 SA1	Y3	（焊枪）气缸电磁气阀
X4	接近开关	Y4	工件旋转指示
X5	单循环/多循环 SA2	Y5	工件旋转指示
		Y6	工位转换转台电动机接触器

图 6-42 中，Y004 控制焊接开始的指示灯，Y005 控制焊接工件旋转一周的指示灯。接近开关用来检测旋转工作台旋转到位。X003、X005 分别连接自动/手动控制选择开关 SA1 和单循环/多循环选择开关 SA2。当选择自动控制功能时，X003 常开触点处于连通状态；当选择单循环控制时，X005 常开触点处于连通状态。单循环表示只完成一个工件的自动焊接，即首先进行工位转换，然后自动焊接，最后再进行工位转换，将焊好的工件送回到工位 2，完成一个工件的焊接循环。而多循环表示在焊接连续生产中，进行连续自动焊接和工位转换。

复习思考题

1. 什么是可编程控制器？可编程控制器在焊接自动化系统中的作用是什么？

2. PLC 系统的基本硬件有几部分组成？各部分的作用是什么？

3. PLC 常用的编程语言有哪几种？什么是 PLC 的梯形图？

4. 结合某一具体自动化焊接系统的例子，绘制其 PLC 控制系统硬件电路。

5. 应用 PLC 编程语言，编写一延时导通、延时关断控制程序。

6. 梯形图的编程规则有哪些？

7. 参考图 6-28，编写一利用单稳态电路进行引弧与熄弧控制程序。

8. PLC 控制系统设计的基本原则是什么？基本内容有哪些？设计步骤是什么？

9. 焊接自动控制的基本原则有哪些？举例说明哪些是时间转换？哪些是条件转换？

10. 结合焊接实例设计一环缝自动焊接 PLC 控制系统，说明系统的构成，绘制其硬件电路图，说明自动控制要求，编写程序，画出梯形图。

第 7 章　焊接机器人技术

随着先进制造技术的发展，实现焊接产品制造的自动化、柔性化与智能化已成为必然趋势。目前，采用机器人焊接已成为焊接自动化技术现代化的主要标志。由于焊接机器人具有通用性强、工作可靠的优点，因此受到人们越来越多的重视。在焊接生产中采用机器人技术，可以提高生产率、改善劳动条件、稳定和保证焊接质量、实现小批量产品的焊接自动化。

本章将简要介绍有关工业机器人、机器人焊接的基本概念及其应用。

7.1　焊接机器人概论

7.1.1　工业机器人定义

1987 年国际标准化组织（ISO）对工业机器人术语标准作如下定义："工业机器人是一种具有自动控制的操作和移动功能，能够完成各种作业的可编程操作机（Manipulator）。"ISO8373 对工业机器人给出了更详细、具体的定义："机器人具备自动控制及可再编程、多用途功能，机器人操作机具有三个或更多可编程的轴，在工业自动化应用中，机器人的底座可固定也可移动。"我国科学家对工业机器人的定义是："一种自动化的机器，所不同的是这种机器具有一些与人或生物相似的智力能力，如感知能力、规划能力、动作能力和协同能力，是一种具有高度灵活性的自动化机器"。在研究和开发未知及不确定环境下的工业机器人过程中，人们逐步地向人类活动的各种领域渗透。结合这些领域的应用特点，人们发展了各式各样的具有感知、决策、行动和交互能力的工业机器人。

与其他类型的机器人一样，人们把工业机器人研究的最高目标定为智能机器人。由此，可以将机器人分为三代。第一代机器人，也称"示教再现"型机器人。所谓"示教"，即由人"教"机器人运动的轨迹、停留点位、停留时间等等。然后，机器人依照人教给的行为、顺序和速度重复运动。实质上，它是采用计算机来控制一个多自由度的机械机构，通过人的示教，存储程序和信息；当需要机器人工作时，把存储的信息读取出来，然后发出指令，重复示教的结果，再现出示教动作。例如，汽车的点焊机器人，操作者只需把点焊过程示教一遍，点焊机器人即可重复这种工作。该类机器人对于外界的环境没有感知，操作力的大小，工件是否存在，焊接质量如何，它并不知道，因此存在一定的缺陷。目前在工业现场应用的机器人大多属于这一代。在 20 世纪 70 年代后期，人们开始研究第二代机器人，即带感觉的机器人。这类机器人具有类似人的某种感知功能，例如力觉、触觉、滑觉、视觉、听觉等。通过反馈控制，使机器人能在一定程度上适应变化的环境。当利用该类机器人抓某一个物体的时候，它不仅能感觉出实际作用力的大小，而且能够通过视觉感受和识别物体的形状、大小和颜色。带有焊缝跟踪技术的机器人，当机器人行走的轨迹与工件上实际焊缝位置发生偏差时，通过传感器可以检测到该偏差，再通过反馈控制，机器人会自动更改"示教"得到的轨迹，自动跟踪焊缝，从而保证焊缝的质量。第三代机器人，也是机器人学中所追求的理想的最高级的阶段，称为智能机器人。人们只需告诉这类机器人去做什么，而不需要告诉它怎样去做，机器人就能完成相应的运动。目前开发的机器人只是在局部具有这种智能的概念和含义，真正完整意义的智能机器人还没有出现。随着科学技术的不断发展，智能的概念越来越丰富，内涵越来越宽，完整意义的智能机器人最终是可以实现的。

7.1.2　焊接工艺对弧焊机器人的基本要求

焊接机器人是典型的工业机器人。它远不是简单地在一台通用机器人上安装一个焊枪。在实际焊接中，弧焊机器人一方面要能高精度地移动焊枪沿着焊缝运动并保证焊枪的姿态，另一方面在运动中不断协调焊接参数，如焊接电流、电弧电压、焊接速度、气体流量、焊枪高度和送丝速度等。焊接机器人是一个能实现焊接最佳轨迹运动和工艺参数控制的综合系统，它比一般通用机器人要复杂得多。

焊接工艺对焊接机器人的基本要求可归纳如下：

1）具有高度灵活的运动系统。能保证焊枪实现各种空间轨迹的运动，并能在运动中不断调整焊枪的空间姿态，因此，运动系统至少具有 5 ~ 6 个自由度。

2）具有高精度的控制系统。其定位精度，对点焊机器人应达到 ± 1mm；对弧焊机器人应至少达到 ± 0.5mm，其参数控制精度应达到 1%。

3）其示教记忆的容量至少能保证机器人能连续工作 1 小时。对点焊机器人应至少存储 200 ~ 1000 个点位置。对弧焊机器人应至少能存储 5000 ~ 10000 个点位。

4）可设置和再现与运动相联系的焊接参数，并能和焊接辅助设备（如夹具、转台等）交换到位信息。

5）其可到位的工作空间应达到 4 ~ 6m。

6）其示教系统能够方便地对焊接机器人进行示教，使产生的主观误差限制到很小的量值。

7）微计算机控制装置具有高抗干扰能力和可靠性。能在生产环境中正常工作，其故障小于 1 次/1000h。

8）具有可靠的自保护和自检查系统。例如，当焊丝或电极与工件"粘住"时，系统能立即自动断电；焊接电源未接通或焊接电弧未建立时，机器人自动向前运动并自动再引弧等。

7.1.3　焊接机器人的分类和特点

通常将焊接机器人分成两类：点焊机器人和弧焊机器人。

1. 点焊机器人

图 7-1 所示是电阻点焊机器人照片。由于电阻点焊一般只需点位控制，而焊钳在点与点之间的移动轨迹没有严格要求，因此电阻点焊对所用机器人的要求是不很高的，这也是机器人最早应用于电阻点焊的原因之一。点焊机器人不仅要有足够的负载能力，而且在点与点之间移位时，速度要快捷，动作要平稳，定位要准确，以减少移位的时间，提高工作效率。点焊机器人需要有多大的负载能力，取决于所用的焊钳形式。对于用与变压器分离的焊钳，30 ~ 45kg 负载的机器人就足够了。但是，这种焊钳一方面由于二次电缆线长，电能损耗大；

另一方面电缆线随机器人运动而不停地摆动，电缆的损坏较快，也不利于机器人将焊钳伸入工件内部焊接，因此目前逐渐采用一体式焊钳。一体式焊钳的焊钳与变压器质量在 70kg 左右。考虑到机器人要有足够的负载能力，才能以较大的加速度将焊钳送到空间位置进行焊接，一般都选用 100 ~ 150kg 负载的重型机器人。为了适应连续点焊时焊钳短距离快速移位的要求，新的重型机器人增加了可在 0.3s 内完成 50mm 位移的功能，这对驱动电动机的性能，微机的运算速度和算法都提出更高的要求。

由于点焊机器人大多采用了一体化焊钳，焊接变压器装在焊钳后面，所以焊接变压器必须尽量小型化。对于容量较小的变压器可以采用 50Hz 工频交流电；对于容量较大的变压器，已经开始采用逆变技术，即把 50Hz 工频交流电变为 600 ~ 700Hz 交流电，从而使变压器的体积减少、重量减轻。焊接时，可以直接用 600 ~ 700Hz 交流电焊接。也可以进行二次整流，用直流电焊接。因为焊接参数可以由定时器或微机进行控制，所以机器人控制柜可以直接控制焊接定时器，而无需另配接口。点焊机器人的焊钳，通常选用气动焊钳。气动焊钳两个电极之间的开口度一般只有两级冲程，其电极压力一旦调定后是不能随意变化的。

2. 弧焊机器人

图 7-2 所示为弧焊机器人的照片。弧焊过程比电阻点焊过程要复杂得多，工具中心点（TCP），也就是焊丝端头的运动轨迹、焊枪姿态、焊接参数都要求精确控制。因此，弧焊用机器人除了前面所述的一般功能外，还必须具备一些适合弧焊要求的功能。虽然从理论上讲，有 5 个轴的机器人就可以用于电弧焊，但是对复杂形状的焊缝，用 5 个轴的机器人会有困难。因此，除非焊缝比较简单，否则应尽量选用 6 轴机器人。

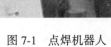

图 7-1　点焊机器人　　　　　　　　　　图 7-2　弧焊机器人

弧焊机器人除在作"之"字形拐角焊或小直径圆焊缝焊接时，其轨迹应能贴近示教轨迹外，还应具备焊枪不同摆动样式的软件功能，供编程时选用，以便进行摆动焊。而且焊枪摆动在每一周期中的停顿点处，机器人也应自动停止向前运动，以满足工艺要求。此外，弧焊机器人还应有接触寻位、自动寻找焊缝起点位置、电弧跟踪及自动再引弧功能等。

弧焊机器人多采用气体保护焊方法（MAG、MIG、TIG），通常的晶闸管式、逆变式、波形控制式、脉冲或非脉冲式等弧焊电源都可以用于机器人焊接。由于机器人的控制柜采用数字控制，当采用模拟控制的弧焊电源时，需要在弧焊电源与控制柜之间加一个接口，进行数/模转换。应该指出，在弧焊机器人工作周期中，由于电弧时间所占的比例较大，因此在选择弧焊电源时，一般应按100％负载持续率来确定电源的容量。

焊机中的送丝机构可以装在机器人的上臂上，也可以放在机器人之外。前者焊枪到送丝机之间的软管较短，有利于保持送丝的稳定性；而后者软管较长，当机器人把焊枪送到某些位置，使软管处于多弯曲状态，会严重影响送丝的质量。所以送丝机的安装方式一定要考虑保证送丝稳定性的问题。

目前我国应用的焊接机器人90％以上是从世界各知名机器人厂家生产的，主要应用在汽车制造业。据2001年统计，全国共有各类焊接机器人1040台。汽车制造厂的点焊机器人多，弧焊机器人较少；零部件厂弧焊机器人多，点焊机器人较少；该行业中点焊与弧焊总的比例约为3:2。其他行业大都是以弧焊机器人为主，主要分布在工程机械（10％）、摩托车（6％）、铁路车辆（4％）、锅炉（1％）等行业。近几年，我国焊接机器人的数量成倍增加，据不完全统计，已经达到4000余台。

7.1.4 焊接机器人系统

1. 焊接机器人系统的组成

焊接机器人系统由焊接机器人、工件及变位机、远距离控制工作站等组成。图7-3为焊接机器人系统构成示意图。图7-4表示弧焊机器人和点焊机器人的基本组成。其中焊接机器人由机器人执行机构（机械手）、机器人控制器以及焊接电源系统三部分组成。机械手用来完成机器人的操作和作业，即代替人来进行焊接；机器人控制器主要完成信息的获取、处理、焊接操作的编程、轨迹规划和控制以及整个机器人焊接系统的管理等。在机械手末端构件的法兰上安装着焊枪，同时可以安装各种传感器，如视觉传感器和温度传感器等。焊接过程中，将传感器感知的位置和温度等信息反馈到机器人控制器。控制器根据这些信息，通过调整预先存储在控制器中的程序修改机械手的工作方案，通过调整焊接电源系统的参数修改焊接状态，实现整个系统的闭环控制。图7-3中的远距离控制工作站用于机器人离线编程。一个较为完整的弧焊机器人离线编程系统应包括焊接作业任务描述、操作手路径规划、运动学和动力学算法及优化、针对焊接作业任务的关节级规划、规划结果动画仿真、规划结果离线修正、与机器人的通信接口、利用传感器自主规划路径及进行在线路径修正等几大部分。

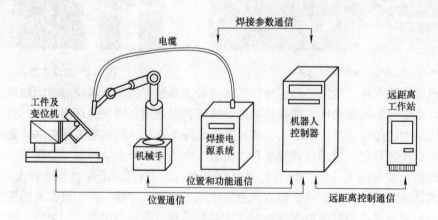

图7-3　焊接机器人系统构成示意图

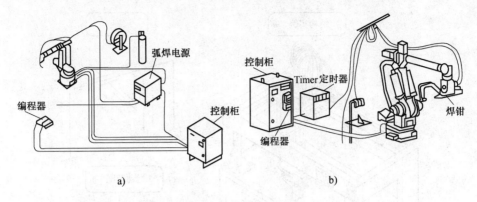

图 7-4　焊接机器人组成
a) 弧焊机器人　b) 点焊机器人

2. 机器人的机械结构

目前焊接机器人仅实现了人类胳膊和手的某些功能，所以机器人操作机也称作机器人手臂或机械手，一般简称为机器人。机器人的机械机构可以视为一种杆件机构，即将杆件与运动副相互连接而构成的。在机器人中，臂杆（两个关节之间的连杆）称为手臂，运动副又称为关节，相应的移动副和转动副称为平移关节和转动关节，其实际结构则是由直线机构（导轨）和旋转机构（枢轴）构成。机器人的末端称为手腕，它一般由几个转动关节（枢轴）组成。手臂决定机器人达到的位置，而手腕则决定机器人的姿态。

机器人的基本运动方式有平移、转动和摆动，其基本运动功能的符号见表 7-1。

表 7-1　机器人基本运动功能的符号

名称	符号	名称	符号
平移		摆动（1）	
旋转		摆动（2）	

根据机器人的机构对其进行分类，可以分为直角坐标系机器人、圆柱坐标系机器人、极坐标系机器人和多关节机器人等。

所有运动都是由直线运动机构实现的机器人称为直角坐标系机器人（见图 7-5）。由一个旋转运动和两个方向直线运动（铅垂方向和水平方向）的三种运动机构组合成的机器人称为圆柱坐标系机器人（见图 7-6）。由旋转、摆动、直线运动机构组合而成的机器人称为极坐标系机器人（见图 7-7）。由多个旋转、摆动机构组合而成的机器人称为多关节机器人（见图 7-8）。目前焊接机器人大多采用多关节机器人。

自由度是表示机器人运动灵活的尺度，意味着独立的单独运动的个数。自由度分为主动自由度和被动自由度两类。前者指该自由度能产生驱动力，后者不能产生驱动力，只能被动地跟随其它关节运动。为了使机器人的手臂能任意操纵物体的空间位置和姿态，最少应有 6 个自由度。

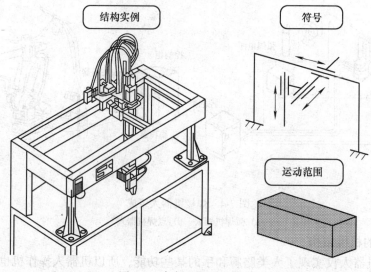

图 7-5 直角坐标系机器人

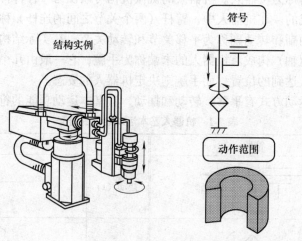

图 7-6 圆柱坐标系机器人

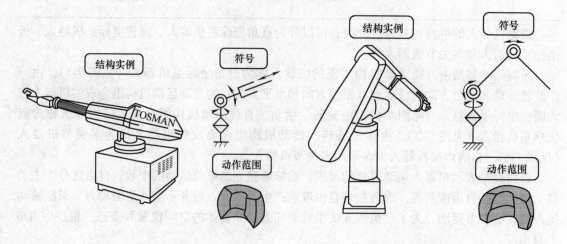

图 7-7 极坐标系机器人   图 7-8 多关节机器人

3. 机器人驱动系统

用于焊接的机器人常用的驱动方式是电气驱动。采用的电动机主要是直流伺服电动机、交流伺服电动机。一般采用 PWM 信号来驱动电动机工作。用于机器人的电动机应满足如下条件：

1）能承受频繁加减速时的瞬时负载（额定值的 3 ~ 4 倍）。

2）电动机的惯性小，具有快速响应特性。

3）转矩脉动小、摩擦损耗小、电动机效率较高。

4）体积小、重量轻。

5）具有足够长的使用寿命。

图 7-9 为一个有代表性的电动机伺服系统的框图。这里以电动机的旋转角度（位置）作为最终的被控量。为了提高系统的稳定性和快速响应性，除位置环之外，系统还设置了速度负反馈和电流负反馈两个闭环。

（1）滤波部分　为了把上位指令值细分，通过滤波使指令曲线成为与负载对应的平滑变化的指令曲线。

（2）位置控制器　以滤波环节输出的位置指令值与位置检测器送出的位置反馈信号为基础来进行位置控制，在运算方式上常采用 PID 控制算法。

（3）速度控制器　以位置控制器送出的速度指令值与位置检测器送出并经时间微分后的速度信号为基础来进行速度控制，其控制方式常采用 PID 方式。

（4）电流控制器　以速度控制器送出的电流指令值与电动机电流的反馈信号为基础来进行电流控制，其控制方式常采用 PID 方式。

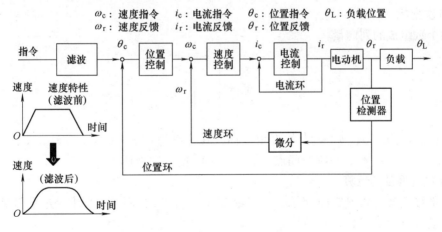

图 7-9　电动机伺服系统的框图

4. 焊接机器人控制的基本原理

要使机器人按照人们的要求去完成特定的焊接工作，需要做下述事情：

1）告诉机器人要做什么。

2）机器人接受命令，并形成机器人工作的控制策略。

3）去完成规定的焊接。

4）保证正确完成焊接任务，焊接完成后应通报。

上述过程就是焊接机器人控制的基本原理。第一个过程是给示教型机器人进行示教，也就是通过计算机可以接受的方式告诉机器人去做什么，给机器人焊接命令，包括焊接轨迹和焊接姿态、焊接参数等，也可以采用离线仿真编程来代替示教。第二个过程则是进行机器人控制系统中的计算机部分承担的工作，它负责整个机器人系统的管理、信息获取及处理、控制策略的制定、机器人行走轨迹的规划、焊接参数规划等。第三个过程是机器人控制器将控制策略转化为驱动信号，驱动伺服电动机，实现机器人高速度、高精度运动，以及焊接电源输出所需要的焊接电流、电压等去完成指定的焊接任务。最后一个过程则是机器人控制中的传感器承担的工作，通过传感器的反馈，保证机器人去正确地完成焊接作业，同时将各种姿态反馈到控制器中，以便控制器实时监控整个系统工作的情况。

7.2 机器人运动学和动力学基础

7.2.1 数学基础

在机器人焊接时，需要让机器人的各个膀臂动作和握焊枪的手腕转动。要了解机器人膀臂的关节角度与手爪位置的几何关系，必须引用坐标系和坐标变换。

机器人是由一系列关节连接起来的连杆机构组成的。把坐标系固联在机器人的每一个连杆机构件中，可以用齐次变换来描述这些坐标系之间的相对位置和方向。用齐次变换的方法，不但具有较直观的几何意义，而且能描述各构件之间的关系并求解运动学问题。特别是在计算机中进行求解时，可使问题的综合与分析大为简化，有利于机器人的运动学研究和对其进行有效的实时控制。

1. 齐次坐标

用四个数组成的列向量

$$V = \begin{bmatrix} x \\ y \\ z \\ w \end{bmatrix}$$

来表示三维空间点 $(a, b, c)^T$ 的直角坐标，其关系为：$a = x/w$，$b = y/w$，$c = z/w$。则 $(x, y, z, w)^T$ 称为三维空间点 $(a, b, c)^T$ 的齐次坐标。

2. 齐次变换及其运算

（1）平移变换　如图 7-10 所示，对向量 $U(x, y, z)$ 而言，要求经过平移变换阵 H，变换成向量 $V(x', y', z')$，即

$$V = \text{Trans}(a, b, c)U \tag{7-1}$$

$$H = \text{Trans}(a, b, c) = \begin{bmatrix} 1 & 0 & 0 & a \\ 0 & 1 & 0 & b \\ 0 & 0 & 1 & c \\ 0 & 0 & 0 & 1 \end{bmatrix}$$

（2）旋转变换　如图 7-11 所示，向量 U 绕 Z 轴旋转变换到向量 V，同样可使 U 乘上 H 阵达到上述变换，即

$$V = \text{Rot}(k, \theta)U \tag{7-2}$$

式中，k 为放大倍数；θ 为旋转角度。

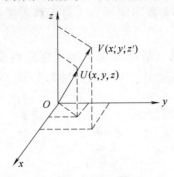

图 7-10　平移变换

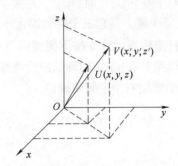

图 7-11　旋转变换

（3）旋转加平移变换　平移变换和旋转变换可以组合在一个变换中，在此省略，可参见相关文献。

3. 构件空间位置与姿态的描述

为了用齐次坐标变换来描述机器人构件空间的位置和姿态，可通过基准参考坐标系（Base Reference coordinate）和构件坐标系（France coordinate）来完成。

基准参考坐标系的位置和方位不随机器人构件运动而变化，一般以焊接机器人的基座底面为基准设定的基准参考坐标系，也称为机器人坐标系，而构件坐标系是固联在机器人各构件上的坐标系，它随构件在空间的运动而运动。

7.2.2　机器人运动学基础

1. 构件坐标系的确定

机器人运动学的重点是研究手部位置、姿势和运动。由于手部位置和姿势是与机器人各杆件的尺寸，运动副类型及杆件的相互关系直接相关联的，因此在研究手部相对于机座的几何关系时，必须分析两相邻杆件的相互关系，即建立杆件坐标系。

（1）连杆参数及连杆坐标系的确定　如图 7-12 所示，连杆两端有关节 n 和 $n+1$。该连杆尺寸可以用两个量来描述。一个是两个关节轴线沿公垂线的距离 a_n 称为连杆长度，另一个是垂直于公垂线的平面内两个轴线的夹角 α_n 称为连杆扭角。这两个参数为连杆的尺寸参数。

再考虑连杆 n 与相连连杆 $n-1$ 的关系（见图 7-13）。

若它们通过关节相连，其相对位置可用两个参数 d_n 和 θ_n 来确定。d_n 是关节 n 轴线两个公垂线的距离；θ_n 是垂直于关节 n 轴线的平面内两个公垂线之间的夹角。连杆距离和连杆夹角是表达相邻两杆件关系的两个参数。因此，每个

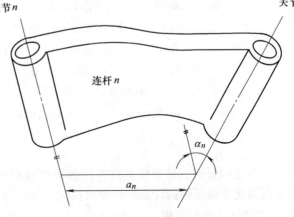

图 7-12　杆件 n 与 $n+1$ 之间的尺寸参数确定

连杆可以由四个参数所描述，其中两个描述连杆尺寸，另外两个描述连杆与相连连杆的连接关系。对于旋转关节而言，θ_n 是关节变量，其它三个参数固定不变。对于移动关节来说，α_n 是关节变量，其它三个参数固定不变。

连杆坐标系的建立按下面规则进行：n 连杆坐标系（简称 n 系）的坐标原点设在关节 n 的轴线和关节 $n+1$ 的轴线的公垂线与关节 $n+1$ 轴相交处；n 系的 Z 轴与关节 $n+1$ 轴重合；X 轴则按右手定则来确定。

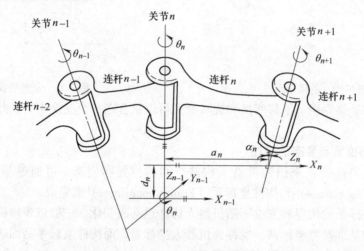

图 7-13　杆件 n 与 $n-1$ 之间的相互关系

（2）杆坐标系之间的变换矩阵　建立各连杆坐标系后，$n-1$ 系与 n 系间变换关系可以用坐标系的平移、旋转来实现；从 $n-1$ 系到 n 系的变换，可先令 $n-1$ 系绕 Z_{n-1} 轴旋转 θ_n 角，再沿 Z_{n-1} 轴平移 d_n，然后沿 X_n 轴平移 a_n，最后绕 X_n 轴旋转 α_n 角，使得 $n-1$ 系与 n 系重合。

用一个变换矩阵 $\boldsymbol{A}_n$ 来综合表示上述四次变换时，应注意到坐标每次旋转或平移后发生了变动，后一次变换都是相对于动坐标系进行的，因此在运算中变换算子应该右乘的。于是连杆 n 的变换矩阵为

$$\boldsymbol{A}_n = \mathrm{Rot}(Z, \theta_n)\,\mathrm{Trans}(0, 0, d_n)\,\mathrm{Trans}(a_n, 0, 0)\,\mathrm{Rot}(X, \alpha_n)$$

$$= \begin{bmatrix} \cos\theta_n & -\sin\theta_n & 0 & 0 \\ \sin\theta_n & \cos\theta_n & 0 & 0 \\ 0 & 0 & 1 & 0 \\ 0 & 0 & 0 & 1 \end{bmatrix} \begin{bmatrix} 1 & 0 & 0 & a_n \\ 0 & 1 & 0 & 0 \\ 0 & 0 & 1 & d_n \\ 0 & 0 & 0 & 1 \end{bmatrix} \begin{bmatrix} 1 & 0 & 0 & 0 \\ 0 & \cos\alpha_n & -\sin\alpha_n & 0 \\ 0 & \sin\alpha_n & \cos\alpha_n & 0 \\ 0 & 0 & 0 & 1 \end{bmatrix}$$

$$= \begin{bmatrix} \cos\theta_n & -\sin\theta_n\cos\alpha_n & \sin\theta_n\sin\alpha_n & a_n\cos\theta_n \\ \sin\theta_n & \cos\theta_n\cos\alpha_n & -\cos\theta_n\sin\theta_n & a_n\sin\theta_n \\ 0 & \sin\alpha_n & \cos\dot\alpha_n & d_n \\ 0 & 0 & 0 & 1 \end{bmatrix}$$

实际上很多设计时，常常使某些连杆参数取特别值，如 $\alpha_n = 0°$ 或 $90°$，$a_n = 0$，有时取 $d_n = 0$ 从而简化变换矩阵的计算同时也可简化控制。

2. 建立机器人运动方程

我们将为机器人的每一个连杆建立一个坐标系，并用齐次变换来描述这些坐标系间的相

对关系，也叫相对位置。通常把描述一个连杆坐标系与下一个连杆坐标系间相对关系的齐次变换矩阵叫做 A 变矩阵或 A 矩阵。如果 A_1 矩阵表示第一个连杆坐标系相对于固定坐标系的位置，A_2 矩阵表示第二个连杆坐标系相对于第一个连杆坐标系的位置，那么第二个连杆坐标系在固定坐标系中的位置可用 A_1 和 A_2 的乘积来表示

$$T_2 = A_1 A_2$$

同理若 A_3 矩阵表示第三个连杆坐标系相对于第二个连杆坐标系的位置，则有

$$T_3 = A_1 A_2 A_3$$

如此类推

$$T_6 = A_1 A_2 A_3 A_4 A_5 A_6 \tag{7-3}$$

式（7-3）右边表示了从固定参考系 $O_0 X_0 Y_0 Z_0$ 到手部坐标系 $O_6 X_6 Y_6 Z_6$ 的各连杆坐标系之间的变换矩阵的连乘，左边 T_6 表示这些变换矩阵的乘积，也就是手部坐标系相对于固定坐标系的位置（如图 7-14 所示）。式（7-3）为机器人运动学方程，计算结果 T_6 是一个（4×4）矩阵。

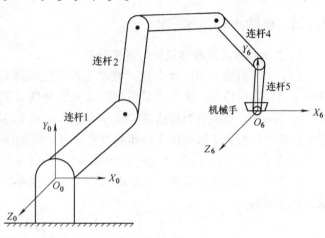

图 7-14　机器人位置变换

$$T_6 = \begin{bmatrix} n_x & o_x & a_x & p_x \\ n_y & o_y & a_y & p_y \\ n_z & o_z & a_z & p_z \\ 0 & 0 & 0 & 1 \end{bmatrix}$$

前三列表示手部的位置，第四列表示手部的位置。

3. 正、反向运动学

运动学主要分为正向运动学和反向运动学。正向运动学主要解决机器人运动学方程的建立及手部位置的求解。反向运动学与之相反，在已知手部位置的情况下，如何求出关节变量，以驱动各关节的马达，使手部的位置得到满足。

4. 机器人运动学方程的解

基于机器人机构运动学方程建立的基本方法。可用下列方法求机器人运动学方程的解：

（1）欧拉变换解　对欧拉角确定的函数变换求解，即

$$\mathrm{Euler}(\Phi, \theta, \Psi) = T \tag{7-4}$$

式中，T 为任意的变换

$$\mathrm{Euler}(\Phi, \theta, \Psi) = \mathrm{Rot}(Z, \Phi)\mathrm{Rot}(Y, \theta)\mathrm{Rot}(Z, \Psi) \tag{7-5}$$

希望已知任何变换 T 时，求得 Φ，θ，Ψ

根据 Euler（Φ，θ，Ψ）表达式与式（7-4），最后可求解得

$$\theta = \arccos(a_z)$$

$$\varphi = \arccos(a_x/\sin\theta)$$

$$\psi = \arccos\left(\frac{-n_z}{\sin\theta}\right)$$

（2）RPY 变换解　在 RPY（φ，θ，Ψ）情况下，Rot（Z，Φ）$^{-1}T = \mathrm{Rot}$（Y，θ）Rot（X，Ψ）与 Euler 变换一样，可得

$$\begin{cases} \phi = \mathrm{arctg}\left(\dfrac{n_y}{n_x}\right) \\ \phi = \phi + 180° \end{cases}$$

$$\theta = \mathrm{arctg}(-n_z(n_x\cos\phi + n_y\sin\phi))$$

$$\psi = \mathrm{arctg}\left(\frac{a_x\sin\phi - a_y\cos\phi}{-a_x\sin\phi + a_y\cos\phi}\right)$$

（3）Sph 变换解　具体方法可参考相关文献。

7.2.3　机器人动力学基础

1. 工业机器人速度雅克比与速度分析

（1）工业机器人速度雅克比　数学上雅克比矩阵是一个多元函数的偏导矩阵。对于 n 自由度机器人的情况，关节变量可把广义关节变量 q 表示为 $\lceil q_1q_2\cdots q_n\rfloor^T$。当关节为转动关节时 $q_i = \theta_i$，当关节为移动关节时 $q_i = d_i$，$dq = [dq_1, dq_2\cdots dq_n]^T$，反映了关节空间的微小运动。机器人末端在操作空间的位置和方式可用末端手爪的位姿 X 表示，它是关节变量的函数 $X = X(q)$。函数 X 是一个 6 维列向量 $dX = [dx, dy, dz, \delta\Phi x, \delta\Phi y, \delta\Phi z]^T$，反映了操作空间的微小运动。它是由机器人末端微小线位移和微小角位移（微小转动）组成，可表示为

$$dx = J(q)dq$$

式中，$J(q)$ 是 $6×n$ 的偏导数矩阵，称为 n 自由度机器人速度雅克比矩阵。它的第 i 行第 j 列元素为

$$J_{ij}(q) = \frac{\partial x_i(q)}{\partial q_j}(i = 1,2,\cdots,6; j = 1,2,\cdots n)$$

（2）工业机器人速度分析　对 $dx = J(q)dq$ 左右两边各除以 dt 得：

$$\frac{dx}{dt} = J(q)\frac{dq}{dt} \text{ 或 } V = J(q)\dot{q}$$

式中，V 代表机器人末端在操作空间中的广义速度 $V = \dot{X}$；$\dot{q}$ 代表机器人关节在关节空间中的关节速度；$J(q)$ 确定关节在关节空间速度 $\dot{q}$ 与操作空间速度 V 之间关系的雅可克比矩阵。

$$\dot{q} = J^{-1}V \tag{7-6}$$

J^{-1} 称为机器人逆速度雅克比。

2. 工业机器人雅克比与静力计算

机器人作业时，与外界环境的接触会在机器人与环境之间引起相互的作用力和力矩。机器人各关节的驱动装置提供关节力矩（或力）通过连杆传递到末端操作器，克服外界作用力和力矩。各关节的驱动力矩（或力）与末端操作器施加的力之间的关系是机器人操作臂力控制的基础。

（1）机器人雅克比　假定关节无摩擦，并忽略各杆件重力，则广义关节力矩 τ 与机器人手部端点力 F 的关系可用下式描述

$$\tau = J^T F \tag{7-7}$$

式中，J^T 为 $n \times 6$ 阶机器人雅克比矩阵或力雅克比。

上式可用虚功原理证明，在此证明略。

式（7-7）表示在静态平衡状态下，手部端点力 F 向广义关节力矩 τ 映射的线性关系。式中 J^T 与手部端点力 F 和广义关节力矩 τ 之间的力传递有关，故又称机器人力雅克比。很明显，力雅克比 J^T 正好是机器人速度雅克比 J 的转置。

（2）机器人静力计算的两类问题　机器人静力计算的两类问题分别为：

1）已知外界环境对机器人手部作用力 F'（即手部端点力 $F = -F'$），求相应的满足静力平衡条件的关节驱动力矩 τ。

2）已知关节驱动力矩 τ，确定机器人手部对外界环境的作用力 F 或负荷的质量。

3. 工业机器人动力学分析

动力学研究物体的运动和作用力之间的关系。机器人动力学问题有两类：

1）给出已知轨迹点上的 $\theta, \dot{\theta}, \ddot{\theta}$，即机器人关节位置、速度和加速度，求相应的关节力矩向量 τ，这对实现机器人动态控制是相当有用的。

2）已知关节驱动力矩，求机器人系统相应的各瞬时的运动，也就是说，给出关节力矩向量 τ，求机器人所产生的运动 $\theta, \dot{\theta}, \ddot{\theta}$，这对模拟机器人的运动是非常有用的。

分析研究机器人动力学特征的方法主要有拉格朗日方法、牛顿-欧拉方法、凯恩方法等。

7.3　焊接机器人传感技术

在机器人焊接过程中，要保证焊接过程的稳定以及焊接的质量，必须对其进行过程控制。机器人焊接过程控制涉及几何量、物理量等多方面的参数。为了测量这些参数所需要传感器不仅数量大，而且种类多。从使用目的的角度可以将传感器分为两类：用于测量机器人自身状态的内传感器和为进行某种操作（如焊缝自动跟踪）而安装在机器人上的外传感器。

内传感器包括位置、角度传感器；速度、角速度传感器；加速度传感器等。

外传感器包括视觉传感器、力觉传感器、触觉传感器、接近觉传感器等。为了保证焊接质量而采用的焊缝坡口识别传感器、焊缝跟踪传感器、熔透控制传感器等也属于外传感器。

本节主要以几种常用的焊接传感器为例，简介焊接机器人的传感技术。

7.3.1　概述

在机器人焊接过程中，可能出现许多无法预知的随机干扰因素，使焊接过程与焊接质量受到影响。这些干扰因素主要有以下两类。

（1）实际焊接工件产生的干扰因素　该类干扰包括：工件形状精度、工件组装精度以及对缝或坡口加工精度等而引起的干扰。

（2）焊接过程出现的干扰因素　该类干扰包括：焊接电弧形状、电弧斑点运动等的无规律变化；网络电压波动、导电嘴接触状况等原因使焊接电流变化而引起的热输入变化；因工件结构或夹具固定而引起的工件局部导热状态的变化；送丝系统可能出现的焊丝矫直情况变化引起的送丝偏离，或送丝机构、导管阻力变化引起的送丝速度变化；焊接变形引起的对缝间隙变化、对缝错边变化、电极与工件距离的变化等。

在上述诸多随机干扰因素可能产生的条件下，如果在焊接过程不采取任何实时质量检测与控制措施来抵消或补救干扰因素带来的破坏焊接质量的影响，要得到满意的焊接质量是不可能的。为了得到稳定的高质量焊接产品，必须在机器人焊接过程采用实时的检测与控制。在此过程中，传感器起着信息检测的重要作用。

机器人焊接传感器除应具备一般传感器的性能以外，还需要满足一些特殊要求：对于特殊的焊接过程，保持一定的精度；不受弧光、热、烟、飞溅及电磁场等焊接干扰的影响。此外，还要求传感器尺寸小、重量轻、经久耐用、价格低、易维修以及应用范围广。

7.3.2　视觉传感器

光学传感机器人焊接焊缝跟踪控制系统是采用光学器件组成焊缝图像信息传感系统。该系统将获取的焊缝图像信息进行识别处理，获得电弧与焊缝是否偏离、偏离方向和偏离量大小等信息。然后根据这些信息去控制机器人，即调节焊枪与对缝的相对位置，消除电弧与焊缝的偏离，达到电弧准确跟踪焊缝的目的。由于光学传感模拟了焊工的眼睛，因此把它称为视觉传感器。

机器人焊接视觉传感器有很多种，本节仅介绍条形光视觉传感器的工作原理。

该视觉传感器将光源发出的柱形光束转换成入射到工件上的条形光并使此条形光横跨到焊接接头上。如图 7-15 所示，当接头有一定间隙或其它形状变化时（V 形坡口、角接接头或搭接接头），条形光将发生变形，并向

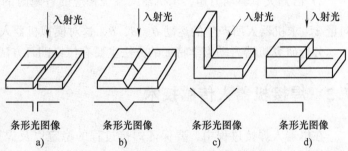

图 7-15　不同焊缝接头的变形条形光图像
a）I 形坡口对接接头　b）V 形坡口对接接头　c）角接接头　d）搭接接头

工件上方漫反射。如果在工件上方一定位置上放置一个反射光的接受装置（如二维 PSD 或 CCD 等）接收其信息，并经信号采集与处理，则可以得到不同焊缝接头的变形条形光图像（见图 7-15）。

图 7-16 为采用条形光视觉传感器进行焊接接头跟踪控制的原理图。如果将光源与焊枪一起安装到机器人的手腕上，使条形光的中点对应焊接电弧的位置，同时也对应焊接接头中心位置。若焊接电弧与焊接接头中心产生偏离，表示焊接接头位置的变形条形光图形将偏离条形光中点，并根据图形可以得到电弧与焊接接头中心线的偏离方向

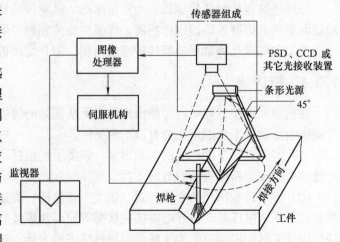

图 7-16　视觉传感器焊缝跟踪控制原理图

及偏离量大小等信息。利用这些信息，通过机器人控制器及执行机构实时调节电弧与焊接接头的相对位置，直到它们之间的偏离被消除为止。

条形光视觉传感器的光源一般多采用激光光源，也可采用红外光源。采用激光光源的优点是单色光、容易高度聚焦，其波长与电弧波长差距较大，容易滤掉可能造成干扰的电弧光，获得较准确的信息等；其缺点是去掉弧光干涉所要求的滤光片谱线半宽度窄、成本较高。

采用激光光源时，将点光源转变为条形光源的方法有两种：一种是通过一套主要由柱面棱镜组成的光学系统，将点光源转变为条形光源。为了得到足够强的条形光，所需要的激光光源功率必须很大。大的激光光源，一般不能直接固定在机器人上，激光束要通过光导纤维引到机器人手腕的传感器中。点光源转变为条形光源的另一种方法是通过一套机械扫描机构将射到工件上的点形光变为条形光，扫描频率 5 ~ 30Hz。该方法可以采用功率为 1W 或更小些的激光源即可满足要求。这样小的功率，一般采用半导体激光器。

用机械扫描来获得条形光的方法也有两种：一种是光传感器整体采用步进电动机驱动作横向摆动，其原理如图 7-17 所示。另一种是整体光传感器不摆动，而是用步进电动机同时驱动两组光学反射镜片作同步圆周摆动，一组反射镜片将发射的点光转变为条形光投射到工件上，另一组反射镜片将投射到工件上的点光同步地反射到光接受装置（见图 7-18）。这种光传感系统，整体不摆动，只让反射镜片反复转动。该传感器结构较简单、紧凑、便于安装。

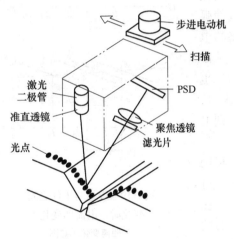

图 7-17　光传感器整体摆动示意图

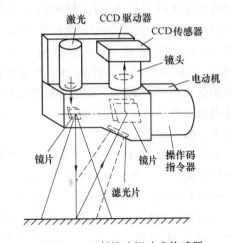

图 7-18　反射镜片摆动式传感器

视觉传感焊接接头跟踪控制精度可以达到 0.1 ~ 0.3mm，可用于 V 形坡口、角焊缝、搭接焊缝的跟踪控制。对于平板 I 形接头，如果其间隙 > 0.15mm，也可以采用该视觉传感器进行焊缝跟踪控制。

7.3.3　电弧传感器

电弧传感焊缝跟踪控制是利用焊接电弧本身（电弧电压、电弧电流、弧光辐射、电弧声等）提供有关电弧轴线是否偏离焊接接头的信息，来实时控制焊接电弧始终对准焊接接头的中心线。为了能从与电弧有关的参数变化中，得到电弧轴线与焊接接头相对位置的信息，必须使电弧相对焊接接头中心线产生一定频率的横向摆动，使电弧的有关参数产生足够大的变化，从而可以判断电弧轴线与焊接接头相对位置的偏差，得到电弧轴线与焊接接头中心线偏离的信息，然后控制执行机构调节电弧与焊接接头的相对位置，使偏离减少，直至消失。

根据电弧的特性，电弧传感器主要用于熔化极气体保护电弧焊中。根据电弧相对焊缝运动的方式，焊缝跟踪电弧传感与控制的方法主要有两类：一类是电弧相对焊缝中心线横向摆动的方法；另一类是电弧沿焊缝中心线进行旋转（圆周）运动的方法。

1. 摆动扫描电弧传感器

电弧传感焊接接头跟踪控制的前提是如何从电弧参数的变化中，获知电弧相对焊接接头位置是否偏离的信息。通过电弧在焊接坡口中相对焊接接头中心线的摆动所引起的电弧电流的变化，则可得到摆动电弧的中心是否偏离焊接接头中心线的信息。其基本原理是在等速送丝、水平外特性弧焊电源的熔化极气体保护焊系统中，当焊枪与工件之间的距离 l 发生变化时（见图 7-19a），弧长将发生变化。例如，焊枪与工件之间的距离由 l_0 变成 l_1，则焊接电流 I 也要变化，其调节过程为：当电弧突然拉长时，电弧工作点从 A_0 移到 A_1（见图 7-19b）。由于电弧存在自身调节作用（使焊丝熔化速度减慢），将力图使电弧工作点复原（使弧长恢复）。但由于此时焊丝干伸长度增加，主回路的电阻加大，故焊接电流 I'_0 比原始电流 I_0 要小（见图 7-19c）。此时新的静态工作点 A'_0 的电弧的长度 l'_0 也比原始弧长 l_0 有所增加，即当焊枪离工件距离增大时，焊接电流要减小，弧长要增加。反之，若距离减小则电流加大，弧长减小。

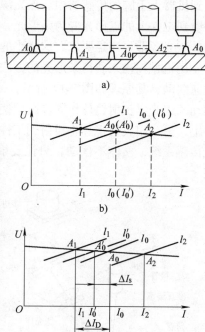

图 7-19　焊枪与工件之间
变化时，电流的变化

a) 距离变化示意图

b) 不考虑干伸长变化时 I 变化

c) 考虑干伸长变化时 I 变化

根据上述原理可知，在 V 形坡口对接焊时，利用焊枪作横向摆动，由左右两边干伸长度的变化情况，可求出焊缝左右和高低的跟踪信号。如图 7-20 所示，在焊枪与坡口中心对中时（见图 7-20b），焊枪摆到左右两侧的干伸长度相等，故 $I_L = I_R$；当焊枪偏左时，则 $I_L > I_R$（见图 7-20a）；当焊枪偏右时，则 $I_L < I_R$（见图 7-20c）。利用 I_L、I_R 之和可以判断焊枪的高低位置，若 $I_L + I_R = I_G$（I_G 为给定值），焊枪位置适中；如果 $I_L + I_R > I_G$，焊枪位置偏低；如果 $I_L + I_R < I_G$，焊枪位置偏高。

这种电弧传感器必须通过电弧的横向摆动才能获得电弧是否偏离焊接接头的信息（实际上是电弧摆动中心是否偏离焊接接头的信息）。一般情况下，电弧的横向摆动都是靠机械机构来实现的，所以采用的摆动频率受到机械机构的限制，一般都在 10Hz 以下，摆动幅度为 2~10mm。这种电弧传感焊接接头跟踪控制方法的特点主要有以下几点：

1）电弧自身就是传感器，不需要在焊枪附近另加传感器，焊枪结构简单紧凑，焊接性好。

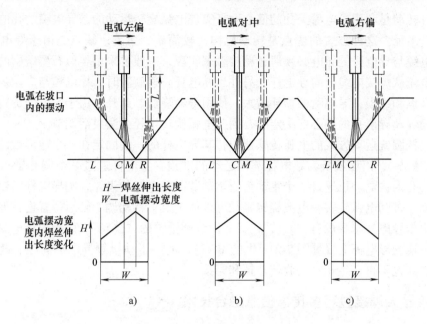

图 7-20　焊枪对中情况

a) 偏左　b) 对中　c) 偏右

2）便于获得实时跟踪信息，进行实时跟踪控制。

3）不受弧光、弧热、磁场、飞溅、变形等因素干扰。

4）可适用的焊接接头形式有 V 形坡口焊缝、角焊缝、船形焊缝、搭接焊缝等，跟踪精度为 0.2 ~ 1mm。

这种电弧传感器因为摆动频率受到机械机构的限制不能超过 10Hz，所以这种传感器不适合用于高速焊。如果焊接速度过大将造成焊缝表面鳞纹粗大，甚至使焊缝不能连续。为了克服这一局限，人们又发展了旋转电弧传感焊接对缝跟踪方法。

2. 旋转电弧传感器

这种电弧传感器的工作原理与摆动扫描电弧传感器的工作原理基本相同，只是电弧运动的方式不同。因为旋转机构容易实现较高速度的旋转运动，所以旋转电弧传感机构可以使电弧旋转运动的频率达到 10 ~ 100Hz。

实现电弧旋转的方式主要有两种：一种是导电杆转动方式（见图 7-21a），另一种是导电杆圆锥运动方式（见图 7-21b）。

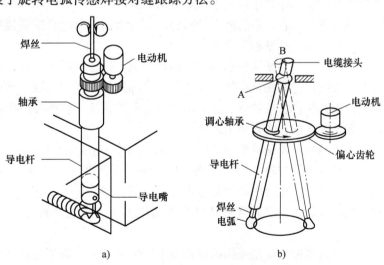

图 7-21　旋转运动电弧传感器

a) 导电杆转动方式　b) 导电杆圆锥运动方式

导电杆转动是利用导电嘴上孔的偏心度来实现电弧旋转运动的，导电嘴的孔的偏心度就是电弧旋转半径。这种方式的优点是转动机构比较简单、紧凑；缺点是由于导电杆高速旋转，焊接电缆与导电杆的导电必须通过动接触来实现，一般要采用类似石墨碳刷的装置，将几百安的电流从焊接电缆导向导电杆。另外当导电杆高速旋转时，导电嘴与焊丝之间将产生较剧烈的摩擦和磨损，导电嘴的损耗增大，使用寿命降低。此外，由于电弧的旋转半径是由导电杆端面焊丝导出孔的偏心度决定的，因此电弧旋转半径无法灵活调节。

在导电杆圆锥运动方式的电弧传感器中，其导电杆的一端固定在一个球形铰链上（见图7-21b 中的 A 点），以该铰链为导电杆圆锥运动的锥顶。导电杆通过一个调心轴承装在一个齿轮的偏心孔内，电动机通过一个主动齿轮驱动装有导电杆的齿轮，则导电杆以铰链为锥顶作圆锥运动，带动电弧旋转。电弧旋转半径可以通过上下移动调心轴承位置进行调节。此种情况下，由于导电杆本身没有"自转"，只有围绕圆锥轴的"公转"，因此焊接电缆可以固定在靠铰链一端的导电杆上（见图7-21b 中的 B 点），消除了动接触导电的问题。此外，焊丝与导电嘴之间也不再产生相对的旋转摩擦和磨损。

7.3.4 机器人焊接过程多传感信息融合技术

多传感器信息融合技术是近20 几年发展起来的一门技术。它是集微电子技术、信号处理、统计、人工智能、模式识别、认知科学、计算机科学及信息论等技术于一体的一门学科。

多传感器信息融合技术能将众多的传感器信息自动地进行综合处理，以获得所需要的信息。多传感器信息融合一词最早出现在美国。1989 年，HILABE 是美国第一个将多传感器信息应用于可移动机器人。卡内基·梅隆大学机器人所在20 世纪90 年代中期研究出一种可移动机器人。美国德莱克西尔大学研究出具有多个传感器模块的移动机器人。瑞典于默奥大学于近期开发了野外自治导航车。近几年我国对多传感器信息融合方面的研究日益重视，越来越多的科技工作者正在从事该领域的研究。

多传感器信息是信息融合的前提。多传感器信息融合主要包括多传感器信息表示、系统构成模型、结构模型和数学模型。

系统构成模型是从数据融合的过程出发，描述数据融合包括哪些主要功能、数据库，以及进行数据融合时融合系统各组成部分之间的相互作用过程；结构模型是从数据融合的组成出发，描述融合系统的硬、软件组成、相关数据流、系统与外部环境的人机界面；数学模型就是数据融合的算法和组成逻辑。

多传感器系统是信息融合的物质基础，传感信息是信息融合的加工对象，协调优化处理是信息融合的思想核心。多传感器信息融合通常在一个称为信息融合中心综合处理器中完成。而一个信息融合中心可能包含另一个信息融合中心。多个信息融合中心可以是多层次、多方式的，所以需要研究信息融合的结构模块。主要分为集中式、分布式、混合式、反馈式。

信息融合的方法由不同的应用要求形成的各种方法都是融合方法的一个子集。从解决信息融合问题的指导思想或哲学观点加以划分。

多传感器信息融合在焊接上的应用是一个较新的课题和研究方向，多传感器的信息融合不可能置于一个简单的逻辑框架中，也不可能以一种简单的研究方式来获得普通实用的最佳算法。目前，在理论方法和实现技术上还有待作进一步的研究和开拓工作，信息融合中的误差处理和不确定性的模型构造是寻求通用的设计方法和开发实际应用系统时需要进一步解决的中心问题。

7.4　弧焊机器人离线编程技术

7.4.1　弧焊机器人离线编程系统意义及定义

弧焊机器人是一个可编程的机械装置，其功能的灵活性和智能性很大程度上决定于机器人的编程能力。由于弧焊机器人所完成任务复杂程度不断增加，其工作任务的编制已经成为一个重要问题。在弧焊机器人应用系统中，机器人编程是一个关键环节。为适应市场发展的要求，制造业正在向多品种、小批量的柔性化方向发展。但是，在中小批量生产中，弧焊机器人的示教编程耗费的时间和人力相对较大。因此，随着制造业企业对柔性要求的进一步提高，需要更高效和更简单的编程方法。

通常，机器人编程方式可分为示教再现编程和离线编程。国内外弧焊机器人多属示教再现型，它无法满足焊接生产日益复杂的需要。示教再现型机器人在实际生产应用中存在的主要技术问题有：机器人的在线示教编程过程繁琐、效率低；示教的精度完全靠示教者的经验目测决定，对于复杂焊接路径难以取得令人满意的示教效果；对于一些需要根据外部信息进行实时决策的应用无能为力。而离线编程系统可以简化机器人编程进程和提高编程效率，是实现系统集成的软件支撑系统。

机器人离线编程（OLP-Off-Line-Programming）系统是利用计算机图形学的成果，建立起机器人及其工作环境的几何模型，再利用一些规划算法，通过对图形的控制和操作，在离线的情况下进行轨迹规划。通过对编程结果进行三维图形动画仿真，以检验编程的正确性，最后将生成的代码传到机器人控制柜，以控制机器人运动，完成给定任务。弧焊机器人离线编程系统已被证明是一个有力的工具，可以增加安全性，减少机器人不工作时间和降低成本。

7.4.2　离线编程的优点

与在线示教编程相比，离线编程具有如下优点：

1）可减少机器人非工作时间，当对下一个任务进行编程时，机器人仍可在生产线上工作。

2）使编程者远离危险的工作环境。

3）使用范围广，可以对各种机器人进行编程。

4）便于和 CAD/CAM 系统结合，做到 CAD/CAM/ROBOTICS 一体化。

5）可使用高级计算机编程语言对复杂任务进行编程。

6）便于修改机器人程序。

机器人语言系统在数据结构的支持下，可以用符号描述机器人的动作。有些机器人语言也具有简单的环境构型功能。根据编程人员定义工具运动的控制级别，可将离线编程分为四个级别：关节级（Joint Level）、操作手级（Manipulator Level）、对象级（Object Level）和任务级（Task Level）。现在已有一些商品化的离线编程系统。例如 ROBOGUIDE、IGRIP、Workspace 等。它们都具有较强的图形功能和很好的关节级以及操作手级的编程功能，以及对象级编程功能，但是它们都不具有任务级编程功能。在任务级编程方式下，不用编程人员来指定机器人的操作，而是采用各种人工智能技术来控制机器人执行某一任务。目前的机器人语言都是关节级、操作手级和对象级语言，因而编程工作是相当冗长繁重的。机器人任务级离线编程系统因能最大限度地降低人的劳动强度和提高编程效率这一显著的优点，已经成为当前研究的热点。

7.4.3　弧焊机器人离线编程系统的特点

机器人用于电弧焊这一复杂的作业，对机器人的运动学、动力学、避免碰撞、可达性、灵活性及重复精度都有很高的要求。与其它用途机器人相比具有以下特点：

（1）弧焊工件的几何建模　机器人要进行弧焊作业，首先要感知工件的几何轮廓及准确的焊缝位置。因为获取这些信息的主要途径有离线编程、弧焊 CAD/CAM 和机器人视觉。弧焊 CAD/CAM 是通过计算机软件得到待焊工件的几何造型及焊接技术要求，继而自动生成工件轮廓、焊缝位置、姿态及焊接参数信息。机器人视觉则是通过 CCD 或激光等对工件摄像，经图像处理及数字变换来获取焊接的位姿信息。

（2）焊枪的姿态优化　众所周知，焊枪的姿态对获取空间位置下完好的焊缝有至关重要的影响。人工操作是通过操作工人的经验来实时地变换姿态来保证焊缝质量；焊接专用焊机则是对固定的或单一的工件进行实验而获取适当的不变的焊枪姿态来保证焊接质量。机器人作为一种柔性的操作手，具有与上述两者不同的特点，它要求根据不同工件的几何信息，通过各种处理手段，获取焊缝上每一点的最佳位姿需求。目前，这些处理手段主要有仿人的专家知识库引导法、人工神经网络法等。

（3）路径规划问题　焊接过程与其它机加工过程迥然不同。数控的机加工过程虽然也有点对点及连续路径，但它的目的是加工掉工件上多余的材料，获得设计的工件形状，而本身没有加工姿态、加工次数和加工次序的要求，即只有加工位置及加工精度的要求，机器人焊接则不同，它严格要求沿焊缝位置连续、光顺地进行焊接，且有焊接速度及机器人操作手或工件姿态的要求。

7.4.4　弧焊机器人离线编程系统的组成

一个较为完整的弧焊机器人离线编程系统应包括焊接作业任务描述（语言编程或图形仿真）、操作手路径规划、运动学和动力学算法及优化、针对焊接作业任务的关节级规划、规划结果动画仿真、规划结果离线修正、与机器人的通信接口（downloading）、利用传感器自主规划路径及进行在线路径修正等几部分组成。其关键技术通常包括视觉传感器的设计、焊缝信息的获取、以及规划控制器的设计等问题。按照功能不同，弧焊机器人离线编程系统可以划分为以下几个功能模块。

1. 三维造型

三维几何造型是离线编程系统的基础，为弧焊机器人和工件的编程、仿真提供了可视的立体图像。

目前用于机器人系统的构型主要有三种方式：结构立体几何表示（CSG：Constructive

Solid Geometry）、扫描变换表示（Sweep）、边界表示（B-Rep：Boundary Representation）。其中，最便于形体在计算机内表示、运算、修改和显示的构型方法是边界表示，而结构立体几何表示所覆盖的形体种类较多，扫描变换表示则便于生成轴对称的形体。机器人系统的三维几何造型大多数是采用上述三种形式的组合。

　　弧焊机器人离线编程系统的首要任务就是完成包含弧焊机器人的焊接工作单元的图形描述。构造焊接工作单元中的弧焊机器人、卡具、零件和工具的三维几何模型，最好采用零件和工具的 CAD 模型，直接从 CAD 系统获得，使 CAD 数据共享。正因为从设计到制造的这种 CAD 集成愈来愈急需，所以离线编程系统应包括 CAD 构型子系统，或把离线编程系统本身作为 CAD 系统的一部分。若把离线编程系统作为单独的系统，则必须具有适当的接口来实现构型与外部 CAD 系统的转换。图 7-22 所示为已经建好的机器人焊接工作单元模型，图 7-22a 所示为清华大学为用户建立的轿车车身机器人装焊生产线三维实体模型；图 7-22b 所示为"奔驰"公司对卡车车身机器人点焊过程的仿真。

a)　　　　　　　　　　　　　　　　　b)

图 7-22　机器人焊接工作单元模型

a）轿车车身机器人装焊生产线　b）卡车车身机器人点焊

2. 运动学计算

　　运动学计算是系统中控制图形运动的依据，即控制弧焊机器人运动的依据。运动学计算分运动学正解和运动学反解两部分。正解是要计算机器人运动参数、关节变量和确定机器人末端执行器（焊枪）位姿；反解则是由给定的焊枪位姿计算相应的关节变量值。就运动学反解而言，离线编程系统与机器人控制柜的联系有两种选择：一是用离线编程系统代替机器人控制柜的逆运动学，将机器人关节坐标值通信传输给控制柜；二是将笛卡尔坐标值输送给控制柜，由控制柜提供的逆运动学方程求解机器人的形态。第二种选择要好一些，这是因为机器人制造商对具体机器人运动学反解，已采取了一些补偿措施，所以它比在笛卡尔坐标水平上和机器人控制柜通信效果要好一些。应该指出的是在关节坐标水平上和机器人控制柜通信时，离线编程系统运动学反解方程式应和机器人控制柜所采用的公式一致。

3. 轨迹规划

　　与普通的搬运、点焊、装配等定点操作的机器人相比，弧焊机器人对末端执行器（焊枪）的运动轨迹的精度要求更严格。在空间位置焊接时的焊枪姿态及焊接参数在整个轨迹上都需要连续调整。因此，需要进行轨迹规划，用来生成机器人关节空间或直角空间里的轨迹，以保证机器人完成既定的作业。

　　机器人运动轨迹$q(t)$或$x(t)$的生成需要从描述机器人末端执行器（焊枪）的空间位姿及变换出发，通过建立机器人的运动学与动力学模型，最后形成控制焊枪走过或逼近的空间路径（Path），包括在路径点的焊枪位置与姿态以及从运动学角度实时控制机器人的行走路径。

　　机器人的运动轨迹分为两种类型：自由移动（仅由初始状态和目标状态进行定义）和依赖于轨迹的约束运动。约束运动受到路径、运动学和动力学的约束，而自由移动没有约束条件。轨迹规划器在接收路径设定和约束条件的输入后，采用轨迹规划算法，如关节空间的插补、笛卡尔空间的插补计算等进行机器人运动轨迹的规划计算，然后输出起点和终点之间按时间排列的中间形态（焊枪位置和姿态、速度、加速度）序列。该序列可用关节坐标或笛卡尔坐标表示。

　　轨迹规划器还应具备可达空间的计算，碰撞的检测等功能。焊接机器人的运动轨迹控制主要是指初始焊位导引与焊缝跟踪控制技术。

4. 图形仿真

　　弧焊机器人运动图形仿真是用来检验所编制的机器人程序是否正确、可靠，一般具有碰撞检查功能。

　　离线编程系统的一个重要作用是离线调试程序。最直观有效的离线调试方法是在不接触实际机器人及其工作环境的情况下，利用图形仿真技术模拟机器人的作业过程，提供一个与机器人进行交互作用的虚拟环境。计算机图形仿真是弧焊机器人离线编程系统的重要组成部分。它将机器人仿真的结果以图形的形式显示出来，可直观地显示出机器人的运动状况，从而可以得到从数据曲线或数据本身难以分析出来的许多重要信息。离线编程的效果正是通过这个模块来验证的。随着计算机技术的发展，在 PC 的 Windows 平台上可以方便地进行三维图形处理，并以此为基础完成 CAD、机器人任务规划和动态模拟图形仿真。在一般情况下，用户在离线编程模块中为作业单元编制任务程序，经编译连接后生成仿真文件。在仿真模块中，系统解释控制执行仿真文件的代码，对任务规划和路径规划的结果进行三维图形动画仿真，模拟整个作业的完成情况，检查焊枪发生碰撞的可能性及机器人的运动轨迹是否合理，并计算出机器人的每个工步的操作时间和整个工作过程的循环时间，为离线编程结果的可行性提供参考。图 7-23 所示为焊枪碰撞检测的图形仿真情况。

5. 传感器仿真

　　焊接过程的传感是实现焊接过程质量控制的关键环节。对传感器的仿真可以增加系统操作和程序的可靠性，提高程序开发效率。

图 7-23　焊枪碰撞检测

　　近年来，随着机器人技术的发展，传感器在机器人作业中起着越来越重要的作用。对传感器的仿真已成为机器人离线编程系统中必不可少的一部分，也是离线编程能够实用化的关键。利用传感器检测的信息能够减少仿真模型与实际模型之间的误差，增加系统操作和程序的可靠性，提高编程效率。传感器技术的应用使机器人系统的智能性大大提高，机器人作业任务已离不开传感器的引导。因此，弧焊机器人离线编程系统应能对传感器进行建模，生成传感器的控制策略，对基于传感器的作业任务进行仿真。

6. 语言转换

语言转换是要把仿真语言程序变换成机器人能够接受的语言指令，以便命令弧焊机器人工作。

语言转换的主要任务是把离线编程的源程序编译为弧焊机器人控制系统能够识别的目标程序。即当作业程序的仿真结果完全达到作业的要求后，将该作业程序转换成目标机器人的控制程序和数据，并通过通信接口下载到目标机器人控制柜，以驱动机器人去完成指定的焊接任务。由于机器人控制柜的多样性，要设计通用的通信模块比较困难，因此一般采用语言转换将离线编程的最终结果翻译成目标机器人控制柜可以接受的代码形式，然后实现加工文件的上传及下载。在弧焊机器人离线编程中，因为仿真所需要的数据与机器人控制柜中的数据不完全相同，所以离线编程系统中生成的数据有两套：一套供仿真用；一套供控制柜使用。这些都是由语言转换进行操作的。

7. 误差校正

因为离线变成系统中的理想模型和实际机器人模型存在有误差，产生误差的因素主要有机器人本身的制造误差、工件加工误差以及机器人与工件定位误差等，所以未经校正的离线编程系统工作时会产生很大的误差。因此，如何有效地校正误差是弧焊机器人离线编程系统实用化的关键。

国内的研究人员对焊接机器人的无碰路径规划、具有冗余度弧焊机器人自主规划以及焊接参数联合规划问题进行了研究，设计开发了离线规划与仿真系统模块结构如图 7-24 所示。图 7-25 所示是利用离线编程的方法所完成的马鞍型焊缝的焊接。

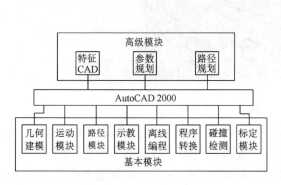

图 7-24　离线规划及仿真系统结构

图 7-25　离线编程技术在焊接中应用结果

7.4.5　典型机器人离线编程仿真系统

根据机器人离线编程系统的开发和应用情况，可将其分为三类：商品化通用系统、企业专用系统和大学研究系统。目前，商品化通用系统有：Workspace，IGRIP 和 ROBOCAD 等。这些软件包价格昂贵，达数万美元。企业专用系统有德国 NIS 公司的 RoboPlan、日本松下公司的 DTPⅡ、日本 NKK 公司的 NEWBRISTLAN 和日本 FUNAC 公司的 ROBOGUIDE 等。大学研究系统有 Loughborough 大学的 WRAPS 和 Poitiers 大学的 SMAR 等。

1. Workspace 系统

Workspace 系统是由美国 Robot Simulation 公司开发的商品化通用系统，是最先进的基于 PC 机的机器人离线编程软件。它可用于点焊、弧焊、切割、喷漆等诸多领域。新的 Workspace5.0 版运行于 Windows 环境，具有一般 Windows 应用程序的交互式图形化友好操作界面；并利用 Windows 对三维图形的支持，通过各种形式的三维图形建模或导入方法，在 PC 上再现机器人的三维虚拟世界，以实现对机器人离线编程三维运动轨迹的规划和动态仿真。该系统除了具备强大的图形示教功能，还具有某些情况下的基于任务级编程语言的自动编程能力。

2. ROBOGUIDE 系统

ROBOGUIDE 系统是由 FANUC 公司开发的企业专用系统，是一种自控软件，它通过使用虚拟机器人控制技术来仿真模拟实际机器人作业的机器人模拟软件。图 7-26 所示是 ROBOGUIDE 2.8.1 软件界面。

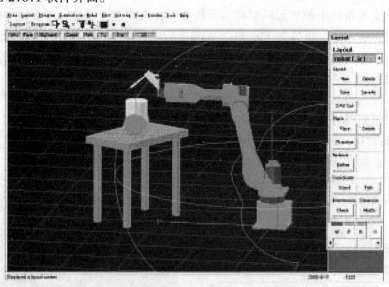

图 7-26　ROBOGUIDE 2.8.1 软件界面

该软件可以在 Windows 环境下运行。此软件包括四大模块：建模模块、布局模块、编程模块和仿真模块。它具有以下优点：简单直观，能为普通用户所理解和接受；成本低廉，除计算机外不需要机器人或其它任何附加的设备，由此而消耗的成本极其低廉；安全可靠；高效省时，由于计算机运行速度高，图形功能强，动态仿真本身远比实际的机器人程序调试要快，同时程序的动态仿真代替机器人调试也节省了机器人本身的时间，提高了它的使用效率；真实可信，只要这种理想化是在一个合理的范围内，其仿真结果是真实可信的。

3. WRAPS 系统

在 1987 年的自动化及机器人焊接国际会议上，专家对离线编程的发展进行了总结，其中最有代表性的工作是 WRAPS 系统。K.H.Goh 和 J.E.Middle 等人在一个焊接工作站 FANUC/WESTWOOD 上建立了基于专家系统的焊接机器人自适应离线编程和控制系统——WRAPS。该系统不但可以具有离线编程功能，而且可以利用专家系统实时地控制机器人焊接过程。它包括焊接数据库、离线编程、计算机仿真和焊接专家系统。此外，它还配有视觉传感器可进行焊前接头检测和焊后缺陷检测，从而构成了一个完整的专家焊接机器人系统。WRAPS 系统总体框图如图 7-27 所示。

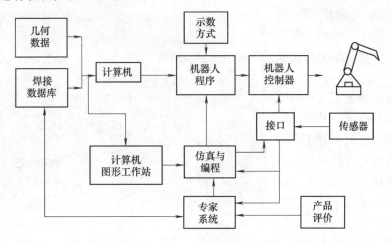

图 7-27 WRAPS 系统总体框图

7.5 焊接机器人的应用

随着焊接产品质量、数量需求的不断提高，机器人焊接得到了越来越多的应用，尤其是在汽车制造领域获得了大量的应用。本节主要以汽车制造中的机器人焊接为例介绍其应用。

7.5.1 奥迪轿车铝合金车门的焊接

在奥迪轿车铝合金车门的自动焊生产线中，在氩弧 TIG 焊机器人工作站完成车门上框的焊接，其中前车门上框为一个工位，后门上框为两个工位。奥迪轿车铝合金车门的前门上框锐角接头是一个异形截面的型材组合，其材质为 Al-Mg-Si 系铝合金。焊接为插片熔焊式，即该接头的中间为一相同异形截面的插片，使用氩弧焊的方法将其与两个边框熔合在一起，其氩弧 TIG 焊机器人工作站照片如图 7-28 所示。焊接过程是待焊的两个边框采用设备中的两个圆盘锯同时按要求的角度切出横断面；然后在两边框对合的过程中，设备自动将插片插

图 7-28 奥迪车门 TIG 焊机器人工作站

入，并被两边框夹紧；最后由机器人分三次焊好该接头。插片的熔点略低于边框，而氩弧的电弧能量集中，由此可以获得尖角处无塌陷的令人满意的焊道外观。

图 7-29 所示为 MIG 焊接机器人工作站，该工作站用于车门总成焊接，其焊接方法采用氩弧 MIG 焊。

该工作站由两套三工位的弧焊机器人工作站组成，其中一套工作站焊接前门，另一套工作站焊接后门。在每套工作站中，有两个三角区焊接变位机，一个两工位的上框与下摆总成变位机。它们分别进行前左右门的三角区

图 7-29　为 MIG 焊接机器人工作站

与上框总成件，前左右上框与下摆总成件和后左右门的三角区与上框总成件，后左右上框与下摆总成件的焊接。

7.5.2　大众宝来轿车前纵梁的焊接

一汽大众宝来轿车前纵梁焊接机器人生产线安装在焊装车间宝来 A4 主焊流水线上。它为该生产线提供了两个工作站，一个是前纵梁组合点装（见图 7-30）；另一个是机器人焊接（见图 7-31）。

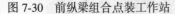

图 7-30　前纵梁组合点装工作站

图 7-31　机器人焊接工作站

每个工作站均采用升降式传输滚床进行车身的传输和定位，在滚床两侧安装有用于车身定位夹紧的工装夹具。其中，前纵梁组合点装工作站还装有前纵梁的定位夹紧夹具。所有工装夹具均采用三坐标测量仪进行测量，并以此进行调整，保证了安装精度在 ±0.10mm 之内。机器人焊接工作站还装有机器人一维滑轨。当需要焊接时，机器人沿滑轨移动到相应的位置后，再进行焊接；当需要进行车身传输时，机器人沿滑轨移动到一侧端头，以不妨碍车身的传输，同时进行焊枪喷嘴的清理。

7.5.3　机器人电阻点焊

在汽车制造中，机器人电阻点焊应用最为普遍。在汽车底板、汽车车身等加工中应用多台机器人构成电阻点焊机器人生产线。图 7-32、图 7-33 分别是汽车底板、汽车车身总成的机器人焊接工作站。

图 7-32　汽车底板机器人焊接工作站　　　　图 7-33　汽车车身总成机器人焊接工作站

7.5.4　铝合金贮箱箱底拼焊的机器人焊接

宇航大型铝合金贮箱箱底是重要的承力部件，其焊缝质量要求比较高。为了保证焊接质量选用机器人焊接。

1. 箱底结构及焊接工艺要求

铝合金贮箱箱底是椭球球面组件。它由顶盖、瓜瓣和叉形环三部分组焊而成，其典型结构如图 7-34 所示。铝合金贮箱箱底直径范围为 $\phi2250 \sim \phi3350$mm；板材厚度为 $1.8 \sim 6.0$mm。

为了保证焊接质量，选用旁送丝 TIG 焊接方法，要求所有焊缝的施焊位置尽量处于水平位置。

2. 机器人焊接系统

根据焊接要求，确定了机器人焊接系统。该系统由机器人本体、机器人控制器、TIG 焊接电源、送

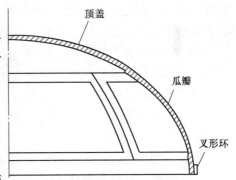

图 7-34　铝合金贮箱箱底结构

丝机构、变位机和支臂等组成（见图 7-35）。该系统将机器人本体倒置，并悬挂在支臂上。支臂可以上下移动，左右回转，可以满足不同直径铝合金储箱箱底的焊接要求。变位机及模胎置于地坑内。变位机的两轴可与机器人六轴实现联动，从而保证工件的焊接位置始终保持为平焊位置。

（1）机器人本体　采用日本安川的 MOTOMAN SK16 型焊接机器人。其抓举力为 156.8N；机器人轨迹控制的重复精度为 ±0.1mm；具有六个自由度。

（2）机器人控制器　采用日本安川的 YASNAC MRC 型控制器。该控制器可以设置 2200 个程序点，1200 条指令；位置控制方式为绝对值式（采用绝对编码器）；示教盒采用 LCD 显示。

（3）焊接变位机　翻转轴部分采用 7.5kW 的交流伺服电动机，翻转角度为 0°~90°；旋转轴部分采用 2.2kW 的交流伺服电动机，旋转角度为 -480°~+480°。

（4）TIG 焊接电源　采用日本 OTC 公司的 Inverter ACCU TIG 500P 电源。其输出的交流焊接电流调节范围为 20~500A；额定负载持续率为 60%；脉冲电流频率调节范围是 0.5~500Hz；脉冲电流占空比调节范围是 15%~85%。

（5）送丝机构　送丝机的型号为 M—TFR3。送丝直径为 $\phi1.2~\phi2.0$mm；送丝速度为 0.2~3m/min。

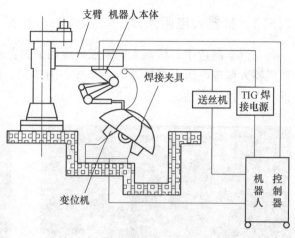

图 7-35　机器人焊接系统

3. 机器人示教与焊接

机器人示教就是通过人工示教盒，控制机器人模拟实际焊接轨迹，将连续的焊缝分成多点存储于机器人控制器中。每点记录着机器人上焊枪的位置、姿态、焊接指令、参数及实际焊接速度，实现在不引弧状态下的模拟焊接过程。

（1）纵缝的示教　为保证纵缝的焊接位置始终处于水平。试验时，采取机器人与变位机联动弧线方式取点。取点距离根据椭球曲面不同而有所不同。由于纵缝的对称性，可以只对一条纵缝进行示教，然后对程序进行平移，完成对其它 5 条纵缝的示教。如果考虑手工装配精度问题，6 条纵缝的实际的不对称性，需要对 6 条纵缝的示数点进行校正，以确保每条纵缝再现焊接轨迹的精确性，以利于保证焊接质量。

（2）环缝示教　示教时，翻转模胎，使焊缝处于水平位置，焊枪垂直于焊缝不动，模胎旋转完成示教过程。因手工装配的精度不高，实际示教时，模胎旋转到不同位置，需要对焊枪进行必要的调整。

（3）再现　所谓再现就是指机器人按预先示教的轨迹及设定的参数进行实际焊接操作。图 7-36 所示为机器人正在焊接顶盖环缝。纵缝和环缝的设定参数见表 7-2。材料为 5A06，厚度为 3.0mm。

图 7-36　机器人焊接顶盖环缝

表 7-2　焊接参数设定值

焊缝	焊丝牌号	焊丝直径 ϕ/mm	钨极直径 ϕ/mm	焊接速度 v/(m·h^{-1})	焊接电流 I/A
纵缝	5B06	1.6	3.2	9	130~220
环缝	5B06	1.6	3.2	9	150~260

　　焊前所有对接端面应进行刮削打磨，装配间隙为 0.5～1.0mm；纵缝焊接时，为防止裂纹，保证质量，从底端加引弧板起弧，熄弧位置为零件去余量处；实际焊接中，考虑到装配条件及压紧状态不同，焊接电流通过示教盒进行必出的微调。

　　为了解决环缝的熄弧缺陷问题，运用机器人的电弧渐变指令，设定合适的熄弧电流、熄弧距离，实现了电流衰减堆高熄弧。

　　图 7-37 为焊接完成后箱底的全貌。

图 7-37　焊接完成后箱底的全貌

复习思考题

1. 简述焊接机器人国内外发展概况。
2. 典型的弧焊机器人系统一般由哪几个部分组成？
3. 弧焊机器人与点焊机器人在实际应用中有什么区别？
4. 什么是多传感器信息融合技术？简述多传感器信息融合技术在机器人焊接过程中的应用。
5. 机器人焊接过程中经常用到哪些传感器？
6. 机器人正向和反向运动学解决的是机器人运动中的什么问题？
7. 机器人离线编程的特点及功能是什么？
8. 机器人离线编程的优点有哪些？机器人离线编程系统有哪几部分组成？
9. 根据机器人离线编程系统的开发和应用情况分为哪几种？
10. 典型机器人离线编程仿真系统有哪些？

MSB\LSB	0	1	2	3	4	5	6	7
0	NOP	AJMP 0 page	LJMP addr16	RR A	INC A	INC dir	INC@R0	INC @R1
1	JBC bit, rel	ACALL 0page	LCALL addr16	RRC A	DEC A	DEC dir	DEC@R0	DEC@R1
2	JB bit, rel	AJMP 1 page	RET	RL A	ADD A, #data	ADD A, dir	ADD A, @R0	ADD A, @R1
3	JNB bit, rel	ACALL 1page	RETI	PLC A	ADDC A, #data	ADDC A, dir	ADDC A, @R0	ADDC A, @R1
4	JC rel	AJMP 2 page	ORL dir, A	ORL dir, #data	ORL A, #data	ORL A, dir	ORL A, @R0	ORL A, @R1
5	JNC rel	ACALL 2page	ANL dir, A	ANL dir, #data	ANL A, #data	ANL A, dir	ANL A, @R0	ANL A, @R1
6	JZ rel	AJMP 3 page	XRL dir, A	XRL dir, #data	XRL A, #data	XRL A, dir	XRL A, @R0	XRL A, @R1
7	JNZ rel	ACALL 3page	ORL C, bit	JMP@A + DPTR	MOV A, #data	MOV dir, #data	MOV @R0, #data	MOV @R1, #data
8	SJMP rel	AJMP 4 page	ANL C, bit	MOVCA, @A+PC	DIV AB	MOV dir, dir	MOV Dir, @R0	MOV Dir, @R1
9	MOV DPTR, #data	ACALL 4page	MOV bit, C	MOVCA, @A+DPTR	SUBB A, #data	SUBB A, dir	SUBB A, @R0	SUBB A, @R1
A	ORL C, /bit	AJMP 5 page	MOV C, bit	INC DPTR	MUL AB		MOV @R0, dir	MOV @R1, dir
B	ANL C, bit	ACALL 5page	CPL bit	CPL C	CJNE A, #data, rel	CJNE A, dir, rel	CJNE@R0 #data, rel	CJNE@R1 #data, rel
C	PUSH dir	AJMP 6 page	CLR bit	CLR C	SWAP A	XCH A, dir	XCH A, @R0	XCH A, @R1
D	POP dir	ACALL 6page	SETB bit	SETB C	DA A	DJNZ dir, rel	XCHD A, @R0	XCHD A, @R1
E	MOVX A, @DPTR	AJMP 7 page	MOVX A@R0	MOVX A, @R1	CLR A	MOV A, dir	MOVX A, @R0	MOVX A, @R1
F	MOVX@ DPTR, A	ACALL 7page	MOVX @R0, A	MOVX @R1, A	CPL A	MOV dir, A	MOVX @R0, A	MOVX @R1, A
	0	1	2	3	4	5	6	7

机指令系统速查表

	8	9	A	B	C	D	E	F	
	INC R0	INC R1	INC R2	INC R3	INC R4	INC R5	INC R6	INC R7	0
	DEC R0	DEC R1	DEC R2	DEC R3	DEC R4	DEC R5	DEC R6	DEC R7	1
	ADD A, R0	ADD A, R1	ADD A, R2	ADD A, R3	ADD A, R4	ADD A, R5	ADD A, R6	ADD A, R7	2
	ADDC A, R0	ADDC A, R1	ADDC A, R2	ADDC A, R3	ADDC A, R4	ADDC A, R5	ADDC A, R6	ADDC A, R7	3
	ORL A, R0	ORL A, R1	ORL A, R2	ORL A, R3	ORL A, R4	ORL A, R5	ORL A, R6	ORL A, R7	4
	ANL A, R0	ANL A, R1	ANL A, R2	ANL A, R3	ANL A, R4	ANL A, R5	ANL A, R6	ANL A, R7	5
	XRL A, R0	XRL A, R1	XRL A, R2	XRL A, R3	XRL A, R4	XRL A, R5	XRL A, R6	XRL A, R7	6
	MOV R0, # data	MOV R1, # data	MOV R2, # data	MOV R3, # data	MOV R4, # data	MOV R5, # data	MOV R6, # data	MOV R7, # data	7
	MOV dir, R0	MOV dir, R1	MOV dir, R2	MOV dir, R3	MOV dir, R4	MOV dir, R5	MOV dir, R6	MOV dir, R7	8
	SUBB A, R0	SUBB A, R1	SUBB A, R2	SUBB A, R3	SUBB A, R4	SUBB A, R5	SUBB A, R6	SUBB A, R7	9
	MOV R0, dir	MOV R1, dir	MOV R2, dir	MOV R3, dir	MOV R4, dir	MOV R5, dir	MOV R6, dir	MOV R7, dir	A
	CJNE R0 # data, rel	CJNE R1 # data, rel	CJNE R2 # data, rel	CJNE R3 # data, rel	CJNE R4 # data, rel	CJNE R5 # data, rel	CJNE R6 # data, rel	CJNE R7 # data, rel	B
	XCH A, R0	XCH A, R1	XCH A, R2	XCH A, R3	XCH A, R4	XCH A, R5	XCH A, R6	XCH A, R7	C
	DJNZ R7, rel	DJNZ R7, rel	DJNZ R7, rel	DJNZ R7, rel	DJNZ R7, rel	DJNZ R7, rel	DJNZ R7, rel	DJNZ R7, rel	D
	MOV A, R0	MOV A, R1	MOV A, R2	MOV A, R3	MOV A, R4	MOV A, R5	MOV A, R6	MOV A, R7	E
	MOV R0, A	MOV R1, A	MOV R2, A	MOV R3, A	MOV R4, A	MOV R5, A	MOV R6, A	MOV R7, A	F
	8	9	A	B	C	D	E	F	LSB / MSB

参 考 文 献

[1] 陈裕川. 大型自动化焊接设备的国内外现状及发展趋势［J］. 电焊机, 2002 (10).

[2] 雨宫好文. 机器人控制入门［M］. 王益全, 译. 北京: 科学出版社, OHM 社, 2000.

[3] 朱骥北. 机械控制工程基础［M］. 北京: 机械工业出版社, 2000.

[4] 刘杰, 赵春雨, 宋伟刚, 等. 机电一体化技术基础与产品设计［M］. 北京: 冶金工业出版社, 2003.

[5] 胡泓, 姚伯威. 机电一体化原理及应用［M］. 北京: 国防工业出版社, 1999.

[6] 童诗白. 模拟电子技术基础［M］. 2 版. 北京: 高等教育出版社, 1988.

[7] 张国雄, 金篆芷. 测控电路［M］. 北京: 机械工业出版社, 2001.

[8] 孙传友, 孙晓斌, 李胜玉, 等. 测控电路及装置［M］. 北京: 北京航空航天大学出版社, 2002.

[9] 雨宫好文. 传感器入门［M］. 洪淳赫, 译. 北京: 科学出版社, OHM 社, 2000.

[10] 郑国钦, 夏哲雷, 黄瑞祥, 等. 集成传感器应用入门［M］. 杭州: 浙江科学技术出版社, 2002.

[11] 张洪润, 张亚凡. 传感器技术与应用教程［M］. 北京: 清华大学出版社, 2005.

[12] 三浦宏文. 机电一体化实用手册［M］. 赵文珍, 等译. 北京: 科学出版社, OHM 社, 2001.

[13] 姜焕中. 电弧焊及电渣焊［M］. 2 版. 北京: 机械工业出版社, 1988.

[14] 姚永刚. 机电传动与控制技术［M］. 北京: 中国轻工业出版社, 2005.

[15] 廖晓钟. 电气传动与调速系统［M］. 北京: 中国电力出版社, 1998.

[16] 中国机械工业教育协会. 电力拖动与控制［M］. 北京: 机械工业出版社, 2001.

[17] 李新平, 吴家礼, 李谷. 控制技术与应用［M］. 北京: 电子工业出版社, 2000.

[18] 中国机械工业教育协会. 机电控制技术［M］. 北京: 机械工业出版社, 2001.

[19] 周祖德, 唐泳洪. 机电一体化控制技术与系统［M］. 武汉: 华中科技大学出版社, 1993.

[20] 李铁才, 杜坤梅. 电机控制技术［M］. 哈尔滨: 哈尔滨工业大学出版社, 2000.

[21] 华学明, 吴毅雄, 焦馥杰, 等. 印刷电机调速电路的研究［J］. 电焊机, 2002 (3).

[22] 洪波, 袁建国, 吴宪平. 松下 KR 系列 CO_2 气体保护焊机电路分析［J］. 电焊机, 2000 (8).

[23] 石秋洁. 变频器应用基础［M］. 北京: 机械工业出版社, 2002.

[24] 郭敬枢, 等. 微机控制技术［M］. 重庆: 重庆大学出版社, 1994.

[25] 何立民. MCS - 51 系列单片机应用系统设计［M］. 北京: 北京航空航天大学出版社, 1990

[26] 袁南儿, 等. 计算机新型控制策略及其应用［M］. 北京: 北京清华大学出版社, 1998.

[27] 王伟, 等. 单片微机模糊控制电弧的研究［J］. 电焊机, 1997 (1).

[28] 陈汝全, 等. 实用微机与单片机控制技术［M］. 成都: 电子科技大学出版社, 1998.

[29] 陈光东. 单片微型计算机原理与接口技术［M］. 武汉: 华中理工大学出版社, 1999.

[30] 余永权, 等. 单片机应用系统的功率接口［M］. 北京: 北京航空航天大学出版社, 1992.

[31] 薛钧义, 等. MCS - 51/96 系列单片微型计算机及其应用［M］. 西安: 西安交通大学出版社, 1990.

[32] 李新民, 等. 8098 单片微型计算机应用技术［M］. 北京: 航空航天大学出版社, 1994.

[33] 张友德. 飞利浦 80C51 系列单片机原理与应用技术手册［M］. 北京: 航空航天大学出版社, 1992.

[34] 房小翠. 单片机实用系统设计技术［M］. 北京: 国防工业出版社, 1999.

[35] 曹琳琳, 等. 单片机原理及接口技术［M］. 长沙: 国防科技大学出版社, 2000.

[36] 高攸纲. 电磁兼容总论［M］. 北京: 北京邮电大学出版社, 2001.

[37] 周航慈. 单片机应用程序设计技术［M］. 北京: 北京航空航天大学出版社, 1991.

[38] 丁坤, 等. 单片机系统在全位置自动焊接中应用［J］. 电焊机, 2002 (8).

[39] 董佳春, 等. 一种用于埋弧自动焊的微机控制系统［J］. 电焊机, 2000 (5).

［40］　马跃洲，等.数字控制的埋弧自动焊机的研制［J］.电焊机，2002（8）.

［41］　王加友，等.单片机模糊控制的焊接转胎自动调速系统［J］.电焊机，1997（1）.

［42］　吴敢生，等.单片机控制马鞍形埋弧焊机主运动系统设计［J］.沈阳工业大学学报，2001（4）.

［43］　杨文广，等.基于单片机的高精度送丝全闭环控制系统研究［J］.电焊机，2002（5）.

［44］　雷毅.中小型储罐自动焊的焊接小车单片机控制［J］.石油工程建设，2002（1）.

［45］　李秉操，等.单片机接口技术及其在工业控制中的应用［M］.西安：陕西电子编辑部，1991.

［46］　王也仿.可编程控制器应用技术［M］.北京：机械工业出版社，2003.

［47］　李建兴.可编程控制器及其应用［M］.北京：机械工业出版社，1999.

［48］　杨长能，林小峰.可编程控制器（PLC）例题习题及实验指导［M］.重庆：重庆大学出版社，1994.7.

［49］　MITSUBISHI.三菱微型可编程控制器 MELSEC-F 使用手册.1997.12.

［50］　杨兆选，丁润涛.555 定时器原理及实用电路集锦［M］.天津：天津大学出版社，1989.

［51］　林尚扬，陈善本，李成桐.焊接机器人及其应用［M］.北京：机械工业出版社，2000.

［52］　熊有伦.机器人技术基础［M］.武汉：华中理工大学出版社，1996.

［53］　蔡自兴.机器人学.北京：清华大学出版社，2000.

［54］　戴文进.机器人离线编程系统［J］.［出版地不详］：世界科技研究与发展，2003（2）.

［55］　唐新华.机器人三维可视化离线编程和仿真系统［J］.焊接学报，2005（2）.

［56］　王克鸿.弧焊机器人典型工件建模与姿态规划研究［J］.电焊机，2003（6）.

［57］　吴瑞祥.利用离线编程方法进行机器人作业规划［J］.机械设计，1995（7）.

［58］　吴振彪，工业机器人［M］.武汉：华中理工大学出版社，1996.

［59］　Kim D W，Choi J S，Nnaji B O.Robert arc welding operations planning with a rotating/titling positioner［J］.Int.J.Prod.Res.，1998（4）.

［60］　John Lapham.RobotScript – the Introduction of a universal robot programming language［J］.Industrial Robot，1999（26）.

［61］　王天然.机器人［M］.北京：化学工业出版社，2002.

［62］　王其隆.弧焊过程质量实时传感与控制［M］.北京：机械工业出版社，2000.

［63］　中国机械工程学会焊接分会.汽车焊接国际论坛论文集［M］.北京：机械工业出版社，2003.

［64］　李延民，高金荣，郝路平.TIG 弧焊机器人系统在宇航大型铝合金贮箱箱底拼焊中的应用［J］.焊接，2002（4）.